中国建设教育发展年度报告（2017）

中国建设教育协会　组织编写

刘　杰　王要武　主　编

U0296287

中国建筑工业出版社

图书在版编目（CIP）数据

中国建设教育发展年度报告（2017）/ 刘杰，王要武主编 .— 北京：中国建筑工业出版社，2018.7

ISBN 978-7-112-22329-9

Ⅰ . ①中⋯　Ⅱ . ①刘⋯②王⋯　Ⅲ . ①建筑学—教育事业—研究报告—中国—2017　Ⅳ . ① TU-4

中国版本图书馆 CIP 数据核字（2018）第 112424 号

中国建设教育协会从 2015 年开始，每年编制一本反映上一年度中国建设教育发展状况的分析研究报告。本书即为中国建设教育发展年度报告的 2017 年度版。

本书对中国建设教育的发展状况进行了客观、系统的分析，对于全面了解中国建设教育的发展状况、学习借鉴促进建设教育发展的先进经验、开展建设教育学术研究，具有重要的价值。本书可供广大高等院校、中等职业技术学校从事建设教育的教学、科研和管理人员，政府部门和建筑业企业从事建设继续教育和岗位培训管理工作的人员阅读参考。

责任编辑：李　明　葛又畅
责任校对：李美娜

中国建设教育发展年度报告（2017）

中国建设教育协会　组织编写

刘　杰　王要武　主　编

*

中国建筑工业出版社出版、发行（北京海淀三里河路 9 号）

各地新华书店、建筑书店经销

北京点击世代文化传媒有限公司制版

北京京华铭诚工贸有限公司印刷

*

开本：787×960 毫米　1/16　印张：16½　字数：309 千字

2018 年 7 月第一版　2018 年 7 月第一次印刷

定价：48.00 元

ISBN 978-7-112-22329-9

（32203）

版权所有　翻印必究

如有印装质量问题，可寄本社退换

（邮政编码 100037）

本书编审委员会

主　任：刘　杰

副主任：何志方　路　明　王凤君　王要武　李竹成　沈元勤

　　　　陶建明　程　鸿

委　员：高延伟　于　洋　李　平　李　奇　李爱群　胡兴福

　　　　杨秀方　吴祖强　郭景阳　崔恩杰　王　平

编写组成员

主　编：刘　杰　王要武

副主编：王凤君　李竹成　陶建明

参　编：高延伟　胡秀梅　田　歌　于　洋　张　晨　李　平

　　　　李　奇　李爱群　赵　研　胡兴福　杨秀方　吴祖强

　　　　郭景阳　崔恩杰　王　平　吴　菁　唐　琦　王　炜

　　　　吴小平　梁师俊　刘　清　辛凤杰　杨永秀　陈晓燕

　　　　刘承桓　李晓东　胡国华　吴其航　张　晶　傅　钰

　　　　谷　珊　王惠琴　钱　程　邢　正

由中国建设教育协会组织编写，刘杰、王要武同志主编的《中国建设教育发展年度报告（2017）》与广大读者见面了。它伴随着住房城乡建设领域改革发展的步伐，从无到有，应运而生，是我国首次发布的建设教育年度发展报告。本书从策划、调研、收集资料与数据，到研究分析、组织编写，全体参编人员集思广益、精心梳理，付出了极大的努力。我向为本书的成功出版作出贡献的同志们表示由衷的感谢。

"十二五"期间，我国住房城乡建设领域各级各类教育培训事业取得了长足的发展，为加快发展方式转变、促进科学技术进步、实现体制机制创新做出了重要贡献。普通高等建设教育以狠抓本科教育质量为重心，以专业教育评估为抓手，深化教育教学改革，学科专业建设和整体办学水平有了明显提高；高等建设职业教育的办学规模快速发展，专业结构更趋合理，办学定位更加明确，校企合作不断深入，毕业生普遍受到行业企业的欢迎；中等建设职业教育坚持面向生产一线培养技能型人才，以企业需求为切入点，强化校内外实操实训、师傅带徒、顶岗实习，有效地增强了学生的职业能力；建设行业从业人员的继续教育和职业培训也取得了很大进展，各省（自治区）市相关部门和企事业单位为适应行业改革发展的需要普遍加大了教育培训力度，创新了培训管理制度和培训模式，提高了培训质量，职工队伍素质得到了全面提升。然而，我们也必须冷静自省，充分认识我国建设教育存在的短板和不足；在国家实施创新驱动发展战略的新形势下，需要有更强的紧迫感和危机感。本报告在认真分析我国建设教育发展状况的基础上，紧密结合我国教育发展和建设行业发展的实际，科学地分析了建设教育的发展趋势以及所面临的问题，提出了对策建议，这对于广大建设教育工作者具有很强的学习借鉴意义。报告中提供的大量数据和案例，既有助于开展建设教育的学术研究，也对各级建设教育主管部门指导行业教育具有参考价值。

"十三五"时期是我国全面建成小康社会的关键时期，也是我国住房城乡建设事业发展的重要战略机遇期。随着我国经济进入新常态，实施创新驱动发展战略，加快转方式、调结构，要求我们必须进一步加快建设教育改革发展的步伐，增强建设教育对行业发展的服务贡献能力，促进经济增长从主要依靠劳动力成本优势向劳动力价值创造优势转变。我们要毫不动摇地贯彻实施人才发展战略，切实加强人才队伍建设。在教育培训工作中，要把促进人的全面发展作为根本目的，坚持立德树人，全面贯彻党的教育方针。各级各类院校要更加注重教育内涵发展和品质提升，面向行业和市场需求，主动调整专业结构和资源配置，加强实践教学环节，突出创业创新教育，着力培养高素质、创新型、应用型人才。要加快住房城乡建设领域现代职业教育体系建设，始终坚持以服务行业发展为宗旨，以促进就业为导向，培养更多的高素质劳动者和技术技能型人才。各类成人教育和培训机构，要牢固树立终身教育理念，更加贴近行业实际需要，紧盯新技术、新标准、新规范以及行业改革发展的新举措、新任务，充分运用现代教育培训技术和手段，高质量、高效率地开展教育培训服务。

期待本书能够得到广大读者的关注和欢迎，在分享本书提供的宝贵经验和研究成果的同时，也对其中尚存的不足提出中肯的批评和建议，以利于编写人员认真采纳与研究，使下一个年度报告更趋完美，让读者更加受益，对建设行业教育培训工作发挥更好的引领作用。希望通过大家的共同努力，进一步推动我国建设教育各项改革的不断深入，为住房城乡建设领域培养更多高素质的人才，支撑住房城乡建设领域的转型升级，为全面实现国家"十三五"规划纲要提出的奋斗目标作出我们应有的贡献。

前 言
PREFACE

　　为了紧密结合住房城乡建设事业改革发展的重要进展和对人才队伍建设提出的要求，客观、全面地反映中国建设教育的发展状况，中国建设教育协会从 2015 年开始，计划每年编制一本反映上一年度中国建设教育发展状况的分析研究报告。本书即为中国建设教育发展年度报告的 2017 年度版。

　　本书共分 5 章。

　　第 1 章从建设类专业普通高等教育、高等建设职业教育、中等建设职业教育三个方面，分析了 2016 年学校教育的发展状况。具体包括：从教育概况、分学科专业学生培养情况、分地区教育情况等多个视角，分析了 2016 年学校建设教育的发展状况，展望了学校建设教育发展的趋势，剖析了学校建设教育发展面临的问题，提出了促进学校建设教育发展的对策建议。

　　第 2 章从建设行业执业人员、建设行业专业技术人员、建设行业技能人员三个方面，分析了 2016 年继续教育和职业培训的发展状况。具体包括：从人员概况、考试与注册、继续教育等角度，分析了建设行业执业人员继续教育与培训的总体状况；从人员培训、考核评价、继续教育等角度，分析了建设行业专业技术人员继续教育与培训的总体状况；从技能培训、技能考核、技能竞赛和培训考核管理等角度，分析了建设行业技能人员培训的总体状况；剖析了上述三类人员继续教育与岗位培训面临的问题，提出了促进其继续教育与培训发展的对策建议。

　　第 3 章选取了若干不同类型的学校、企业进行了案例分析。学校教育方面，包括了一所普通高等学校、一所高等职业技术学院和一所中等职业技术学校的典型案例分析；继续教育与职业培训方面，包括了三家企业的典型案例分析。

　　第 4 章根据中国建设教育协会及其各专业委员会提供的年会交流材料、研究报告，相关杂志发表的教育研究类论文，总结出教育治理现代化、"双一流"建设、学校能力提升、人才培养、师资队伍建设、立德树人与校园文化建设、校企合作、教学研究 8 个方面的 23 类突出问题和热点问题进行研讨。

　　第 5 章汇编了 2016 年国务院、教育部、住房城乡建设部颁发的与中国建设教育密切相关的政策、文件；总结了 2016 年中国建设教育发展大事记，包括住房城乡建设领域教育发展大事记和中国建设教育协会大事记。

本报告是系统分析中国建设教育发展状况的系列著作，对于全面了解中国建设教育的发展状况、学习借鉴促进建设教育发展的先进经验、开展建设教育学术研究，具有重要的借鉴价值。可供广大高等院校、中等职业技术学校从事建设教育的教学、科研和管理人员、政府部门和建筑业企业从事建设继续教育和岗位培训管理工作的人员阅读参考。

本书在制定编写方案、收集相关数据和书稿编写及审稿的过程中，得到了住房城乡建设部主管领导、住房城乡建设部人事司领导的大力指导和热情帮助，得到了有关高等院校、中职院校、地方住房城乡建设主管部门、建筑业企业的积极支持和密切配合；在编辑、出版的过程中，得到了中国建筑工业出版社的大力支持，在此表示衷心的感谢。

本书由刘杰、王要武主编并统稿，参加各章编写的主要人员有：李爱群、赵研、胡兴福、杨秀方、吴菁（第1章）；于洋、张晨、李平、李奇、唐琦、王炜（第2章）；李爱群、胡兴福、吴祖强、郭景阳、崔恩杰、王平、吴小平、梁师俊、刘清、辛凤杰、杨永秀、陈晓燕、刘承桓（第3章）；李晓东、胡国华、吴其航、傅钰、谷珊、王惠琴（第4章）；高延伟、胡秀梅、田歌、张晶、钱程、邢正（第5章）。

限于时间和水平，本书错讹之处在所难免，敬请广大读者批评指正。

目 录

CONTENTS

2016 年建设类专业教育发展状况分析

1.1 2016年建设类专业普通高等教育发展状况分析

2016年是"十三五"开局之年，普通高等教育作为助推建筑业转型升级的教育阵地，全面贯彻党的十八大和十八届三中、四中、五中全会精神和中央城市工作会议精神，深入学习贯彻习近平总书记系列重要讲话精神，按照"五位一体"总体布局和"四个全面"战略布局，牢固树立创新、协调、绿色、开放、共享的发展理念，紧紧围绕立德树人根本任务，全面落实从严治党主体责任，深化综合改革，突出创新引领，加强内涵建设，主动服务国家战略需求和住房城乡建设需要，主动适应高等教育和建筑业转型升级新要求，在人才培养、科学研究、社会服务、文化传承、国际交流合作等方面改革创新、提质增效，奋力实现"十三五"良好开局。

1.1.1 建设类专业普通高等教育发展的总体状况

1.1.1.1 建设类专业普通高等教育概况

1. 本科教育

根据教育部发布的统计数据，2016年，全国共有本科院校1237所（含独立学院266所），比上年增加18所；其他普通高教机构25所，比上年减少3所；民办的其他高等教育机构813所，与上年持平。普通本科毕业生数为374.37万人，比上年增加15.77万人；招生数为405.40万人，比上年增加15.98万人；在校生数为1612.95万人，比上年增加36.27万人。

2016年，全国开设土木建筑类专业的普通高等教育学校、机构数量为767所，比上年增加24所，占全国本科院校、其他普通高教机构和民办的其他高等教育机构三者之和的36.96%。土木建筑类本科生培养学校、机构开办专业数2684个，比上年增加156个；毕业生数为216044人，比上年增加8879人，占全国普通本科毕业生数的5.77%，同比下降0.01个百分点；招生数为209650人，比上年减少95人，占全国普通本科招生数的5.17%，同比下降0.21个百分点；在校生数为928466人，比上年增加5771人，占全国普通本科在校生数的5.76%，同比下降0.10个百分点。图1-1、图1-2分别示出了2014～2016年全国土木建筑类专业开办学校、开办专业情况和本科生培养情况。

表1-1给出了土木建筑类本科生按学校层次统计的分布情况。与上年相比，土木建筑类本科办学机构调整幅度较大，其中，其他普通高教机构的数量大幅下降，由上年285所下降至7所，减少278所；独立学院的数量大幅提升，由

上年的 10 所上升至 168 所，增加 158 所；学院的数量也呈现出激增态势，由上年的 170 所上升至 305 所，增加 135 所。

　　表 1-2 给出了土木建筑类本科生按学校隶属关系统计的分布情况，其中，省级教育部门和民办高校依然是主要的办学力量，在各项数据中两者的占比之和均超过了 80%。

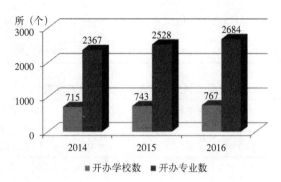

图 1-1　2014～2016 年全国土木建筑类专业开办学校、开办专业情况

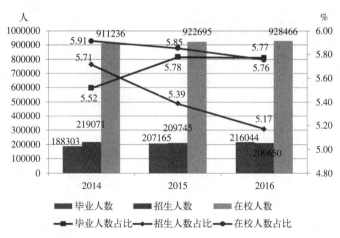

图 1-2　2014～2016 年全国土木建筑类专业本科生培养情况

土木建筑类本科生按学校层次分布情况　　　　　　　　　　　表 1-1

学校、机构层次	开办学校、机构		开办专业		毕业人数		招生人数		在校人数	
	数量	占比(%)	数量	占比(%)	数量	占比(%)	数量	占比(%)	数量	占比(%)
大学	287	37.42	1228	45.75	98945	45.80	96667	46.11	422118	45.46

续表

学校、机构层次	开办学校、机构		开办专业		毕业人数		招生人数		在校人数	
	数量	占比(%)	数量	占比(%)	数量	占比(%)	数量	占比(%)	数量	占比(%)
学院	305	39.77	926	34.50	66314	30.69	73402	35.01	318118	34.26
独立学院	168	21.90	516	19.23	49906	23.10	39200	18.70	186329	20.07
其他普通高教机构	7	0.91	14	0.52	879	0.41	381	0.18	1901	0.20
合计	767	100.00	2684	100.00	216044	100.00	209650	100.00	928466	100.00

土木建筑类本科生按学校隶属关系分布情况　　　　表 1-2

学校、机构隶属关系	开办学校、机构		开办专业		毕业人数		招生人数		在校人数	
	数量	占比(%)	数量	占比(%)	数量	占比(%)	数量	占比(%)	数量	占比(%)
教育部	57	7.43	239	8.90	17621	8.16	16236	7.74	74206	7.99
工业和信息化部	6	0.78	24	0.89	1278	0.59	1151	0.55	5061	0.55
交通运输部	1	0.13	1	0.04	62	0.03	57	0.03	242	0.03
国家民族事务委员会	4	0.52	10	0.37	629	0.29	800	0.38	3354	0.36
国务院侨务办公室	2	0.26	12	0.45	647	0.30	813	0.39	3289	0.35
国家安全生产监督管理总局	1	0.13	5	0.19	487	0.23	517	0.25	2114	0.23
中国地震局	1	0.13	3	0.11	225	0.10	227	0.11	913	0.10
中国民用航空总局	1	0.13	1	0.04	75	0.03	75	0.04	332	0.04
省级教育部门	338	44.07	1302	48.51	104077	48.17	106017	50.57	455987	49.11
省级其他部门	12	1.56	34	1.27	2518	1.17	2895	1.38	11227	1.21
地级教育部门	46	6.00	141	5.25	8281	3.83	10209	4.87	41345	4.45
地级其他部门	13	1.69	50	1.86	3123	1.45	4271	2.04	16098	1.73
民办	285	37.16	862	32.12	77021	35.65	66382	31.66	314298	33.85
合计	767	100.00	2684	100.00	216044	100.00	209650	100.00	928466	100.00

　　表 1-3 为土木建筑类本科生按学校类别统计的分布情况，与上年相比，分布情况变化不大。从统计数字中可以看出，理工院校和综合大学是土木建筑类本科专业的主要办学力量，两者的占比之和，为开办学校总数的 70.01%、开办

专业总数的 78.88%、毕业总人数的 85.44%、招生总人数的 82.13%、在校总人数的 82.89%。

土木建筑类本科生按学校类别分布情况　　　　　　　表 1-3

学校、机构类别	开办学校、机构		开办专业		毕业人数		招生人数		在校人数	
	数量	占比(%)	数量	占比(%)	数量	占比(%)	数量	占比(%)	数量	占比(%)
综合大学	241	31.42	821	30.59	64063	29.65	59662	28.46	267695	28.83
理工院校	296	38.59	1296	48.29	120523	55.79	112524	53.67	501925	54.06
财经院校	83	10.82	201	7.49	11842	5.48	13925	6.64	61332	6.61
师范院校	71	9.26	146	5.44	6011	2.78	8770	4.18	34304	3.69
民族院校	10	1.30	24	0.89	952	0.44	1841	0.88	7363	0.79
农业院校	41	5.35	132	4.92	8698	4.03	9419	4.49	39123	4.21
林业院校	7	0.91	35	1.30	2759	1.28	2563	1.22	11651	1.25
医药院校	2	0.26	3	0.11	19	0.01	19	0.01	31	0.00
艺术院校	10	1.30	17	0.63	439	0.20	696	0.33	2664	0.29
语文院校	5	0.65	8	0.30	738	0.34	212	0.10	2312	0.25
体育院校	1	0.13	1	0.04	0	0.00	19	0.01	66	0.01
总计	767	100.00	2684	100.00	216044	100.00	209650	100.00	928466	100.00

2. 研究生教育

（1）研究生教育总体情况

2016 年，全国共有研究生培养机构 793 个，其中，普通高校 576 个，科研机构 217 个。研究生招生 66.71 万人，其中博士生 7.73 万人，硕士生 58.98 万人，总量比上年增加 2.20 万人。在学研究生 198.11 万人，其中博士生 34.20 万人，硕士生 163.90 万人，总数比上年增加 6.96 万人。毕业研究生 56.39 万人，比上年增加 1.24 万人，其中，博士生 5.50 万人，硕士生 50.89 万人。

（2）土木建筑类硕士生培养

2016 年，土木建筑类硕士生培养高校、机构共 304 个，比上年减少 2 个；开办学科点共 1160 个，比上年减少 37 个；毕业生数总计 16885 人，比上年减少 3 人，占当年全国毕业硕士生的 2.99%；招生数总计 18335 人，比上年减少 137 人，占全国硕士生招生人数的 3.11%；在校硕士生人数为 53329 人，比上年增加 599 人，占全国在校硕士生人数的 2.69%。图 1-3、图 1-4 分别示出了 2014 ~ 2016 年全国土木建筑类硕士点开办学校、开办学科点情况和硕士生培养情况。

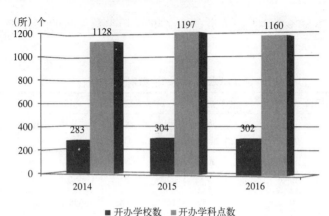

图 1-3　2014～2016 年全国土木建筑类硕士点开办学校、开办学科点情况

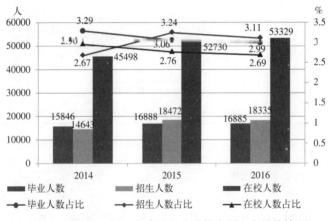

图 1-4　2014～2016 年全国土木建筑类硕士生培养情况

表 1-4 给出了土木建筑类硕士生按学校、机构层次统计的分布情况。从表中可以看出，大学依然是土木建筑类硕士生培养的主力军，除数量占比为 87.50% 外，其他各项占比均在 90% 以上。

土木建筑类硕士生按学校、机构层次分布情况　　　　　　表 1-4

学校、机构层次	培养学校、机构		开办学科点		毕业人数		招生人数		在校人数	
	数量	占比（%）	数量	占比（%）	数量	占比（%）	数量	占比（%）	数量	占比（%）
大学	266	87.50	1086	93.62	16591	98.26	17897	97.61	52073	97.64
学院	20	6.58	34	2.93	103	0.61	252	1.37	722	1.35

学校、机构层次	培养学校、机构		开办学科点		毕业人数		招生人数		在校人数	
	数量	占比(%)	数量	占比(%)	数量	占比(%)	数量	占比(%)	数量	占比(%)
培养研究生的科研机构	18	5.92	40	3.45	191	1.13	186	1.01	534	1.00
合计	304	100	1160	100	16885	100	18335	100	53329	100

表 1-5 列出了土木建筑类硕士生按学校隶属关系统计的分布情况，从中可以看出，省级教育部门和教育部所属高校是培养土木建筑类硕士生的主要力量，两者各项占比之和均超过了 85%。

土木建筑类硕士生按学校、机构隶属关系分布情况　　表 1-5

学校、机构隶属关系	培养学校、机构		开办学科点		毕业人数		招生人数		在校人数	
	数量	占比(%)	数量	占比(%)	数量	占比(%)	数量	占比(%)	数量	占比(%)
教育部	65	21.38	363	31.29	7590	44.95	7825	42.68	23016	43.16
工业和信息化部	7	2.30	33	2.84	679	4.02	757	4.13	1983	3.72
住房城乡建设部	1	0.33	1	0.09	4	0.02	6	0.03	15	0.03
交通运输部	2	0.66	5	0.43	34	0.20	36	0.20	107	0.20
农业部	1	0.33	1	0.09	4	0.02	0	0.00	8	0.02
水利部	3	0.99	8	0.69	23	0.14	22	0.12	61	0.11
国家民族事务委员会	2	0.66	2	0.17	8	0.05	7	0.04	18	0.03
国务院国有资产监督管理委员会	5	1.64	13	1.12	29	0.17	32	0.17	94	0.18
国务院侨务办公室	2	0.66	7	0.60	111	0.66	151	0.82	505	0.95
国家林业局	1	0.33	2	0.17	57	0.34	49	0.27	103	0.19
中国科学院	2	0.66	5	0.43	121	0.72	136	0.74	396	0.74
中国铁路总公司	1	0.33	2	0.17	8	0.05	7	0.04	28	0.05
中国地震局	3	0.99	8	0.69	63	0.37	67	0.37	214	0.40

续表

学校、机构隶属关系	培养学校、机构		开办学科点		毕业人数		招生人数		在校人数	
	数量	占比（%）	数量	占比（%）	数量	占比（%）	数量	占比（%）	数量	占比（%）
中国航空集团公司	2	0.66	2	0.17	1	0.01	1	0.01	6	0.01
中国民用航空总局	1	0.33	1	0.09	6	0.04	8	0.04	23	0.04
省级教育部门	199	65.46	680	58.62	7825	46.34	8870	48.38	25697	48.19
省级其他部门	2	0.66	2	0.17	14	0.08	12	0.07	24	0.05
地级教育部门	5	1.64	25	2.16	308	1.82	349	1.90	1031	1.93
合计	304	100.00	1160	100.00	16885	100.00	18335	100.00	53329	100.00

表1-6为土木建筑类硕士生按学校、机构类别统计的分布情况。从表中可以看出，理工院校和综合大学是培养土木建筑类硕士生的主要力量，二者之和占办学机构总数的65.79%，二者合计的占比在毕业人数、招生人数、在校人数的统计中达到80%以上。

土木建筑类硕士生按学校、机构类别分布情况　　　　表1-6

学校、机构类别	培养学校、机构		开办学科点		毕业人数		招生人数		在校人数	
	数量	占比（%）	数量	占比（%）	数量	占比（%）	数量	占比（%）	数量	占比（%）
综合大学	69	22.70	315	27.16	4674	27.68	4941	26.95	14619	27.41
理工院校	131	43.09	645	55.60	9927	58.79	10830	59.07	31908	59.83
财经院校	27	8.88	27	2.33	388	2.30	415	2.26	1187	2.23
林业院校	6	1.97	35	3.02	706	4.18	746	4.07	1910	3.58
农业院校	24	7.89	61	5.26	737	4.36	971	5.30	2461	4.61
师范院校	15	4.93	20	1.72	174	1.03	142	0.77	433	0.81
民族院校	2	0.66	2	0.17	8	0.05	7	0.04	18	0.03
医药院校	2	0.66	2	0.17	14	0.08	10	0.05	37	0.07
艺术院校	6	1.97	9	0.78	28	0.17	58	0.32	134	0.25
语文院校	4	1.32	4	0.34	38	0.23	29	0.16	88	0.17
科研机构	18	5.92	40	3.45	191	1.13	186	1.01	534	1.00
合计	304	100.00	1160	100.00	16885	100.00	18335	100.00	53329	100.00

（3）土木建筑类博士生培养

2016 年，土木建筑类博士生培养学校、机构共计 124 所，与上年持平；开办学科点共计 401 个，比上年减少 2 个；毕业博士生 2318 人，比上年减少 117 人，占当年全国毕业博士生的 4.21%；招收博士生 3634 人，比上年增加 77 人，占全国博士生招生人数的 4.70%；在校博士生 20294 人，比上年增加 580 人，占全国在校博士生人数的 5.93%。图 1-5、图 1-6 分别示出了 2014 ~ 2016 年全国土木建筑类博士开办学校、开办学科点情况和博士生培养情况。

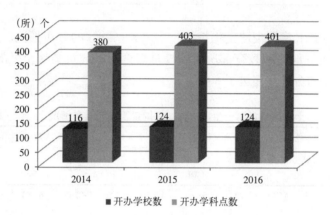

图 1-5　2014 ~ 2016 年全国土木建筑类博士开办学校、开办学科点情况

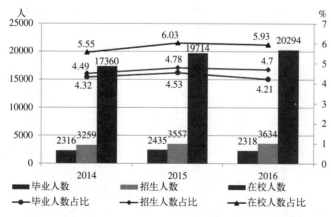

图 1-6　2014 ~ 2016 年全国土木建筑类博士生培养情况

表 1-7 为土木建筑类博士生按学校、机构层次分布情况。从表中可以看出，大学是土木建筑类博士生培养的主要力量，其各项占比均超过 95%。

土木建筑类博士生按学校、机构层次分布情况 表1-7

学校、机构层次	培养学校、机构		开办学科点		毕业人数		招生人数		在校人数	
	数量	占比(%)	数量	占比(%)	数量	占比(%)	数量	占比(%)	数量	占比(%)
大学	119	95.97	389	97.01	2279	98.32	3595	98.93	20121	99.15
培养研究生的科研机构	5	4.03	12	2.99	39	1.68	39	1.07	173	0.85
合计	124	100.00	401	100.00	2318	100.00	3634	100.00	20294	100.00

表1-8为土木建筑类博士生按学校隶属关系统计的分布情况。从表中可以看出，省级教育部门和教育部所属高校是培养土木建筑类博士生的主要力量，两者各项占比的合计均超过了80%。

土木建筑类博士生按学校、机构隶属关系分布情况 表1-8

学校、机构隶属关系	培养学校、机构		开办学科点		毕业人数		招生人数		在校人数	
	数量	占比(%)	数量	占比(%)	数量	占比(%)	数量	占比(%)	数量	占比(%)
教育部	51	41.13	230	57.36	1495	64.50	2247	61.83	13297	65.52
工业和信息化部	7	5.65	17	4.24	249	10.74	357	9.82	2048	10.09
交通运输部	1	0.81	1	0.25	4	0.17	11	0.30	52	0.26
水利部	2	1.61	2	0.50	3	0.13	8	0.22	29	0.14
国务院国有资产监督管理委员会	1	0.81	4	1.00	7	0.30	5	0.14	14	0.07
国务院侨务办公室	2	1.61	2	0.50	7	0.30	12	0.33	65	0.32
中国科学院	2	1.61	5	1.25	153	6.60	192	5.28	718	3.54
中国铁路总公司	1	0.81	2	0.50	7	0.30	3	0.08	17	0.08
中国地震局	1	0.81	4	1.00	22	0.95	23	0.63	113	0.56
省级教育部门	55	44.35	128	31.92	367	15.83	762	20.97	3890	19.17
地级教育部门	1	0.81	6	1.50	4	0.17	14	0.39	51	0.25
合计	124	100.00	401	100.00	2318	100.00	3634	100.00	20294	100.00

表 1-9 为土木建筑类博士生按学校类别统计的分布情况。从表中可以看出，理工院校和综合大学是培养土木建筑类博士生的主要力量，二者学校数量之和的占比为 78.23%，在开办学科点、毕业人数、招生人数、在校人数方面，二者数量之和的占比更是超过了 90%。

土木建筑类博士生按学校、机构类别分布情况　　　　　　　　　表 1-9

学校、机构类别	培养学校、机构		开办学科点		毕业人数		招生人数		在校人数	
	数量	占比(%)	数量	占比(%)	数量	占比(%)	数量	占比(%)	数量	占比(%)
综合大学	32	25.81	125	31.17	900	38.83	1281	35.25	7024	34.61
理工院校	65	52.42	241	60.10	1295	55.87	2158	59.38	12426	61.23
财经院校	7	5.65	7	1.75	33	1.42	65	1.79	267	1.32
林业院校	5	4.03	6	1.50	24	1.04	36	0.99	148	0.73
农业院校	7	5.65	7	1.75	14	0.60	34	0.94	142	0.70
师范院校	3	2.42	3	0.75	13	0.56	21	0.58	114	0.56
科研机构	5	4.03	12	2.99	39	1.68	39	1.07	173	0.85
合计	124	100.00	401	100.00	2318	100.00	3634	100.00	20294	100.00

1.1.1.2　分学科、专业学生培养情况

1. 本科专业学生培养情况

2016 年土木建筑类本科生按专业分布情况如表 1-10 所示。总体而言，与上年相比，开办专业数由 2528 个上升至 2684 个，毕业生数由 207165 人上升至 216044 人，招生人数由 209745 下降至 209650 人，在校人数由 922695 人上升至 928466 人，这表明土木建筑类本科办学规模已回归至平稳前行态势，在历经一番外延式增长之后，本科教育已经步入内涵式发展阶段。

表 1-10 的统计数字表明，在土木建筑类本科的五大专业类别中，土木类、建筑类、管理科学与工程类三个专业类别在开办专业数、毕业人数、招生人数、在校人数的统计中位居前三，这与当前我国建筑行业的人才需求实际情况相吻合。另外，土木类本科专业的招生数较毕业生数增幅呈现连年下降的发展态势，2016 年降幅为 10.39%，这与建筑行业转型升级、建筑市场降温的实际状况有关。

在表 1-10 统计的 17 个土建类专业中，土木工程专业、工程管理专业、建筑学专业作为传统优势专业，在开办专业数、毕业人数、招生人数、在校人数的数量上均高于其他专业，牢牢占据了前三的位置，其统计数据与当前行业人才市场需求状况是一致的。但从"招生数较毕业生数增幅"的数据来看，这

些传统优势专业的市场饱和度在逐年提高，招生的增幅相对于毕业的增幅在下降，土木工程、工程管理和建筑学等专业已经出现负增长的情况，增幅分别是 –28.55%、–30.27% 和 –12.64 %。与之相反的是，大类招生专业、新兴专业的增幅在提升，其中土木类专业的增幅是730.19%，为最高；工程造价专业的增幅是153.22%，排在第二位；建筑类专业的增幅是152.73%，位列第三。以上数据表明，土木建筑类本科专业正向着复合型、多元化的方向发展，专业结构的调整反映出各高校紧跟市场需求、区域发展需要的步伐在加快。

2016 年土木建筑类本科生按专业分布情况　　　　　表 1-10

专业类及专业	开办专业		毕业人数		招生人数		在校人数		招生数较毕业生数增幅（%）
	数量	占比（%）	数量	占比（%）	数量	占比（%）	数量	占比（%）	
土木类	1164	43.37	130931	60.60	117325	55.96	517484	55.74	–10.39
土木工程	545	20.31	102630	47.50	73326	34.98	368753	39.72	–28.55
建筑环境与能源应用工程	184	6.86	10635	4.92	10813	5.16	46622	5.02	1.67
给排水科学与工程	175	6.52	10290	4.76	10894	5.20	45050	4.85	5.87
建筑电气与智能化	82	3.06	2119	0.98	4128	1.97	14845	1.60	94.81
城市地下空间工程	53	1.97	1395	0.65	2681	1.28	9205	0.99	92.19
道路桥梁与渡河工程	63	2.35	2557	1.18	4377	2.09	15995	1.72	71.18
铁道工程	3	0.11	0	0.00	272	0.13	352	0.04	—
土木类专业	59	2.20	1305	0.60	10834	5.17	16662	1.79	730.19
建筑类	715	26.64	31007	14.35	35561	16.96	162484	17.50	14.69
建筑学	292	10.88	17484	8.09	15274	7.29	86768	9.35	–12.64
城乡规划	227	8.46	8216	3.80	8632	4.12	41452	4.46	5.06
风景园林	152	5.66	4097	1.90	8597	4.10	29613	3.19	109.84
建筑类专业	44	1.64	1210	0.56	3058	1.46	4651	0.50	152.73
管理科学与工程类	723	26.94	52510	24.31	53693	25.61	238569	25.69	2.25
工程管理	437	16.28	42190	19.53	29419	14.03	146895	15.82	–30.27
房地产开发与管理	71	2.65	1983	0.92	3163	1.51	11649	1.25	59.51

续表

专业类及专业	开办专业		毕业人数		招生人数		在校人数		招生数较毕业生数增幅（%）
	数量	占比（%）	数量	占比（%）	数量	占比（%）	数量	占比（%）	
工程造价	215	8.01	8337	3.86	21111	10.07	80025	8.62	153.22
工商管理类	30	1.12	665	0.31	1170	0.56	3737	0.40	75.94
物业管理	30	1.12	665	0.31	1170	0.56	3737	0.40	75.94
公共管理类	52	1.94	931	0.43	1901	0.91	6192	0.67	104.19
城市管理	52	1.94	931	0.43	1901	0.91	6192	0.67	104.19
合计	2684	100.00	216044	100.00	209650	100.00	928466	100.00	−2.96

2. 研究生培养情况

2016 年土木建筑类学科硕士研究生按学科统计的分布情况如表 1-11 所示。从招生数较毕业生数的增幅看：专业学位硕士的增幅达到了 40.58%，远大于学术型学位硕士的增幅 3.12%，建筑技术科学、城市规划、风景园林（农学）、风景园林（专业学位硕士）的增幅均超过了 50%。从开办学科点的数量看，管理科学与工程、结构工程、建筑学、岩土工程和土木工程学科均超过 90 个，占比都在 8% 以上；从毕业人数看，管理科学与工程、土木工程学科、结构工程的占比都在 10% 以上；从招生人数和在校人数看，管理科学与工程和土木工程学科的占比都在 15% 以上。

2016 年土木建筑类硕士生按学科分布情况　　　　　　　表 1-11

学科类别	开办学科点		毕业人数		招生人数		在校人数		招生数较毕业生数增幅（%）
	数量	占比（%）	数量	占比（%）	数量	占比（%）	数量	占比（%）	
学术型学位硕士	1044	90.00	14421	85.41	14871	81.11	44550	83.54	3.12
土木工程	594	51.21	7542	44.67	7600	41.45	23106	43.33	0.77
结构工程	108	9.31	1764	10.45	1377	7.51	4668	8.75	−21.94
岩土工程	98	8.45	908	5.38	898	4.90	2803	5.26	−1.10
桥梁与隧道工程	75	6.47	771	4.57	692	3.77	2206	4.14	−10.25
防灾减灾工程及防护工程	79	6.81	288	1.71	240	1.31	786	1.47	−16.67
市政工程	72	6.21	615	3.64	645	3.52	1825	3.42	4.88
供热、供燃气、通风及空调工程	66	5.69	620	3.67	622	3.39	1847	3.46	0.32

续表

学科类别	开办学科点		毕业人数		招生人数		在校人数		招生数较毕业生数增幅（%）
	数量	占比（%）	数量	占比（%）	数量	占比（%）	数量	占比（%）	
土木工程学科	96	8.28	2576	15.26	3126	17.05	8971	16.82	21.35
建筑学	98	8.45	1050	6.22	1149	6.27	3571	6.70	9.43
建筑学学科	56	4.83	887	5.25	950	5.18	2940	5.51	7.10
建筑技术科学	9	0.78	9	0.05	23	0.13	54	0.10	155.56
建筑设计及其理论	24	2.07	142	0.84	163	0.89	523	0.98	14.79
建筑历史与理论	9	0.78	12	0.07	13	0.07	54	0.10	8.33
城乡规划学	58	5.00	793	4.70	809	4.41	2443	4.58	2.02
风景园林学	63	5.43	778	4.61	826	4.51	2510	4.71	6.17
风景园林（农学）	1	0.09	10	0.06	16	0.09	44	0.08	60.00
管理科学与工程学科	230	19.83	4248	25.16	4471	24.39	12876	24.14	5.25
专业学位硕士	116	10.00	2464	14.59	3464	18.89	8779	16.46	40.58
建筑学	34	2.93	1220	7.23	1498	8.17	4138	7.76	22.79
城市规划	23	1.98	235	1.39	436	2.38	1225	2.30	85.53
风景园林	59	5.09	1009	5.98	1530	8.34	3416	6.41	51.64
合计	1160	100.00	16885	100.00	18335	100.00	53329	100.00	8.59

2016 年土木建筑类学科博士生按学科统计的分布情况如表 1-12 所示。按一级学科分析：从招生数较毕业生数的增幅看，各一级学科均出现了较大的增幅，最低的建筑学一级学科也达到了 25%；从开办学科点的数量看，土木工程、管理科学与工程分列前 2 位，占比均超过 20%；从毕业人数、招生人数、在校人数看，管理科学与工程、土木工程均分别列在前 2 位，占比都在 40% 以上。

2016 年土木建筑类博士生按学科分布情况　　　　　　表 1-12

学科类别	开办学科点		毕业人数		招生人数		在校人数		招生数较毕业生数增幅（%）
	数量	占比（%）	数量	占比（%）	数量	占比（%）	数量	占比（%）	
土木工程	231	57.61	959	41.37	1652	45.46	8550	42.13	72.26
结构工程	38	9.48	199	8.58	222	6.11	1209	5.96	11.56

续表

学科类别	开办学科点		毕业人数		招生人数		在校人数		招生数较毕业生数增幅（%）
	数量	占比（%）	数量	占比（%）	数量	占比（%）	数量	占比（%）	
岩土工程	42	10.47	238	10.27	303	8.34	1473	7.26	27.31
桥梁与隧道工程	32	7.98	99	4.27	127	3.49	911	4.49	28.28
防灾减灾工程及防护工程	30	7.48	33	1.42	53	1.46	320	1.58	60.61
市政工程	27	6.73	67	2.89	71	1.95	476	2.35	5.97
供热、供燃气、通风及空调工程	22	5.49	55	2.37	74	2.04	423	2.08	34.55
土木工程学科	40	9.98	268	11.56	802	22.07	3738	18.42	199.25
建筑学	43	10.72	180	7.77	225	6.19	1552	7.65	25.00
建筑学学科	17	4.24	92	3.97	204	5.61	1126	5.55	121.74
建筑技术科学	7	1.75	13	0.56	6	0.17	52	0.26	−53.85
建筑设计及其理论	12	2.99	56	2.42	14	0.39	295	1.45	−75.00
建筑历史与理论	7	1.75	19	0.82	1	0.03	79	0.39	−94.74
城乡规划学学科	15	3.74	40	1.73	108	2.97	561	2.76	170.00
风景园林学学科	21	5.24	31	1.34	105	2.89	432	2.13	238.71
管理科学与工程学科	91	22.69	1108	47.80	1544	42.49	9199	45.33	39.35
合计	401	100.00	2318	100.00	3634	100.00	20294	100.00	56.77

1.1.1.3 分地区普通高等建设教育情况

1. 土木建筑类专业本科在各地区的分布情况

2016年土木建筑类专业本科按地区分布情况如表1-13所示。从总量上看，开办学校数较2015年增加24所，开办专业数增加156个，毕业生数增加8879人，招生数减少95人，在校生数增加5771人，招生数较毕业生数增幅整体下降了4.21%。经与上年数据对比可知，2016年全国招生总人数趋于稳定，土建类本科专业的办学规模呈现小幅上涨趋势，新办专业的出现与当前建设行业转型发展需求基本匹配，全国整体办学情况呈良性发展态势。

2016年土木建筑类专业本科生按地区分布情况　　　　表1-13

地区	开办学校		开办专业		毕业人数		招生人数		在校人数		招生数较毕业生数增幅（%）
	数量	占比（%）	数量	占比（%）	数量	占比（%）	数量	占比（%）	数量	占比（%）	
北京	22	2.87	82	3.06	4466	2.07	3946	1.88	18624	2.01	−11.64
天津	13	1.69	41	1.53	4000	1.85	3488	1.66	15450	1.66	−12.80
河北	40	5.22	147	5.48	12902	5.97	12076	5.76	51486	5.55	−6.40
山西	15	1.96	51	1.90	2603	1.20	4861	2.32	17629	1.90	86.75
内蒙古	11	1.43	42	1.56	2862	1.32	3157	1.51	12930	1.39	10.31
辽宁	33	4.30	123	4.58	8446	3.91	8118	3.87	38441	4.14	−3.88
吉林	19	2.48	80	2.98	6668	3.09	7127	3.40	31000	3.34	6.88
黑龙江	23	3.00	87	3.24	6990	3.24	6308	3.01	26531	2.86	−9.76
上海	16	2.09	40	1.49	2735	1.27	2183	1.04	11178	1.20	−20.18
江苏	61	7.95	209	7.79	14857	6.88	15905	7.59	66270	7.14	7.05
浙江	36	4.69	125	4.66	7172	3.32	7006	3.34	31232	3.36	−2.31
安徽	25	3.26	107	3.99	7612	3.52	9151	4.36	37412	4.03	20.22
福建	26	3.39	96	3.58	7334	3.39	8359	3.99	36099	3.89	13.98
江西	29	3.78	103	3.84	8773	4.06	7053	3.36	33820	3.64	−19.61
山东	46	6.00	149	5.55	14049	6.50	13399	6.39	55709	6.00	−4.63
河南	47	6.13	191	7.12	15825	7.32	16254	7.75	72871	7.85	2.71
湖北	55	7.17	170	6.33	13537	6.27	10284	4.91	51357	5.53	−24.03
湖南	34	4.43	125	4.66	13334	6.17	11333	5.41	51596	5.56	−15.01
广东	33	4.30	102	3.80	8421	3.90	9372	4.47	40090	4.32	11.29
广西	20	2.61	59	2.20	4288	1.98	5317	2.54	20928	2.25	24.00
海南	3	0.39	12	0.45	1622	0.75	1199	0.57	5359	0.58	−26.08
重庆	19	2.48	65	2.42	8495	3.93	6156	2.94	32908	3.54	−27.53
四川	32	4.17	129	4.81	12935	5.99	12759	6.09	52992	5.71	−1.36
贵州	18	2.35	57	2.12	2383	1.10	3846	1.83	16738	1.80	61.39
云南	19	2.48	72	2.68	3436	1.59	4913	2.34	21670	2.33	42.99
西藏	2	0.26	6	0.22	145	0.07	124	0.06	696	0.07	−14.48
陕西	39	5.08	122	4.55	12191	5.64	8507	4.06	43792	4.72	−30.22
甘肃	14	1.83	49	1.83	5080	2.35	4600	2.19	20066	2.16	−9.45
青海	3	0.39	6	0.22	408	0.19	510	0.24	2256	0.24	25.00
宁夏	6	0.78	16	0.60	1333	0.62	1075	0.51	6037	0.65	−19.35
新疆	8	1.04	21	0.78	1142	0.53	1264	0.60	5299	0.57	10.68
合计	767	100.00	2684	100.00	216044	100.00	209650	100.00	928466	100.00	−2.96

　　2016 年，我国在 31 个省级行政区中共有 767 所高校开设土木建筑类本科专业（我国省级行政区共 34 个，统计时不含香港、澳门和台湾地区，下同），从表 1-13 中可以看出，在 31 个省级行政区中，开设土木建筑类本科专业最多的是江苏省，共有 61 所高校开设了 209 个土木建筑类本科专业，占全国开办学校总数的 7.95%；开设土木建筑类本科专业高校数量最少的为西藏自治区，仅有 2 所高校共开设 6 个土木建筑类本科专业。统计结果表明，我国高等建设教育地域分布差异较大，发展不平衡。

　　在开办学校数量上，占比超过 5% 的有江苏、湖北、河南、山东、河北、陕西 6 个地区，占比不足 1% 的有宁夏、青海、海南、西藏 4 个地区；在开办专业数量上，占比超过 5% 的有江苏、湖北、河南、山东、河北 5 个地区，占比不足 1% 的有新疆、宁夏、海南、西藏、青海 5 个地区；在毕业生数量上，占比超过 5% 的有河南、江苏、山东、河南、湖北、湖南、四川、河北、陕西 8 个地区，占比不足 1% 的有海南、宁夏、新疆、青海、西藏 5 个地区；在招生数量上，占比超过 5% 的有河南、江苏、山东、四川、河北、湖南 6 个地区，占比不足 1% 的有新疆、海南、宁夏、青海、西藏 5 个地区；在在校生数量上，占比超过 5% 的有河南、江苏、山东、四川、湖南、河北、湖北 7 个地区，占比不足 1% 的有宁夏、海南、新疆、青海、西藏 5 个地区；在招生数较毕业生数增幅看，增幅超过 30% 的有山西、贵州、云南 3 个地区，有 21 个地区出现负增长，其中降幅在 20% 以上的有陕西、重庆、海南、湖北、上海 5 个地区。

　　根据全国区域划分，可分为华北（含北京、天津、河北、山西、内蒙古）、东北（含辽宁、吉林、黑龙江）、华东（含上海、江苏、浙江、安徽、福建、江西、山东）、中南（河南、湖北、湖南、广东、广西、海南）、西南（含重庆、四川、贵州、云南、西藏）、西北（含陕西、甘肃、青海、宁夏、新疆）等 6 个板块，2016 年土木建筑类专业本科生按区域板块分布情况如表 1-14 所示。

2016 年土木建筑类专业本科生按区域板块分布情况　　　　表 1-14

区域板块	开办学校		开办专业		毕业人数		招生人数		在校人数		招生数较毕业生数增幅（%）
	数量	占比（%）	数量	占比（%）	数量	占比（%）	数量	占比（%）	数量	占比（%）	
华北	101	13.17	363	13.52	26833	12.42	27528	13.13	116119	12.51	2.59
东北	75	9.78	290	10.80	22104	10.23	21553	10.28	95972	10.34	-2.49
华东	239	31.16	829	30.89	62532	28.94	63056	30.08	271720	29.27	0.84
中南	192	25.03	659	24.55	57027	26.40	53759	25.64	242201	26.09	-5.73
西南	90	11.73	329	12.26	27394	12.68	27798	13.26	125004	13.46	1.47

区域板块	开办学校		开办专业		毕业人数		招生人数		在校人数		招生数较毕业生数增幅（%）
	数量	占比（%）	数量	占比（%）	数量	占比（%）	数量	占比（%）	数量	占比（%）	
西北	70	9.13	214	7.97	20154	9.33	15956	7.61	77450	8.34	−20.83
合计	767	100.00	2684	100.00	216044	100.00	209650	100.00	928466	100.00	−2.96

从板块分布情况来看，东中西部地区在开办学校数量、开办专业数量、招生数量、在校生数量方面均呈现明显差别，华东地区占比最大，共有239所高校开设了829个土建类本科专业；中南地区排名第二，共计192所高校开设了659个土建类本科专业；西北地区在各项统计数据中排名垫底，共有70所高校开办了214个土建类专业，全国土木建筑类本科院校的分布呈现由东向西、由南向北逐渐递减的特征。

从综合办学实力来看，处于第一梯队的仍是华东地区，作为全国普通高等建设院校的重镇，其各项占比均处于30%左右的水平，这也与华东地区城乡建设事业发展态势良好、教育资源雄厚、生源数量充足、气候环境舒适等因素有关；处于第二梯队的是中南地区，占比基本处于25%～27%之间，占据了全国普通高等建设教育四分之一的资源；处于第三梯队的是华北、西南、东北地区，占比大多在10%以上；教育资源最薄弱的是西北地区，占比基本处于7%～10%的区间。

2016年共计招生209650人，与上年相比减少95人，招生数量稳中有降，步伐趋于平稳。在6个区域板块中，与上年相比有3个板块的招生数量微弱上涨，分别是华东板块（增加1317人）、中南板块（增加381人）和华北板块（增加194人），招生数量增加的板块均是教育资源成熟且雄厚的地区。在招生数较毕业生数增幅的统计中，增幅最大的是华北板块（增幅为2.59%），降幅最大的是西北板块（增幅为−20.83%），可见生源分布呈现明显聚集效应，土木建筑类本科专业教育资源区域发展不平衡的问题依然存在。

2. 土木建筑类专业研究生在各地区的分布情况

2016年土木建筑类专业硕士研究生按地区分布情况如表1-15所示。

2016年土木建筑类专业硕士生按地区分布情况　　　　表1-15

地区	开办学校		开办学科点		毕业人数		招生人数		在校人数		招生数较毕业生数增幅（%）
	数量	占比（%）	数量	占比（%）	数量	占比（%）	数量	占比（%）	数量	占比（%）	
北京	42	13.82	123	10.60	2031	12.03	2163	11.80	6055	11.35	6.50
天津	14	4.61	48	4.14	714	4.23	753	4.11	2199	4.12	5.46

续表

地区	开办学校		开办学科点		毕业人数		招生人数		在校人数		招生数较毕业生数增幅（%）
	数量	占比（%）	数量	占比（%）	数量	占比（%）	数量	占比（%）	数量	占比（%）	
河北	9	2.96	37	3.19	386	2.29	446	2.43	1305	2.45	15.54
山西	7	2.30	11	0.95	161	0.95	144	0.79	481	0.90	−10.56
内蒙古	4	1.32	24	2.07	138	0.82	179	0.98	476	0.89	29.71
辽宁	18	5.92	64	5.52	818	4.84	891	4.86	2678	5.02	8.92
吉林	10	3.29	28	2.41	200	1.18	251	1.37	767	1.44	25.50
黑龙江	10	3.29	39	3.36	711	4.21	746	4.07	1995	3.74	4.92
上海	9	2.96	35	3.02	1111	6.58	955	5.21	2714	5.09	−14.04
江苏	22	7.24	110	9.48	1556	9.22	1789	9.76	5329	9.99	14.97
浙江	10	3.29	27	2.33	326	1.93	453	2.47	1259	2.36	38.96
安徽	8	2.63	36	3.10	516	3.06	663	3.62	1840	3.45	28.49
福建	5	1.64	28	2.41	406	2.40	496	2.71	1475	2.77	22.17
江西	9	2.96	30	2.59	204	1.21	219	1.19	613	1.15	7.35
山东	16	5.26	65	5.60	646	3.83	701	3.82	2069	3.88	8.51
河南	13	4.28	50	4.31	332	1.97	372	2.03	1033	1.94	12.05
湖北	18	5.92	75	6.47	901	5.34	1022	5.57	2967	5.56	13.43
湖南	9	2.96	40	3.45	996	5.90	958	5.22	2966	5.56	−3.82
广东	14	4.61	51	4.40	844	5.00	934	5.09	2732	5.12	10.66
广西	5	1.64	15	1.29	179	1.06	243	1.33	697	1.31	35.75
海南	1	0.33	4	0.34	24	0.14	27	0.15	76	0.14	12.50
重庆	8	2.63	26	2.24	743	4.40	778	4.24	2286	4.29	4.71
四川	12	3.95	50	4.31	762	4.51	790	4.31	2492	4.67	3.67
贵州	2	0.66	9	0.78	85	0.50	94	0.51	270	0.51	10.59
云南	5	1.64	25	2.16	324	1.92	296	1.61	820	1.54	−8.64
陕西	14	4.61	79	6.81	1398	8.28	1565	8.54	4561	8.55	11.95
甘肃	5	1.64	23	1.98	313	1.85	342	1.87	992	1.86	9.27
青海	1	0.33	1	0.09	6	0.04	0	0.00	2	0.00	−100.00
宁夏	1	0.33	3	0.26	12	0.07	11	0.06	40	0.08	−8.33
新疆	3	0.99	4	0.34	42	0.25	54	0.29	140	0.26	28.57
合计	304	100	1160	100	16885	100	18335	100	53329	100	8.59

全国土建类硕士研究生开办学校 304 所，遍布我国除西藏外的 30 个省级行政区中，开办学校数量超过 10 所的有 10 个省份，分别是北京、江苏、辽宁、湖北、山东、天津、广东、陕西、河南和四川，其中北京拥有 42 所学校，排名第 1；江苏拥有 22 所学校，排名第 2；辽宁、湖北均有 18 所学校，并列第 3。

在开办学科点的数量统计中，北京和江苏开办的学科点数量最多，分别为 123 个和 110 个，远远超过其他地区。

在毕业人数统计中，2016 年共有 16885 名土建类硕士研究生毕业，其中北京地区毕业人数最多，为 2031 人，江苏省毕业人数为 1556 人，排名第 2，陕西、上海的毕业人数也都超过了 1000 人，这 4 个省份的硕士毕业生数量占全国硕士毕业生总数的 36.10%。与上年硕士毕业生人数 16455 人相比，毕业人数增加 430 人。

在招生人数统计中，2016 年共招收土建类硕士研究生 18335 人，北京和江苏招生人数最多，分别为 2163 人和 1789 人，陕西、湖北的招生人数也都超过了 1000 人。与上年硕士毕业生招生人数 17991 人相比，扩招 334 人。

在在校生人数统计中，2016 年累计在校土建类硕士研究生 53329 人，其中，北京和江苏在校生数量最多，分别为 6055 人和 5329 人。与上年在校生人数 51322 人相比，增加 2007 人。

在招生数较毕业生数增幅的统计中，2016 年全国总涨幅 8.59%，其中涨幅超过 20% 的有 7 个地区，分别是浙江、广西、内蒙古、新疆、安徽、吉林和福建，涨幅分别达到 38.96%、35.75%、29.71%、28.57%、28.49%、25.50% 和 22.17%。

2016 年土木建筑类专业博士研究生按地区分布情况如表 1-16 所示。

2016 年土木建筑类专业博士生按地区分布情况　　　　　　表 1-16

地区	开办学校		开办学科点		毕业人数		招生人数		在校人数		招生数较毕业生数增幅（%）
	数量	占比（%）	数量	占比（%）	数量	占比（%）	数量	占比（%）	数量	占比（%）	
北京	20	16.13	50	12.47	559	24.12	769	21.16	3954	19.48	37.57
天津	5	4.03	21	5.24	141	6.08	194	5.34	1010	4.98	37.59
河北	4	3.23	4	1.00	9	0.39	35	0.96	126	0.62	288.89
山西	2	1.61	4	1.00	6	0.26	21	0.58	107	0.53	250.00
辽宁	7	5.65	23	5.74	90	3.88	194	5.34	1183	5.83	115.56
吉林	1	0.81	1	0.25	5	0.22	11	0.30	72	0.35	120.00
黑龙江	5	4.03	18	4.49	137	5.91	232	6.38	1303	6.42	69.34

续表

地区	开办学校		开办学科点		毕业人数		招生人数		在校人数		招生数较毕业生数增幅(%)
	数量	占比(%)	数量	占比(%)	数量	占比(%)	数量	占比(%)	数量	占比(%)	
上海	9	7.26	27	6.73	287	12.38	401	11.03	2310	11.38	39.72
江苏	12	9.68	43	10.72	231	9.97	363	9.99	2086	10.28	57.14
浙江	1	0.81	11	2.74	62	2.67	89	2.45	460	2.27	43.55
安徽	3	2.42	15	3.74	64	2.76	76	2.09	345	1.70	18.75
福建	4	3.23	10	2.49	33	1.42	43	1.18	240	1.18	30.30
江西	2	1.61	2	0.50	36	1.55	30	0.83	151	0.74	−16.67
山东	8	6.45	15	3.74	31	1.34	82	2.26	383	1.89	164.52
河南	3	2.42	5	1.25	10	0.43	17	0.47	60	0.30	70.00
湖北	7	5.65	31	7.73	111	4.79	172	4.73	974	4.80	54.95
湖南	4	3.23	14	3.49	108	4.66	174	4.79	1205	5.94	61.11
广东	6	4.84	21	5.24	71	3.06	101	2.78	659	3.25	42.25
广西	1	0.81	7	1.75	10	0.43	21	0.58	113	0.56	110.00
重庆	2	1.61	13	3.24	63	2.72	110	3.03	619	3.05	74.60
四川	6	4.84	18	4.49	103	4.44	172	4.73	1173	5.78	66.99
云南	2	1.61	2	0.50	8	0.35	18	0.50	128	0.63	125.00
陕西	8	6.45	34	8.48	135	5.82	285	7.84	1486	7.32	111.11
甘肃	2	1.61	12	2.99	8	0.35	24	0.66	147	0.72	200.00
合计	124	100	401	100	2318	100	3634	100	20294	100	56.77

2016年，全国有土木建筑类博士研究生开办学校124所，主要集中于北京、江苏、上海、山东和陕西等教育发达地区，目前尚未拥有博士研究生办学院校的地区有7个，这与上年情况相同，分别是内蒙古、海南、贵州、西藏、青海、宁夏和新疆。2016年，全国土木建筑类博士生共毕业2318人，较上年增加93人；招生人数为3634人，较上年增加293人；在校生人数为20294人，较上年增加2155人。从以上数据可知，我国土木建筑类博士研究生的办学规模在逐步扩大，但区域差异明显，博士研究生的培养主要集中于北京、上海和江苏。其中，北京市有20所开办学校，涉及学科点50个、博士毕业生559人、同年招收博士生769人、累计在校博士生达39540人；上海市有9所开办学校，涉及学科点27个、博士毕业生287人、同年招收博士生401人、累计在校博士生达2310人；江苏省有12所开办学校，涉及43个博士学科点，博士毕业生231人、招收博士生

363 人、累计在校博士生为 2086 人。

综合表 1-15 和表 1-16 的数据可以看出，我国土木建筑类硕士、博士研究生教育区域发展不平衡，北京、江苏、上海、山东等高等教育发达地区的高水平人才培养实力雄厚，内蒙古、海南、贵州、西藏、青海、宁夏和新疆等中西部地区的高水平人才培养相对滞后，这与地区建设行业前景、科学研究实力、人口迁移趋向等有直接关系。

1.1.2 普通高等建设教育的发展趋势

2016 年是全面深化改革的一年，习近平总书记强调，各地区各部门要牢固树立"四个意识"，把抓改革作为一项重大政治责任，坚定改革决心和信心，增强推进改革的思想自觉和行动自觉，既当改革促进派、又当改革实干家，以钉钉子精神抓好改革落实，扭住关键、精准发力，敢于啃硬骨头，盯着抓、反复抓，直到抓出成效。普通高等建设教育要坚持把狠抓落实、突出成效、巩固成果作为行动纲领和根本遵循，坚持在高校思想政治工作、内涵建设工作和服务建设行业转型升级工作中，走改革创新之路。

1.1.2.1 坚持把思想政治教育放首位，坚定文化自信

2016 年 12 月 7 日至 8 日，全国高校思想政治工作会议在北京召开。中共中央总书记、国家主席、中央军委主席习近平出席会议并发表重要讲话，他强调高校思想政治工作关系高校培养什么样的人、如何培养人以及为谁培养人这个根本问题，要坚持把立德树人作为中心环节，把思想政治工作贯穿教育教学全过程，实现全程育人、全方位育人，努力开创我国高等教育事业发展新局面。

习近平强调，我国有独特的历史、独特的文化、独特的国情，决定了我国必须走自己的高等教育发展道路，扎实办好中国特色社会主义高校。我国高等教育发展方向要同我国发展的现实目标和未来方向紧密联系在一起，为人民服务，为中国共产党治国理政服务，为巩固和发展中国特色社会主义制度服务，为改革开放和社会主义现代化建设服务。

习近平指出，我国高等教育肩负着培养德智体美全面发展的社会主义事业建设者和接班人的重大任务，必须坚持正确政治方向。高校立身之本在于立德树人。只有培养出一流人才的高校，才能够成为世界一流大学。办好我国高校，办出世界一流大学，必须牢牢抓住全面提高人才培养能力这个核心点，并以此来带动高校其他工作。要教育引导学生正确认识世界和中国发展大势，从我们党探索中国特色社会主义历史发展和伟大实践中，认识和把握人类社会发展的历史必然性，认识和把握中国特色社会主义的历史必然性，不断树立为共产主义远大理想和中国特色社会主义共同理想而奋斗的信念和信心；正确认识中国

特色和国际比较，全面客观认识当代中国、看待外部世界；正确认识时代责任和历史使命，用中国梦激扬青春梦，为学生点亮理想的灯、照亮前行的路，激励学生自觉把个人的理想追求融入国家和民族的事业中，勇做走在时代前列的奋进者、开拓者；正确认识远大抱负和脚踏实地，珍惜韶华、脚踏实地，把远大抱负落实到实际行动中，让勤奋学习成为青春飞扬的动力，让增长本领成为青春搏击的能量。

习近平指出，做好高校思想政治工作，要因事而化、因时而进、因势而新。要遵循思想政治工作规律，遵循教书育人规律，遵循学生成长规律，不断提高工作能力和水平。要用好课堂教学这个主渠道，思想政治理论课要坚持在改进中加强，提升思想政治教育亲和力和针对性，满足学生成长发展需求和期待，其他各门课都要守好一段渠、种好责任田，使各类课程与思想政治理论课同向同行，形成协同效应。要加快构建中国特色哲学社会科学学科体系和教材体系，推出更多高水平教材，创新学术话语体系，建立科学权威、公开透明的哲学社会科学成果评价体系，努力构建全方位、全领域、全要素的哲学社会科学体系。要更加注重以文化育人，广泛开展文明校园创建，开展形式多样、健康向上、格调高雅的校园文化活动，广泛开展各类社会实践。要运用新媒体新技术使工作活起来，推动思想政治工作传统优势同信息技术高度融合，增强时代感和吸引力。

全国高校思想政治工作会议是一次具有开创性意义的重要会议，是高校党的建设历史上的里程碑，充分体现了以习近平同志为核心的党中央对高校思想政治工作的高度重视，为做好高校思想政治工作指明了前进方向，深刻回答了事关高等教育事业发展和高校思想政治工作的一系列重大问题，是指导做好新形势下高校思想政治工作的纲领性文献，对于办好中国特色社会主义大学，推进党和国家事业发展，具有十分重要的意义。

2016 年 5 月 17 日，习近平同志参加哲学社会科学工作座谈会并发表重要讲话。习近平强调，要加快构建中国特色哲学社会科学，按照立足中国、借鉴国外，挖掘历史、把握当代，关怀人类、面向未来的思路，着力构建中国特色哲学社会科学，在指导思想、学科体系、学术体系、话语体系等方面充分体现中国特色、中国风格、中国气派。坚定中国特色社会主义道路自信、理论自信、制度自信，说到底是要坚定文化自信，文化自信是更基本、更深沉、更持久的力量。

文化自信是一个民族、一个国家以及一个政党对自身文化价值的充分肯定和积极践行。党的十八大以来，习近平曾在多个场合提到文化自信："增强文化自觉和文化自信，是坚定道路自信、理论自信、制度自信的题中应有之义。""中国有坚定的道路自信、理论自信、制度自信，其本质是建立在 5000 多年文明传承基础上的文化自信。"践行文化自信，让中华文化走向世界。习近平指出，"提高国家文化软实力，要努力展示中华文化独特魅力"，要"把跨越时空、超越国度、富有永恒魅力、具有当代价值的文化精神弘扬起来，把继承传统优秀文化又弘扬时代精神、立足本国又面向世界的当代中国文化创新成果传播出去"。

高校是文化创造和传播的重镇，是坚定大学生文化自信的前沿阵地，坚定文化自信是普通高等建设教育的重要政治任务，必须把增强大学生文化自信融入高校教育教学全过程。

做好高校思想政治工作和坚定文化自信，一脉相承，这是中国特色社会主义高校意识形态工作的核心。随着中国特色社会主义进入新时代，我国社会的主要矛盾已经转化为人民日益增长的美好生活需要和不平衡不充分的发展之间的矛盾。在新形势下，我们需要不断坚定文化自信，坚持不懈传播马克思主义科学理论，弘扬社会主义核心价值观，导正办学方向、筑牢思想基础、提供价值引领，在凝聚共识中不断给学生以思想指引和文化滋养，培育德才兼备、全面发展的人才，为中国特色社会主义事业输送合格的城乡建设者和可靠接班人。

1.1.2.2　坚持围绕提质增效开展教改，实现内涵发展

当前我国高等教育发展整体步入世界中上水平，开始进入世界高等教育发展第一方阵，开始与国际高等教育发展同频共振。步入新时代，我国高等教育的任务是深化教育改革，实现内涵式发展。

习近平总书记 2016 年在全国高校思想政治工作会议上指出："办好我国高校，办出世界一流大学，必须牢牢抓住全面提高人才培养能力这个核心点。"

国务院发布的《国家教育事业发展"十三五"规划》中明确提出，"十三五"时期教育改革发展总目标是：教育现代化取得重要进展，教育总体实力和国际影响力显著增强，推动我国迈入人力资源强国和人才强国行列，为实现中国教育现代化 2030 远景目标奠定坚实基础。

2016 年 7 月，教育部印发了《推进共建"一带一路"教育行动》的通知，通知中要求推进共建"丝绸之路经济带"和"21 世纪海上丝绸之路"（以下简称"一带一路"），推动区域教育大开放、大交流和大融合，开启了高等教育国际化的新征程。

2013 年我国被接纳为《华盛顿协议》预备成员，2016 年成为《华盛顿协议》第 18 个正式成员。专业认证的以产出为导向、以学生为中心和持续改进三大基本理念，反映了当前国际高等教育的发展趋势，在很大程度上引导和促进了我国工程教育专业建设与教学改革，保障和提高了人才培养质量。

归根结底，新时代高等建设教育依然要坚持走内涵发展的道路，聚焦质量，

以培养一流人才为核心，坚持"学生中心、成果导向、持续改进"的教育理念，深化改革，以实现高校在"五大功能"（即人才培养、科学研究、社会服务、文化传承创新和国际交流合作）上的内涵发展。深化改革、注重内涵，就要在办学理念、办学定位、办学模式、治理方式和评价体系五个方面寻求转变。

（1）在办学理念上走质量立校之路。普通高等建设教育要把提高教育质量作为生命线，在人才培养、科学研究、社会服务、文化传承创新和国际交流合作方面坚持质量立校，把人才培养质量作为衡量办学质量的首要标准，把培养学生的社会责任感、创新精神和实践能力作为办学的第一目标，实施质量立校常态化，使其体现在教育教学全过程之中。

（2）在办学定位上走特色发展之路。普通高等建设教育的特色定位既要兼顾国家人才需求、建筑行业人才需求，更要准确定位学生成长需求，要充分考虑"学生适合发展为什么样的人"、"学生希望自我成长为什么样的人"等以学生为核心的需求。只有契合了这三方面的需求，实施差异化发展战略，发挥比较优势，才能实现高校可持续发展的特色和以特色构筑的核心竞争力。

（3）在办学模式上走开放合作之路。统筹国内国际两个大局，加强与大国、周边国家、发展中国家在工程教育领域的务实合作，形成重点推进、合作共赢的教育对外开放局面。以优质资源请进来为重点，深化与发达国家教育合作交流；以教育走出去为重点，扩大与发展中国家教育合作交流。加强与东南亚、非洲国家教育合作。增进新欧亚大陆桥、中国—中亚—西亚、中巴、孟中印缅、中蒙俄等重要廊道及澜湄合作机制下的区域教育合作交流。构建"一带一路"沿线各国教育共同体，开展教育互联互通、人才培养培训、丝路合作机制建设等方面重点合作，对接沿线各国意愿，互鉴先进教育经验，共享优质教育资源。

（4）在治理方式上走教授治学之路。探索"教授治学，民主管理"新模式，确立教授在治学中的主体地位，建立和完善保障教授学术权力和民主权力的体制机制，发挥教授在人才培养、科学研究、社会服务、文化传承创新以及学科发展、队伍建设中的主导作用，发挥教授在民主办学和民主管理中的积极作用，不断完善中国特色现代大学制度建设。

（5）在评价体系上走多元评价之路。建立完善政府、高校、社会第三方机构多元评价相结合的质量标准体系、教学评价监督机制和人才培养目标达成度评价体系，实现评价主体、内容、标准以及评价方法的多元化。

1.1.2.3 坚持聚焦建筑行业综合改革，服务城乡建设

习近平总书记在全国高校思想政治工作会议上的重要讲话从全局和战略高度，提出了"四个服务"的思想，其中"为改革开放和社会主义现代化建设服务"是"四个服务"的内涵之一。中央城市工作会议、《国家新型城镇化规划

(2014～2020年)》和《建筑业发展"十三五"规划》为建筑业的改革发展描绘了蓝图，各高等建筑类高校要抢抓建筑行业转型升级的历史机遇，主动对接区域城乡建设需要、技术改革创新需求和行业重大战略需求，把握行业人才需求方向，充分利用区域资源和智库优势，发挥自身特色，为推进建筑产业现代化、信息化和国际化作出应有贡献。

中央城市工作会议强调，城市工作要以创新、协调、绿色、开放、共享的发展理念为指引，坚持以人为本、科学发展、改革创新、依法治市，转变城市发展方式，完善城市治理体系，提高城市治理能力，着力解决"城市病"等突出问题，不断提升城市环境质量、人民生活质量、城市竞争力，建设和谐宜居、富有活力、各具特色的现代化城市，提高新型城镇化水平，走出一条中国特色城市发展道路。

《国家新型城镇化规划（2014～2020年)》指出，要努力走出一条以人为本、四化同步、优化布局、生态文明、文化传承的中国特色新型城镇化道路，城镇化是加快产业结构转型升级的重要抓手，是推动区域协调发展的有力支撑，是促进社会全面进步的必然要求。要优化提升东部地区城市群，加快经济转型升级、优化空间结构、促进资源永续利用和环境质量提升，统筹区域、城乡基础设施网络和信息网络建设，深化城市间分工协作和功能互补，加快一体化发展。要培育发展中西部地区城市群，要在严格保护生态环境的基础上，引导有市场、有效益的劳动密集型产业优先向中西部转移，吸纳东部返乡和就近转移的农民工，加快产业集群发展和人口集聚，培育发展若干新的城市群，在优化全国城镇化战略格局中发挥更加重要作用。

《建筑业发展"十三五"规划》归纳了建筑业发展过程中存在的行业发展方式粗放、建筑工人技能素质不高、监管体制机制不健全等问题，明确指出新型城镇化、京津冀协调发展、长江经济带发展和"一带一路"建设，将是建筑业未来发展的重要推动力和宝贵机遇。建筑业要以落实"适用、经济、绿色、美观"建筑方针为目标，以推进行业供给侧结构性改革为主线，以推进建筑产业现代化为抓手，以保障工程质量安全为核心，以优化建筑市场环境为保障，推动建造方式创新，深化监管方式改革，着力提升建筑业企业核心竞争力，促进建筑业持续健康发展。进一步明确了技术进步目标和建筑节能及绿色建筑发展目标，"十三五"时期将持续推动建筑产业现代化，推广智能和装配式建筑，推广建筑节能与绿色建筑发展，加强关键技术研发支持，完善政产学研用协同创新机制，着力优化新技术研发和应用环境，总结推广先进建筑技术体系。充分把握"一带一路"战略契机，发挥我国建筑业企业在高速铁路、公路、电力、港口、机场、油气长输管道、高层建筑等工程建设方面的比较优势，加大市场拓展力度，提高国际市场份额，打造"中国建造"品牌，加快建筑业"走出去"的步伐。

可以看出，"十三五"是建筑行业转型发展的关键时期，各高校应牢牢把握行业发展机遇，聚焦行业重大战略需求，促进教学、科研和行业的紧密结合，加强学校之间、校企之间、学校与科研机构之间的多元合作，深入推进政产学研用协同育人行动计划。

1.1.3 普通高等建设教育发展面临的问题

1.1.3.1 思想文化建设中存在的薄弱环节

近些年各种西方社会思潮传入我国，迅速渗透到高校校园的各个角度，对高校意识形态工作产生了潜移默化的影响，对当代大学生的思想观念、价值取向和行为方式产生了巨大冲击。面临严峻形势，直面高校思想文化建设的薄弱环节，究其原因，既有内部消解的问题，也有外部冲击的问题。

（1）存在西方意识形态渗透的问题。在党的十八大之前较长一个时期内，"意识形态多元化"、"非意识形态化"、"去意识形态化"等错误思潮蔓延甚至泛滥，西方的民主宪政、"普世价值"论、新自由主义、历史虚无主义等大行其道，给青年人的思想认识造成了较大干扰。由于缺乏应有的文化自信，"向西看"成为高校内部尤其是出国留学人员的思想倾向，崇洋媚外的留学热潮在不少高校集中体现。在一些高校，甚至对在国外期刊发表论文一事刊登学校新闻头条来大肆宣传，而且认定在国外期刊发表一篇论文可以等同于在国内核心期刊上发表几篇，并以在国外期刊发表的论文数量、期刊档次等作为评定职称、申请资助以及各种奖励的重要依据，甚至还有高校为在国外期刊发表论文的教师发放现金奖励，这些导向对高校教师、特别是青年教师产生了一定误导，教书育人、崇尚科学应是无国界的、非功利的，在国内的认可应与国外等同。毋庸置疑，论文质量才应是最根本的评价标准。

（2）存在不健康思想流入的问题。社会上一些个人主义、拜金主义、享乐主义倾向等不健康思想渗透进校园，冲击了大学生固有的价值体系，他们在这种交错激荡、纷繁复杂的多元价值面前，缺乏理性，难以判断，导致部分学生以为人生就是个人主义、拜金盛行、享乐至上，这些思想和行为加速了大学生自私倾向的形成，使部分大学生一切以自我为中心、一切从自我发展出发，一些大学生认为艰苦奋斗已经"过时"，安逸享乐才是"正道"。这些个人主义思想在很大意义上满足了一些大学生的逆反心理，给他们的抱怨和愤世提供了合理的出口和支持，缺乏高尚情操和健康精神生活，使部分大学生逐渐偏离了正确的价值体系，甚至导致部分学生误入歧途。很显然，这些不健康的思想完全与我国高等教育所倡导的民族精神、爱国主义、集体主义思想背道而驰。

（3）存在工作虚而不实的问题。一些高校思想政治工作的方式方法脱离实际和时代，常游离于学校教学科研等中心工作之外，脱离师生工作学习实际，多年来执行大而空的做法，内容空洞、苍白无力的说教，根本无法在师生中得到共鸣。甚至个别高校搞"完美化"教学，没有辩证和客观地正视党和国家发展中的问题，误导学生认为思想政治课就是走形式的课程，严重影响了思想政治工作的质量，缺失了对学生价值观应有的正确引导，工作效果不佳，工作方式方法、内容体系都亟待创新。

（4）存在工作散而不聚的问题。一些高校思想文化建设工作的协同力不够强，思想文化建设工作大多集中于党务部门，业务部门参与较少，经常是党务部门单兵作战，缺少多部门的协同配合，尚未建立大思政工作的协同机制，并且各部门之间的责任分工不够清晰，关系亟须理顺。

1.1.3.2 内涵发展建设中存在的薄弱环节

内涵建设的核心是培养一流人才。教育部高等教育司司长吴岩在第十届"中国大学教学论坛"上指出：培养一流人才，基础和核心是一流本科。要办好一流本科，必须要有一流专业做支撑。如何建设一流本科，打造一流专业？《统筹推进世界一流大学和一流学科建设总体方案》给出了标准答案，方案指出：建设一流师资队伍、培养拔尖创新人才、提升科学研究水平、传承创新优秀文化、着力推进成果转化。这五个方面就是世界一流学科的中国标准。

建设一流本科教育，是解决当前我国高等院校内涵发展问题的有效途径。普通高等建设教育近些年来发展迅猛，但整体而言"大而不强"的问题十分突出，与一流本科的中国标准尚有差距，具体体现在如下几个方面。

（1）人才培养模式相对陈旧。一流本科要求人才培养要注重对学生基础能力、实践能力、创新能力的培养，要打造基础化、综合化、个性化、实践化的人才培养模式，形成通识教育基础上的专业教育人才培养模式。但目前，我国普通高等建设类院校在通识教育方面基础薄弱，通识教育的师资和课程都相对匮乏，不同学科之间开放度不高，学科交叉与专业融合的新型人才培养模式尚未形成，现有高度专业化的人才培养模式很难满足和适应未来智能化、绿色化、服务化的建设行业发展要求。

（2）对教学投入不足。一些高校在办学中"重科研、轻教学"的问题比较突出，对本科教学工作重视不到位、教师对教学工作投入不到位、政策向教学倾斜不到位、优质资源保障不到位，导致有些高校只重视学科建设而忽视专业建设、只重视研究生教育而忽视本科生教育、只重视培养少数拔尖人才而忽视全体学生的发展。

（3）体制机制改革滞后。建设现代大学制度是《国家中长期教育改革和发展规划纲要（2010～2020年）》确立的一项战略任务，现在很多建筑类高校已经制定了大学章程、制定了党委领导下的校长负责制议事制度、完善了学术委员会等。但这些只是现代大学制度建设的形式标准而非实质标准，只是阶段性标准而非终结性标准。现存的体制机制对建设一流师资队伍、培养拔尖创新人才、提升科学研究水平、传承创新优秀文化、着力推进成果转化的支持度、服务度、激励度并不高。人才培养是大学永恒的主题，因此，评价现代大学制度建设的有效性最终要看是否有利于学校培养出各类优秀人才。

（4）优秀师资短缺。很多高校都存在优秀师资不足，或是优秀师资流失的问题。就普通高等建设教育而言，教育的提质转型升级需要真正可以引领教学改革、带领学科发展和激励学生树立人生梦想的大师，需要吸引优秀人才加盟，以增强学校的学术影响力和学科号召力。但对很多高校而言，世界顶尖人才和优秀学科人才是匮乏的。

（5）学术成果产出不足。一流大学、一流专业需要优势特色学科来支撑，需要以一批高水准具有代表性的学术成果为根基，来提升人才培养的质量和水平。当前我国普通高等建设教育中达到国际领先水平的学术成果数量不多，究其原因，很多学科带头人行政任务繁重，很多有成就的学者奔忙于会议、评议等非科研领域，很多青年学者深陷于报账、班主任、新课准备等日常事务，导致高校整体科研效率下降，致使科研转化教学和科教融通发展双双乏力。

1.1.3.3 协同育人建设中存在的薄弱环节

协同育人模式历史悠久，在英美等国已经沿用100多年，在我国也有30多年的历史，它一直是推动我国高等教育育人质量提升的重要人才培养模式。2012年起，教育部和中国科学院联合启动实施"科教结合协同育人行动计划"，2014年起，教育部高等教育司启动产学合作协同育人项目，协同育人模式在我国呈现多样化、普及化的发展态势，许多高等建筑类院校也参与其中，但在推进过程中也遇到了一些问题，现归纳如下。

（1）教学与科研的关系出现失衡。教学与科研是推动高校改革发展的两翼，二者本应是相辅相成、相互促进的关系，但在实际过程中，许多高校"重科研、轻教学"的问题依然存在。造成这种"失衡"的原因是多方面的，大致涉及大学定位、评价体系、教育观念、职称晋升、经济利益等诸多因素。高校教师在面临职称评定、经费申请等现实利益时，很容易倒向科研一端，沉于科研而疏于教学。其根本原因是，很多高校和教师均未能正确认识教学与科研的关系，只浮于短期的既得利益，而忽视了高等教育的根本任务——培养人才，教学和科研都是为人才培养服务的，二者之间是水乳交融的关系，科研是教学的"源头活水"，没有科研做支撑，教学就会失去灵魂。科研水平高的教师，对教学内容理解得更为透彻，教学更易做到深入浅出，有助于学生的理解与学习。此外，科研型教师思考问题的方式、严谨的科研态度和刻苦的钻研精神对学生学习习惯的养成也大有裨益；同时，教学是科研的"隐形动力"。教师要上好课，必须具备渊博的知识、宽阔的眼界，这有助于拓宽科研思路和领域。课堂上师生间的互动，也能帮助教师获得新的科研灵感。

（2）协同育人的实效有待加强。协同育人为高校开门办学、服务社会提供了平台，为协同的企事业单位、科研院所提升竞争力、反哺教育提供了载体，但从近些年建筑类高校协同育人实效来看，确实存在育人实效不强、合作形式单一、合作企业匮乏、合作机制死板滞后和个性特色不够鲜明等问题。高校集聚有关部门、科研院所、行业企业等社会资源协同培养人才的能力不强，乐于参与其中的协同单位或部门不在多数，它们大多是通过校友资源或是教师资源引入的，再加之企事业单位中高级工程技术人员工作繁重，近些年来建筑市场调整转型加剧等因素，学生真正能在协同育人中获得的实践锻炼机会并不多。在合作方式上，设立助学金或在设立实践就业基地等方式，体制单一，缺乏成熟、系统、高质量的合作机制和模式。纵观协同育人实效，除能解决一部分学生就业问题之外，其对学生实践能力、创新能力培养的效果并不理想，过于走马观花和就业倾向浓重的协同育人培养模式设计，缺乏个性与特色，缺乏高质量的工程技术研修环节，没有达到共建共享共赢的协同合作初衷，对培养学生综合能力和专业素质没有起到预想的效果。

（3）教育主管部门的扶持力度有待加强。教育主管部门对企业进行校企合作的支持和引导力度还不足，大多是号召多于行动，切实推进校企合作的政府扶持项目不多，院校和企业参与其中的机会较少。如果主管部门的政策导向力度不够，学校和企业都很难通过自有资金的支持来培育校企合作项目，支持学生实习实践的超额教育支出，很有可能导致一些先行试水的合作项目因为资金不足的问题而中途夭折，这对处于起步阶段的校企合作、协同育人而言极其不利，因此在"十三五"时期加大教育主管部门的优惠政策扶持是非常必要的。

1.1.4　促进普通高等建设教育发展的对策建议

1.1.4.1　文化育人，树立文化自信

高校是交流思想、传承文明、价值引领的前沿阵地，肩负着培养社会主义事业合格建设者和可靠接班人的重大任务，必须深刻领会和贯彻落实习近平总书记在全国高校思想政治工作会议上的讲话精神，确立意识形态工作在高校教学工作中的主导地位，构建弘扬社会主义核心价值观的校园文化体系，增强大学生对中华优秀传统文化、革命文化、社会主义先进文化的认知，把增强和树

立文化自信融入高校教书育人全过程。

让民族优秀文化进校园、中外文学艺术经典进校园、高雅艺术进校园、非物质文化遗产进校园，充分利用图书馆、博物馆、文化馆等各类文化资源，广泛开展中华民族优秀传统文化、革命文化、社会主义先进文化教育，是培育大学生文化认同和文化自信的有效途径，有助于加强多元文化教育和国际理解教育的效率，提升大学生跨文化沟通与交流的能力。在树立文化自信时，高等建设教育要积极发挥中华传统文化、革命文化和社会主义先进文化的力量，在意识形态工作中树立文化自信的基石。

（1）在弘扬中华传统文化中树立文化自信。中华传统文化源远流长、博大精深，蕴含着丰富的哲学思想、人文精神、道德理念，其中讲仁爱、重民本、守诚信、崇正义、尚和合、求大同的思想，是社会主义核心价值观的重要源泉。高校开展思想文化教育，就要大力弘扬中华优秀传统文化，让大学生深刻认识到中华优秀传统文化是中华民族的"根"和"魂"，让大学生在学习中华优秀传统文化中身心得到滋养，坚定文化自信的底气。在思想文化教育中弘扬中华优秀传统文化，要取其精华、又要去其糟粕，要尊重历史、又要与时俱进，真正做到用中华优秀传统文化育人。

（2）在弘扬革命文化中树立文化自信。革命文化是中国共产党和中国人民在长期的革命斗争实践中形成的，是我们党和人民独有的奋发向上的文化财富，蕴含着丰富的革命精神，它既植根于中华优秀传统文化，是社会主义先进文化发展的直接来源。井冈山精神、长征精神、延安精神、西柏坡精神、大庆精神、"两弹一星"精神、抗震救灾精神等，这些富有时代特征、民族特色的宝贵精神财富，传承并弘扬了中华优秀传统文化，是我们党团结带领各族人民在伟大斗争中铸就的一个个精神高地。高校要大力弘扬革命文化，用革命文化中蕴含的不屈不挠、矢志不渝的爱国情怀，教育和引导大学生，面对大是大非时敢于亮剑，面对矛盾时敢于迎难而上，面对危机时敢于挺身而出，面对失败时敢于承担责任，面对歪风邪气时敢于坚决斗争，确保红色基因、优良传统在大学生中得到继承和发扬。

（3）在弘扬社会主义先进文化中树立文化自信。社会主义先进文化植根于中华优秀传统文化和革命文化，是当代中国的新文化，具有丰富的时代内涵。中国特色社会主义先进文化，以马克思主义为指导，以社会主义核心价值观为灵魂，是面向现代化、面向世界、面向未来的文化，是民族的、科学的、大众的文化。它既立足于中国实际，又借鉴、吸收世界各国各民族的优秀文化成果，通过文化的交融整合、吸收创新，不断充实、丰富和发展，是通过不断改革创新而形成的先进文化，它对各种社会思潮具有引领和纠偏的重要作用。高校弘扬社会主义先进文化，让大学生坚定文化自信，要鼓励大学生积极响应建设社会主义文化强国的时代召唤，投身到社会主义文化强国的实践中去，为弘扬社会主义先进文化贡献力量。

（4）在完善意识形态工作中树立文化自信。意识形态工作是高校一项极其重要的工作，要做到守土有责、守土负责、守土尽责，齐抓共管，形成合力，把意识形态工作落细落实、取得实效。一是要深化思想认识，始终保持政治清醒和政治定力，绷紧意识形态这根弦，以高度的政治责任感和使命感，牢牢掌握意识形态工作的领导权、管理权和话语权；二是要创新方式方法，加强主阵地、主渠道建设。成立思想政治理论课建设工作领导小组，组建马克思主义学院，实行校级领导定期会议和听课制度，出台加强和改进思想政治理论课的实施意见和配套落实细则；三是要建好、管好、用好网络新媒体阵地，着力打造学校文化阵地；四是整合多方力量，健全领导机制、运行机制和责任体系，建立"有纵有横"的工作格局，统筹协调学校各方面意识形态工作，打通意识形态工作的"最后一公里"。

1.1.4.2 教书育人，建设一流本科

普通高等建设类院校要牢牢抓住"培养什么样的人、如何培养人、为谁培养人"的根本问题，办中国特色、人民满意的高等建筑教育，关键在于主动与国家需求、行业需求、学生需求的对接上，学校要结合自身实际和需求导向来明确在不同时期的目标定位，要将学校的长远发展与国家和行业的长远发展相统一。各高校要认真履行人才培养、科技创新、社会服务、文化传承和国际交流合作的五大基本职能，坚持落实"质量立校"、"创新领校"、"特色兴校"、"文化筑校"、"开放办校"的五大方略，系统推进育人方式、办学模式、管理体制、服务机制的改革，形成鲜明的办学特色，保持良好提质增效的发展态势。

（1）坚持"质量立校"方略，深化人才培养模式改革。学校要突出人才培养中心地位，提升办学质量，坚持高标准办学，构建"以立德树人为目标、以学生为中心"的育人环境和"以卓越为引领、以协同育人为路径"的创新实践型人才培养体系。要着重落实"卓越工程教育培养计划2.0"、新工科建设、本科教学工作审核评估和工程教育认证的要求，在人才培养上逐步打破学科与专业界限，以学科交叉、专业融通的开放思想打造通识教育基础上的专业教育人才培养新模式，以培养学生更好的学习能力、综合能力、创新精神、社会责任感和运用新技术的能力。以西安建筑科技大学为例，该校草堂校区实施"书院—学院—学科制"的人才培养模式，书院和学院分工明确、互不隶属。学院和学科主要负责学生基础理论和专业知识的教育及科学研究。学生的日常生活、通识教育课程和非形式教育则由书院负责实施和管理。不同书院开设的通识教育

课程和提供的非形式教育不仅有不同的特色，而且有各自的培养木匾和各具特色的培养计划。书院设施完备、功能齐全，可独立支配其资源，可向学生提供环境优雅、设备先进的学习、生活、娱乐条件。当前一期建成的有南山书院。

（2）坚持"创新领校"方略，深化产学研用科研体制改革。学校要大力推动科技创新，加强创新团队和科技创新平台建设，深化产学研用一体化的科研体制改革，努力营造创新环境，保护创新热情，鼓励创新实践，以创新引领学校的科学发展，以创新支撑高质量的人才培养。以青岛理工大学为例，该校依托院士、千人计划学者、泰山学者、高端外国专家、教学名师等高层次人才领衔组建科研团队和创新平台。如外籍院士维特曼教授带领海洋环境混凝土材料团队打造"山东省混凝土结构耐久性工程技术研究中心"；联合中科院院士何满潮教授带领的团队，打造"能源与环境（青岛）国际联合实验室"，建立"青岛市地下空间工程研究中心"和"青岛市地下空间产业技术创新战略联盟"；双聘院士周成虎教授，与学校联合成立"资源与环境信息系统国家重点实验室城市信息模拟与分析研究中心"，搭建全国首个"城市建筑云平台"等等。目前，该校开发冶金炉渣高效资源化利用国家地方联合工程研究中心、城镇污水处理与资源化国家地方联合工程中心（青岛）等41个国家、省部级重点学科、重点实验室（基地）、工程（技术）研究中心，强化学生工程意识与基本实践能力训练。并通过建立科研反哺教学机制，鼓励教师将科研成果及前沿动态充实到课堂教学，促进科研优势转化为教学优势，实现科研教学良性互动，在科研实践中培养拔尖创新人才。

（3）坚持"特色兴校"方略，加大社会服务支持力度。学校要注重强化社会服务能力，积极发挥学校学科优势、人才优势和智力优势，努力服务城乡建设和区域经济社会发展。以沈阳建筑大学为例，该校紧密结合辽沈地区行业发展需求，积极探索体制机制改革，整合校内优势资源，搭建了一批具有鲜明特色和服务重点的科技服务平台。先后设立了节能研究院、现代建筑产业研究院、生态低碳城镇化与绿色建筑工程技术中心等产学研为一体的14个研究机构，成立了科技发展公司、兴科中小企业服务中心等科技服务实体，整合了相关重点实验室、工程中心和试验基地，与美国XTWO国际有限责任公司、沈阳中大慧智信息科技有限公司联合组建了"沈阳BIM工程研究中心"，与此同时，该校响应辽宁省教育厅要求，认真组织了学校与工业产业集群的对接和服务县域经济工作，完成了学校技术转移中心的组建和制度建设。该校依托科研资源和专业优势，在整体上形成了研究有特色、服务有优势的科学研究格局。

（4）坚持"文化筑校"方略，加大中国传统建筑文化传承力度。学校要贯彻落实国家文化建设新战略，弘扬学校传统，突出建筑特色，创立学校文化品牌和精神家园，不断提高学校的凝聚力和向心力。以山东建筑大学为例，该校的一园一景都能渗透着浓厚的建筑文化，移步于校园中，新老建筑交相辉映，相得益彰，有百年老别墅、德式老房子、全木质流水别墅、胶东原生态民居海草房、泰山地区传统民居岱岳一居、铁路文化园等。每一栋古建筑都是一处"活着的博物馆"，基于学科及文化内涵，这些老房子已相继开辟为"建筑平移技术展馆"、"地图地契馆"、"木结构展览馆"、"山东民居馆"、"山东乡情馆"、"铁路建筑展馆"等，实现了文化实体与育人载体的最大结合。山东建筑大学系列博物馆已列入山东省博物馆规划。

（5）坚持"开放办校"方略，加大国际交流合作推进力度。学校要加大国际化拓展步伐，实现更高层次、更广范围、更具时效性的国际合作交流，提高师生国际交往能力，提升学校办学国际化水平。以北京建筑大学为例，该校大力推动国际合作办学模式，目前已经形成"中外合作办学项目＋优本外培计划＋海外交流项目＋国际暑期学校＋筑梦远航计划"交叉运行的全方位国际化人才培养体系。另外，该校积极践行"一带一路"国家倡议，牵头成立"一带一路"建筑类高校联盟，共有来自俄罗斯、波兰、法国、美国、英国、亚美尼亚、保加利亚、捷克、韩国、马来西亚、希腊、尼泊尔、以色列等19个国家的44所大学同意成立并加入联盟，成为联盟的首批成员。联盟是按照"自愿平等、开放共享、合作共赢、创新发展"原则自发组织的非营利性战略合作组织，将致力于高素质、国际化工程技术人才培养；致力于以科研项目和技术创新为牵引，创新合作机制，打造跨国界多校对社会的协同创新平台，促进资金、产品、人才和服务的跨国界流动；致力于促进大学间跨国界的人员和文化交流，鼓励大学间人员跨国界流动，联合举办各类学术会议、科技竞赛以及开展各项汉语推广活动等，联盟的成立预示着沿线国家的高等建筑教育合作正式拉开帷幕。

1.1.4.3 协同育人，助力行业发展

协同育人是高等教育改革的一大亮点，是高校创新人才培养方式、汇聚培养合力的重要改革举措。它充分利用政府、高校、企业、科研院所的合力优势，紧紧围绕人才培养这个中心，整合各方优质资源，加强深度融合，有效地从教育主体、客体和环境三个方面同向发力，是培养高级专门人才的有效途径。

教育部学校规划建设发展中心陈锋主任强调，地方本科院校转型发展核心使命是构建合理的人才培养结构，推动科教融合、产教融合，打通从基础研究到创新到应用的完整链条，服务国家创新驱动战略；关键任务是加快培养适应技术进步和产业升级的应用技术人才。

坚持需求导向，坚持人才为先，坚持遵循规律，坚持全面创新的"四个坚持"是协同育人的工作总方针。高等建筑类高校要把办学思路真正转到服务地方建

筑行业发展上来，转到产教融合、校企合作、协同育人上来，转到培养应用型人才上来，转到增强学生就业创业能力上来，全面提高学校服务区域经济社会发展和创新驱动发展的能力，积极融入建设行业转型发展，培养行业转型升级急需人才。对于普通高等建筑类院校而言，主要的实施途径包括以下几个方面。

（1）做好顶层设计，统一育人思想。科学定位是学校生存的基础，学校应根据自身的办学定位、办学特色、服务面向、专业布局等办学实际情况，坚持需求导向，坚持服务国家和区域经济社会发展，坚持紧扣行业发展脉搏，从"十三五"规划、管理体制、文件制度、实施举措等方面做好协同育人工作的顶层设计，并注重彰显自身特色。协同育人工作是高校深化内涵建设的重要举措，需要全校上下一盘棋，学校领导班子、各院部、全校师生员工要对协同育人工作具有高度的认同感和较强的执行能力，形成思想统一和全员参与的局面，步调一致地推动协同育人的各项工作。特别是在处理教学与科研关系时，学校要从发展的角度出发，理顺二者之间的关系，从制度建设上处理好教学和科研的关系，形成有效的激励机制，让老师安于从教、乐于从研，让教学和科研切实互为相长。同时，学校还应将协同育人的真正内涵传播到协同育人的企业、学校、院所去，在协同育人的主体、客体和环境中形成统一思想和一致行动。

（2）优化学科结构，调整专业布局。学科与产业的对接是高校学科建设与发展的必由之路，普通高等建设类院校的学科设置应与区域内建筑行业布局相适应。学科研究与行业发展需求对接得好，学科建设才能上水平，才能逐步稳固社会效益显著的学科特色和学术优势，实现学校的特色发展，实现高质量的本科人才培养。建筑业"十三五"规划提出了今后五年建筑业发展的六大发展目标，即：市场规模目标、产业结构调整目标、技术进步目标、建筑节能及绿色建筑发展目标、建筑市场监管目标和质量安全监管目标。各高校可根据自身优势，有选择性地聚焦，重点攻关，为建筑业转型发展提供技术支持和智力保障，并逐步完善和优化自身的学科结构体系。基于行业需求导向的学科结构优化，有助于解决当前建筑类高校专业布局特色缺乏、同质化倾向严重的问题。普通高等建设类院校可依据服务区域经济发展、助力建筑业转型升级、发挥办学优势的原则，对专业布局进行调整，逐步建立专业预警与退出机制，优化专业结构，将协同育人资源最大化的集中于学校优势特色专业上来，重点发力，以期实现协同育人体系的良性循环，实现人才培养质量的全面提高。

（3）加大教学投入，整合社会资源。协同育人模式会不同程度地增加办学成本，从经济学机会成本的角度而言，其增加的成本是经济的，在协同育人中增加的投入有助于学校人才培养质量的提升，各高校应在条件允许的情况下加大对协同育人工作的投入。普通高等建设类院校应注重提升整合社会办学资源的能力，利用好行业企业、地方政府、合作院校等方面的资源优势，在互利双赢的前提下，以期建立长远的合作发展路径，为学校教学软硬件实力的提升打好基础。

（4）实施开放办学，搭建协同平台。开放发展是建筑业在"十三五"时期明确的重要发展方向，建筑业"十三五"规划中明确提出，要坚持统筹国内国际两个市场，坚持建立统一开放的建筑市场，消除市场壁垒，营造权力公开、机会均等、规则透明的建筑市场环境，以"一带一路"战略为引领，引导企业加快"走出去"步伐，积极开拓国际市场，提高建筑企业的对外工程承包能力，推进有条件的企业实现国内国际两个市场共同发展。普通高等建设类院校应主动作为，抢抓机遇，顺应工程教育国际化的趋势，秉承资源共享、互惠共赢的发展理念，积极推进国际合作与交流，加强对国际工程规则、制度、体系、需求的研究和探索，搭建国内、国际两个协同平台，拓展师生国际视野和国际工程实践能力，提升国际工程教育的综合实力，助力建筑业进军国际市场。

1.2　2016年高等建设职业教育发展状况分析

1.2.1　高等建设职业教育发展的总体状况

2016年，是按《普通高等学校高等职业教育（专科）专业目录（2015年）》招生的第一年。按此专业目录，高等建设职业教育对应于土木建筑大类（大类代码54），包含建筑设计类（代码5401）、城镇规划与管理类（代码5402）、土建施工类（代码5403）、建筑设备类（代码5404）、工程管理类（代码5405）、市政工程类（代码5406）和房地产类（代码5407）7个类别。

据教育部年度统计，2016年全国共有高职高专院校1359所，较上年增加了18所，增长比例为1.06%。高职高专院校占高等学校总数的48.54%，占普通高等院校的52.35%。2016年，开办高等建设职业教育专业的学校为1193所，较2015年的1256所减少了63所，减少比例为5.02%；在学规模101.03万人，较2015年的118.20万人减少了17.17万人，减少比例为14.53%。图1-7、图1-8分别示出了2014～2016年全国土木建筑类高职开办学校、开办专业情况和高职学生培养情况。

1.2.1.1　土木建筑类专科生按学校类别培养情况

1. 土木建筑类专科生按学校类别分布情况

2016年土木建筑类专科生按学校类别分布情况列于表1-17。

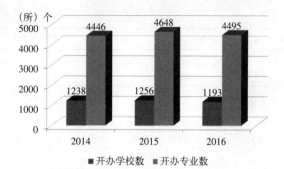

图 1-7 2014～2016 年全国土木建筑类高职开办学校、开办专业情况

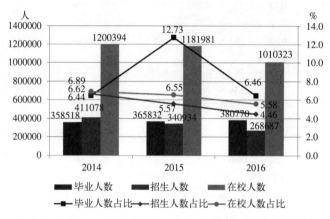

图 1-8 2014～2016 年全国土木建筑类高职学生培养情况

土木建筑类专科生按学校类别分布情况　　　　　　表 1-17

学校类别		开办学校		开办专业		毕业人数		招生人数		在校人数	
		数量	占比(%)	数量	占比(%)	数量	占比(%)	数量	占比(%)	数量	占比(%)
本科院校	大学	67	5.62	128	2.85	9274	2.44	4349	1.62	17941	1.78
	学院	200	16.76	551	12.26	46138	12.12	23938	8.91	107027	10.59
	独立学院	26	2.18	63	1.40	5841	1.53	3659	1.36	14056	1.39
	小计	293	24.56	742	16.51	61253	16.09	31946	11.89	139024	13.76
高职高专院校	高等专科学校	24	2.01	58	1.29	3955	1.04	2966	1.10	10696	1.06
	高等职业学校	858	71.92	3647	81.13	313089	82.23	232626	86.58	855159	84.64
	小计	882	73.93	3705	82.42	317044	83.27	235592	87.68	865855	85.7

续表

学校类别		开办学校		开办专业		毕业人数		招生人数		在校人数	
		数量	占比(%)	数量	占比(%)	数量	占比(%)	数量	占比(%)	数量	占比(%)
其他普通高教机构	管理干部学院	5	0.42	19	0.42	1124	0.30	521	0.19	2304	0.23
	广播电视大学	1	0.08	3	0.07	203	0.05	0	0.00	58	0.01
	教育学院	2	0.17	2	0.04	74	0.02	31	0.01	136	0.01
	职工高校	5	0.42	13	0.29	709	0.19	399	0.15	1940	0.19
	分校、大专班	5	0.42	11	0.24	363	0.10	198	0.07	1006	0.10
	小计	18	1.51	48	1.06	2473	0.66	1149	0.42	5444	0.54
合计		1193	100.00	4495	100.00	380770	100.00	268687	100.00	1010323	100.00

据表 1-17 分析，2016 年，土木建筑类专科生按学校类别分布情况如下：

（1）开办专科土木建筑类专业的学校分为三类：本科院校、高职高专院校和其他普通高等教育机构。其中，本科院校包括大学、学院、独立学院，高职高专院校包括高等专科学校、高等职业学校，其他普通高等教育机构包括分校、大专班，职工高校，管理干部学院，教育学院，广播电视大学。

（2）在 1237 所本科院校中，269 所开办专科土木建筑类专业，占本科院校总数的 21.75%，占开办土木建筑类专业院校总数的 22.55%；本科院校开办的专业点 742 个、毕业生 61253 人、招生数 31946 人、在校生人数 139024 人，分别占土木建筑大类专业总数的 16.51%、16.09%、11.89%、13.76%。

（3）在 1359 所高职高专院校中，882 所开办专科土木建筑类专业，占高职高专院校数的 64.90%，占开办土木建筑类专业院校总数 1193 所的 73.93%；高职高专院校开办的专业点 3705 个、毕业生 317044 人、招生数 235592 人、在校生人数 865855 人，分别占土木建筑大类专业总数的 84.42%、83.27%、87.68%、85.70%。可见，高职高专院校是专科土木建筑类专业办学的绝对主力。

（4）开办专科土木建筑类专业的其他普通高教机构 18 个，占开办土木建筑类专业院校总数的 1.51%；其他普通高教机构开办的专业点 48 个、毕业生 2473 人、招生数 1149 人、在校生人数 5444 人，分别占土木建筑大类专业总数的 1.06%、0.66%、0.42%、0.54%。

与 2015 年相比，2016 年开办专科土木建筑类专业的学校类别未发生变化。

土木建筑类专科生按学校类别分布情况变化如下：

（1）本科院校开办的土木建筑大类专业点数、招生数、毕业生数、在校生数分别减少 52 个、13728 人、3079 人和 40664 人，下降幅度分别为 6.54%、30.06%、4.79% 和 22.63%；

（2）高职高专院校开办的土木建筑大类专业点数、招生数分别减少 94 个、57345 人，下降幅度分别为 2.47% 和 19.58%，毕业生数、在校生数分别增加 18470 人、127871 人，增加幅度分别为 6.19% 和 12.87%。

（3）其他高教机构开办的土木建筑大类专业点数、招生、毕业生数、在校生数分别减少 7 个、1174 人、553 人和 3123 人，下降幅度分别为 12.73%、50.54%、18.90% 和 36.45%。

（4）本科院校、高职高专院校以及其他普通高教机构的招生数均少于毕业生数，表明 2016 年各类院校专科土木建筑类专业的在学规模都较上年减少。

2. 土木建筑类专科生按学校隶属关系分布情况

2016 年土木建筑类专科生按学校隶属关系分布情况列于表 1-18。

土木建筑类专科生按学校隶属关系分布情况　　表 1-18

学校隶属关系		开办学校		开办专业		毕业人数		招生人数		在校人数	
		数量	占比(%)	数量	占比(%)	数量	占比(%)	数量	占比(%)	数量	占比(%)
教育行政部门	教育部	2	0.17	3	0.07	194	0.05	84	0.03	354	0.04
	省级教育部门	287	24.06	995	22.14	86304	22.67	60050	22.35	221023	21.88
	地级教育部门	183	15.34	602	13.39	46670	12.26	30094	11.20	118143	11.69
	县级教育部门	3	0.25	5	0.11	507	0.13	278	0.10	960	0.10
	小计	475	39.82	1605	35.71	133675	35.11	90506	33.68	340480	33.71
行业行政主管部门	工业和信息化部	1	0.08	1	0.02	47	0.01	0	0.00	64	0.01
	国务院侨务办公室	1	0.08	1	0.02	38	0.01	0	0.00	28	0.00
	中华全国妇女联合会	1	0.08	1	0.02	0	0.00	0	0.00	1	0.00
	省级其他部门	228	19.11	1116	24.83	103182	27.10	83425	31.05	290413	28.74
	地级其他部门	103	8.63	403	8.97	29795	7.82	17772	6.61	70042	6.93
	县级其他部门	6	0.50	19	0.42	724	0.19	506	0.19	1916	0.19
	小计	340	28.48	1541	34.28	133786	35.13	101703	37.85	362464	35.87
地方企业		26	2.18	86	1.91	7612	2.00	5748	2.14	20533	2.03
民办		352	29.51	1263	28.10	105697	27.76	70730	26.32	286846	28.39
合计		1193	100.00	4495	100.00	380770	100.00	268687	100.00	1010323	100.00

据表 1-18 分析，2016 年，土木建筑类专科生按学校隶属关系分布情况如下：

（1）土木建筑类专科生的学校隶属关系分为四类：一是隶属教育行政部门，包括教育部、省级教育部门、地级教育部门、县级教育部门；二是隶属行业行政主管部门，包括工业和信息化部、国务院侨务办公室、中华全国妇女联合会、省级其他部门、地级其他部门、县级其他部门；三是隶属地方企业；四是民办。

（2）开办专科土木建筑类专业的院校中，隶属教育行政部门的院校 475 所（占开办专科土木建筑类专业院校总数的 39.82%），其开办的专业点 1605 个、毕业生 133675 人、招生数 90506 人、在校生人数 340480 人，分别占土木建筑大类专业总数的 35.71%、35.11%、33.68%、33.71%；隶属行业行政主管部门的院校 340 所（占开办专科土木建筑类专业院校总数的 28.53%），其开办的专业点 1541 个、毕业生 133786 人、招生数 101703 人、在校生人数 362464 人，分别占土木建筑大类专业总数的 34.28%、35.13%、37.85%、35.87%；隶属地方企业的院校 26 所（占开办专科土木建筑类专业院校总数的 2.18%），其开办的专业点 86 个、毕业生 7612 人、招生数 5748 人、在校生人数 20533 人，分别占土木建筑大类专业总数的 1.91%、2.00%、2.14%、2.03%；民办院校 352 所（占开办专科土木建筑类专业院校总数的 29.51%），专业点 1263 个、毕业生 105697 人、招生数 70730 人、在校生人数 286846 人，分别占土木建筑大类专业总数的 28.10%、27.76%、26.32%、28.39%。

（3）按在校生规模，四类院校从大到小依次为：隶属行业行政主管部门的院校（占比 35.87%）、隶属教育行政部门的院校（占比 33.71%）、民办院校（占比 28.39%）、隶属地方企业的院校（占比 2.03%）。可见，我国开办土木建筑类专业的院校的举办者主要是教育行政主管部门和行业行政主管部门，在校生合计占 69.58%。如果按公办、民办将院校分为两类，则我国开办土木建筑类专业的院校主要为公办院校，在校生占 71.61%，而民办院校仅占 28.39%。

与 2015 年比较，2016 年土木建筑类专科生按学校隶属关系分布情况没有变化，同时隶属工业和信息化部、国务院侨务办公室、中华全国妇女联合会的学校 2016 年继续没有招生。土木建筑类专科生按学校隶属关系分布情况的变化是：在校生规模，隶属行业行政主管部门的院校（占比 35.87%）由 2015 年的第二位升至第一位。

3. 土木建筑类专科生按学校类型分布情况

土木建筑类专科生按学校类型分布情况见表 1-19。

土木建筑类专科生按学校类别分布情况   表 1-19

学校类别	开办学校		开办专业		毕业人数		招生人数		在校人数	
	数量	占比(%)	数量	占比(%)	数量	占比(%)	数量	占比(%)	数量	占比(%)
综合大学	331	27.75	1158	25.76	97220	25.53	65703	24.45	254973	25.24
理工院校	577	48.37	2502	55.66	224907	59.07	163756	60.95	607018	60.08
农业院校	43	3.60	153	3.40	9548	2.51	6694	2.49	24489	2.42
林业院校	13	1.09	72	1.60	5883	1.55	4507	1.68	15464	1.53
医药院校	1	0.08	3	0.07	284	0.07	32	0.01	209	0.02
师范院校	52	4.36	97	2.16	3478	0.91	2297	0.85	8720	0.86
语文院校	16	1.34	47	1.05	2040	0.54	1606	0.60	5979	0.59
财经院校	115	9.64	360	8.01	32341	8.49	20722	7.71	79155	7.83
体育院校	2	0.17	5	0.11	46	0.01	117	0.04	450	0.04
政法院校	8	0.67	13	0.29	584	0.15	398	0.15	1569	0.16
艺术院校	19	1.59	45	1.00	2168	0.57	1796	0.67	7292	0.72
民族院校	3	0.25	3	0.07	161	0.04	108	0.04	567	0.06
其他普通高教机构	13	1.09	37	0.82	2110	0.55	951	0.35	4438	0.44
合计	1193	100.00	4495	100.00	380770	100.00	268687	100.00	1010323	100.00

表1-19表明,2016年专科土木建筑类专业的按学校类型分布具有以下特点:

(1) 土木建筑类专业几乎涵盖所有类型的学校。

(2)在学规模居于第一位的是理工院校,其专业点2502个、毕业生224907人、招生数163756人、在校生人数607018人,分别占土木建筑大类专业总数的55.66%、59.07%、60.95%、60.08%;居于第二位的是综合大学,其专业点1158个、毕业生97220人、招生数65703人、在校生人数254973人,分别占土木建筑大类专业总数的25.76%、25.53%、24.45%、25.24%;最少的是体育院校,其专业点5个、毕业生46人、招生数117人、在校生人数450人,分别占土木建筑大类专业总数的0.11%、0.01%、0.04%、0.04%。这种分布符合土木建筑类专业培养要求,具有合理性。

与2015年比较,2016年专科土木建筑类专业的按学校类型没有发生变化,仍然几乎覆盖了所有类型的院校。同时,在校生人数排列第一位、第二位和最后的院校类型也没有变化,分别为理工院校、综合大学、体育院校。

1.2.1.2 土木建筑类专科生按地区培养情况

1.土木建筑类专科生按各大区域分布情况

2016 年土木建筑类专科生各大区域分布情况见表1-20。

2016 年土木建筑类专业专科生按区域板块分布情况　　　　表 1-20

区域板块	开办学校		开办专业		毕业人数		招生人数		在校人数		招生数较毕业生数增幅（%）
	数量	占比(%)	数量	占比(%)	数量	占比(%)	数量	占比(%)	数量	占比(%)	
华北	171	14.33	591	13.15	48325	12.69	26089	9.71	103465	10.24	−46.01
东北	90	7.54	336	7.47	22758	5.98	13786	5.13	52561	5.20	−39.42
华东	338	28.33	1307	29.08	115171	30.25	80278	29.88	317434	31.42	−30.30
中南	328	27.49	1194	26.56	105650	27.75	82007	30.52	290620	28.77	−22.38
西南	166	13.91	712	15.84	57541	15.11	46408	17.27	173652	17.19	−19.35
西北	100	8.38	355	7.90	31325	8.23	20119	7.49	72591	7.18	−35.77
合计	1193	100.00	4495	100.00	380770	100.00	268687	100.00	1010323	100.00	−29.44

表 1-20 显示，2016 年土木建筑类专科生按各大区域分布特点如下：

（1）开办院校数，从多到少依次为华东、中南、华北、西南、西北、东北地区，分别为 338、328、171、166、100、90 所，处于前两位的华东、中南地区共 666 所，超过六大区域总数的一半，占总数的 55.83%，而最后两位的西北、东北仅有 190 所，占 15.93%。

（2）专业点数，从多到少依次为华东、中南、西南、华北、西北、东北，分别为 1307、1194、713、591、355、336 个，处于前两位的华东、中南地区共 2501 个，超过六大区域总数的一半，占总数的 55.64%，而最后两位的东北、西北合计仅 691 个，占 15.37%。

（3）毕业生数，从多到少依次为华东、中南、西南、华北、西北、东北，分别为 115171、105650、57541、48325、31325、22758 人，分别占总数的 30.25%、27.75%、15.11%、12.69%、8.23%、5.98%，处于前两位的华东、中南地区共 220821 人，超过六大区域总数的一半，占总数的 58.00%，而最后两位的西北、东北仅 54083 人，占 14.21%。

（4）招生数分析，从多到少依次为华东、中南、西南、华北、西北、东北，分别为 82007、80278、46408、26089、20119、13786 人，分别占总数的 30.52%、29.88%、17.27%、9.71%、7.49%、5.13%，处于前两位的华东、中南地区共 162285 人，超过六大区域总数的一半，占总数的 60.40%，而最后两位的西北、东北仅 33905 人，占 12.62%。

（5）在校生数，从多到少依次为华东、中南、西南、华北、西北、东北，分别为 317434、290620、173652、103465、72591、52561 人，分别占总数的 31.42%、28.77%、17.19%、10.24%、7.18%、5.20%，处于前两位的华东、中南地区共 608054 人，超过六大区域总数的一半，占总数的 60.19%，而最后两位的西北、东北仅 125152 人，占 12.38%。

（6）各大区域的招生数较毕业生数都呈现下降，降幅最大者为华北，为 46.01%；东北次之，为 39.42%；降幅最小者为西南，为 19.35%；其次为中南，为 22.38%。

可见，不论是院校数、专业点数，还是毕业生数、招生人数、在校生数，华东、中南两地区都处于前两位，其数量之和都超过六大地区的一半，达到 55.64% ~ 60.40%。而西北、东北地区均处于最后两位，其数量之和仅占六大地区的 12.38% ~ 15.93%。这与地区人口数量、经济发展水平以及高等教育发展水平是一致的。

与 2015 年相比，2016 年土木建筑类专科生按各大区域分布呈现出如下特点：

（1）开办院校数全面减少。2015 年华东、中南、华北、西南、西北、东北地区院校数依次为 364 所、344 所、183 所、169 所、102 所、94 所，2016 年分别减少了 26 所、16 所、12 所、3 所、2 所、4 所，减少比例依次为 7.14%、4.65%、6.38%、1.78%、1.96%、4.26%。

（2）在校生规模全面减少。各大区域按减少幅度依次为：华北地区，减少 29516 人，减少比例为 22.20%；东北地区，减少 11389 人，减少比例为 17.81%；中南地区，减少 46572 人，减少比例为 13.81%；西北地区，减少 11329 人，减少比例为 13.50%；西南地区，减少 25906 人，减少比例为 12.98%；华东地区，减少 46946 人，减少比例为 12.88%。

2. 土木建筑类专科生按省级行政区分布情况

2016 年土木建筑类专科生按省级行政区分布情况见表 1-21。

2016 年土木建筑类专业专科生按地区分布情况　　　　　表 1-21

地区	开办学校		开办专业		毕业人数		招生人数		在校人数		招生数较毕业生数增幅（%）
	数量	占比（%）	数量	占比（%）	数量	占比（%）	数量	占比（%）	数量	占比（%）	
北京	24	2.01	50	1.11	2495	0.66	1019	0.38	4885	0.48	−59.16
天津	18	1.51	55	1.22	6024	1.58	4310	1.60	14568	1.44	−28.45
河北	68	5.70	263	5.85	21992	5.78	9500	3.54	40578	4.02	−56.80
山西	27	2.26	113	2.51	10783	2.83	7272	2.71	27517	2.72	−32.56

续表

地区	开办学校		开办专业		毕业人数		招生人数		在校人数		招生数较毕业生数增幅（%）
	数量	占比(%)	数量	占比(%)	数量	占比(%)	数量	占比(%)	数量	占比(%)	
内蒙古	34	2.85	110	2.45	7031	1.85	3988	1.48	15917	1.58	-43.28
辽宁	34	2.85	113	2.51	8746	2.30	6475	2.41	23605	2.34	-25.97
吉林	21	1.76	52	1.16	3827	1.01	1596	0.59	7432	0.74	-58.30
黑龙江	35	2.93	171	3.80	10185	2.67	5715	2.13	21524	2.13	-43.89
上海	11	0.92	40	0.89	2632	0.69	2203	0.82	7241	0.72	-16.30
江苏	68	5.70	297	6.61	24110	6.33	15235	5.67	62565	6.19	-36.81
浙江	31	2.60	134	2.98	12628	3.32	10842	4.04	37304	3.69	-14.14
安徽	53	4.44	191	4.25	15792	4.15	11587	4.31	44425	4.40	-26.63
福建	47	3.94	181	4.03	11908	3.13	8913	3.32	34061	3.37	-25.15
江西	56	4.69	190	4.23	18950	4.98	13527	5.03	57412	5.68	-28.62
山东	72	6.04	274	6.10	29151	7.66	17971	6.69	74426	7.37	-38.35
河南	94	7.88	343	7.63	27629	7.26	19703	7.33	74442	7.37	-28.69
湖北	78	6.54	261	5.81	22823	5.99	13769	5.12	50991	5.05	-39.67
湖南	47	3.94	132	2.94	15250	4.01	11810	4.40	43364	4.29	-22.56
广东	57	4.78	218	4.85	21603	5.67	18806	7.00	61760	6.11	-12.95
广西	44	3.69	213	4.74	15831	4.16	16215	6.03	53860	5.33	2.43
海南	8	0.67	27	0.60	2514	0.66	1704	0.63	6203	0.61	-32.22
重庆	36	3.02	157	3.49	15182	3.99	9175	3.41	40059	3.96	-39.57
四川	73	6.12	296	6.59	27118	7.12	18380	6.84	73510	7.28	-32.22
贵州	26	2.18	123	2.74	5785	1.52	10917	4.06	29439	2.91	88.71
云南	29	2.43	132	2.94	9276	2.44	7646	2.85	29939	2.96	-17.57
西藏	2	0.17	4	0.09	180	0.05	290	0.11	705	0.07	61.11
陕西	53	4.44	171	3.80	19766	5.19	9062	3.37	37395	3.70	-54.15
甘肃	20	1.68	64	1.42	4253	1.12	4162	1.55	13559	1.34	-2.14
青海	2	0.17	18	0.40	1269	0.33	1107	0.41	3547	0.35	-12.77
宁夏	9	0.75	33	0.73	1734	0.46	1586	0.59	5025	0.50	-8.54
新疆	16	1.34	69	1.54	4303	1.13	4202	1.56	13065	1.29	-2.35
合计	1193	100.00	4495	100.00	380770	100.00	268687	100.00	1010323	100.00	-29.44

　　表1-21显示，2016年土木建筑类专科生按省级行政区分布特点如下：

　　（1）就开办院校数分析，开办院校数最多的是河南省，达到94所，占全国总数的7.88%；其次是湖北省，为78所，占全国总数的6.54%。开办院校数最少的是西藏自治区和青海省，均仅有2所，占全国总数的0.17%。

（2）就专业点数分析，专业点数最多的是河南省，达到343个，占全国总数的7.63%；其次是江苏省，为297个，占全国总数的6.61%；再次是四川省，为296个，占全国总数的6.59%。专业点数最少的是西藏自治区，仅有4个，占全国总数的0.09%；其次是青海省，为18个，占全国总数的0.4%；再次是海南省，为27个，占全国总数的0.6%。

（3）就毕业生数分析，毕业生数最多的是山东省，达到29151人，占全国总数的7.66%；其次是河南省，为26729人，占全国总数的7.26%；再次是四川省，为27118人，占全国总数的7.12%；此外，江苏（6.33%）、湖北（5.99%）、河北（5.78%）、广东（5.67%）、陕西（5.19%）五省的毕业生数都超过了全国总数的5%。毕业生数最少的是西藏自治区，仅有180人，占全国总数的0.05%；其次是青海省，为269人，占全国总数的0.33%；再次是宁夏回族自治区，为1734人，占全国总数的0.46%。

（4）就招生数分析，招生数最多的是河南省，达到19703人，占全国总数的7.33%；其次是广东省，为18806人，占全国总数的7.00%；再次是四川省，为18380人，占全国总数的6.84%；此外，山东（6.69%）、广西（6.03%）、江苏（5.67%）、湖北（5.12%）、江西（5.03%）五省（自治区）的招生数都超过了全国总数的5%。招生数最少的是西藏自治区，仅有290人，占全国总数的0.11%；其次是青海省，为1107人，占全国总数的0.41%；再次是宁夏1586人，占0.59%。

（5）就在校生数分析，在校生数最多的是河南省，达到74442人，占全国总数的7.37%；其次是华东地区的山东省，为74426人，占全国总数的7.37%；再其次是四川省，为73510人，占全国总数的7.28%；此外，江苏（6.19%）、广东（6.11%）、江西（5.68%）、广西（5.33%）、湖北（5.05%）五省的在校生数都超过了全国总数的5%。在校生数最少的是西藏自治区，仅有705人，占全国总数的0.07%；其次是青海省，为3547人，占全国总数的0.35%；再次是宁夏回族自治区，为5025人，占全国总数的0.5%。

（6）招生数与毕业生数相比，有28个省级行政区减少，仅有3个28个省级行政区增加。在招生数较毕业生数减少的28个省级行政区中，减少幅度大于50%的4个，依次为北京（59.16%）、吉林（58.30%）、河北（56.80%）、陕西（54.15%）；减少幅度为40%～50%的2个，依次为黑龙江（43.89%）、内蒙古（43.28%）；减少幅度为30%～40%的7个；减少幅度为20%～30%的9个。仅有3个省级行政区的招生数较毕业生数增加，增加幅度依次为贵州（88.71%）、西藏（61.11%）、广西（2.43%）。

与2015年相比，2016年土木建筑类专科生按省级行政区分布呈现出以下变化：

（1）开办院校数。31个省级行政区中，有5个增加，4个持平，22个减少。增加的5个省级行政区及其增加数量依次为重庆（3所）、北京（1所）、天津（1所）、西藏（1所）、甘肃（1所）。持平的4个省级行政区为吉林、安徽、青海、宁夏。减少数量超过5所的省级行政区有7个，依次为山东（8所）、广东（8所）、河北（7所）、山西（6所）、浙江（6所）、江苏（5所）、四川（5所）。

（2）在校生规模。2015年有11个省级行政区在校生规模较上年增加，分别为辽宁、上海、安徽、福建、江西、广西、海南、贵州、云南、宁夏、新疆。2016年仅有广西、贵州、西藏3个省级行政区在校生规模较上年增加。

1.2.1.3　土木建筑类专科生按专业培养情况

1. 土木建筑类专科生按专业类分布情况

2016年全国高等建设职业教育7个专业类的学生培养情况见表1-22。

2016年全国高等建设职业教育分专业类学生培养情况　　表1-22

专业类别	专业点		毕业人数		招生人数		在校人数		招生数较毕业生数增幅（%）
	数量	占比（%）	数量	占比（%）	数量	占比（%）	数量	占比（%）	
建筑设计类	925	20.58	52682	13.84	58717	21.85	171313	16.96	11.46
城乡规划与管理类	77	1.71	2314	0.61	1587	0.59	6084	0.60	−31.42
土建施工类	860	19.13	115574	30.35	67682	25.19	284324	28.14	−41.44
建筑设备类	492	10.95	16767	4.40	14291	5.32	48609	4.81	−14.77
建设工程管理类	1472	32.75	170576	44.80	107865	40.15	437668	43.32	−36.76
市政工程类	225	5.01	7599	2.00	8137	3.03	25873	2.56	7.08
房地产类	444	9.88	15258	4.01	10408	3.87	36452	3.61	−31.79
合计	4495	100.00	380770	100.00	268687	100.00	1010323	100.00	−29.44

由表1-22可知，2016年土木建筑类专科生按专业类分布情况如下：

（1）专业点数。土木建筑类专业的7个专业类共有专业点4495个，专业点数从大到小依次为：建设工程管理类（1472个，占32.75%）、建筑设计类（925个，占20.58%）、土建施工类（860个，占19.13%）、建筑设备类（492个，占10.95%）、房地产类（444个，占9.88%）、市政工程类（225个，占5.01%）、城镇规划与管理类（77个，占1.71%）。

（2）毕业生数。7个专业类共有毕业生380770人，毕业生数从多到少依次为：建设工程管理类（170576人，占44.80%）、土建施工类（115574人，占30.35%）、建筑设计类（52682人，占13.84%）、建筑设备类（16767人，占4.40%）、房地产类（15282人，占4.01%）、市政工程类（7599人，占2.00%）、城镇规划与管理类（2314人，占0.61%）。

（3）招生数。7个专业类共招生268687人，招生数从多到少依次为：建设工程管理类（107865人，占40.15%）、土建施工类（67682人，占25.09%）、建筑设计类（58717人，占21.85%）、建筑设备类（14291人，占5.32%）、房地产类（10408人，占3.87%）、市政工程类（8137人，占3.03%）、城镇规划与管理类（1587人，占0.59%）。

（4）在校生数。7个专业类共有在校生1010323人，在校生数从多到少依次为：建设工程管理类（437668人，占43.32%）、土建施工类（284324人，占28.14%）、建筑设计类（171313人，占16.96%）、建筑设备类（48609人，占4.81%）、房地产类（36452人，占3.61%）、市政工程类（25873人，占2.56%）、城镇规划与管理类（6084人，占0.60%）。

（5）招生数与毕业生数相比，7个专业类中，有2个专业类增加，按增加幅度依次为建筑设计类（11.46%）、市政工程类（7.08%）；有5个专业类减少，按减少幅度依次为土建施工类（41.44%）、建设工程管理类（36.76%）、房地产类（31.79%）、城乡规划与管理类（31.42%）、建筑设备类（14.77%）。

进一步分析可知，建设工程管理类、建筑设计类、土建施工类是土木建筑大类的主体。3个专业类的专业点数3257个，占总数4495个的72.46%；毕业生数338832人，占88.99%；招生数234264人，占87.19%；在校生数893305人，占88.42%。

与2015年相比，2016年土木建筑类专科生按专业类分布变化情况为：

（1）专业点数。土木建筑类7个专业类专业点数排列顺序没有变化；专业点总数2016年较2015年减少了153个，减幅为3.29%。各专业类专业点变化情况为：建筑设计类减少了263个，减幅22.14%；城镇规划与管理类减少了8个，减幅9.41%；土建施工类增加了44个，增幅5.39%；建筑设备类增加了25个，增幅5.35%；建设工程管理类增加了72个，增幅5.14%；市政工程类持平；房地产类减少了23个，减幅4.93%。

（2）在校生数。土木建筑类7个专业类在校生数排列顺序没有变化。各专业类在校生数变化情况为：建筑设计类减少了67229人，减幅28.18%；城镇规划与管理了减少了2142人，减幅26.04%；土建施工类36729人，减幅11.44%；建筑设备类减少了2398人，减幅4.70%；建设工程管理类减少了56832人，减幅 11.49%；市政工程类 249 人，减幅 0.95%；房地产类减少了 6079，减幅 14.29%。

分析可见，相对于 2015 年，土木建筑类专业的专业点总数有所减少。7 个专业类中，土建施工、建筑设备、建设工程管理 3 个专业类有所增加，增幅最大的是土建施工类，增幅 5.39%；市政工程类持平；其余 3 个专业类均有不同程度的减少，减幅最大的是建筑设计类，为 22.14%。而在校生数，7 个专业类均出现了不同程度的减少，减少幅度最大的是建筑设计类，减幅 28.18%；其次是城镇规划与管理类，减幅 26.04%。

2. 土木建筑类专科生按专业分布情况

（1）建筑设计类专业

2016 年全国高等建设职业教育建筑设计类专业学生培养情况见表 1-23。

2016 年全国高等建设职业教育建筑设计类专业学生培养情况　　　　表 1-23

专业	专业点		毕业人数		招生人数		在校人数	
	数量	占比（%）	数量	占比（%）	数量	占比（%）	数量	占比（%）
建筑设计	125	13.51	8110	15.39	7646	13.02	24505	14.30
建筑装饰工程技术	320	34.59	19230	36.50	17004	28.96	54871	32.03
古建筑工程技术	16	1.73	389	0.74	389	0.66	1222	0.71
建筑室内设计	211	22.81	13965	26.51	23219	39.54	56877	33.20
园林工程技术	166	17.95	8260	15.68	7456	12.70	25067	14.63
风景园林设计	44	4.76	576	1.09	1815	3.09	2928	1.71
建筑动画与模型制作	17	1.84	215	0.41	787	1.34	1736	1.01
建筑设计类其他专业	26	2.81	1937	3.68	401	0.68	4107	2.40
合计	925	100.00	52682	100.00	58717	100.00	171313	100.00

2016 年，建筑设计类共有 7 个目录内专业，即建筑设计、建筑装饰工程技术、古建筑工程技术、建筑室内设计、园林工程技术、风景园林设计、建筑动画与模型制作，并开设了若干目录外专业（即表 1-23 中建筑设计类其他专业）。其中，建筑设计、古建筑工程技术、建筑室内设计专业分别为原建筑设计技术、中国古建筑工程技术、室内设计技术专业更名，风景园林设计、建筑动画与模型制作为新增目录内专业。

从开办院校数分析，7 个目录内专业从多到少依次为：建筑装饰工程技术（320 所，占比 34.59%）、建筑室内设计（211 所，占比 22.81%）、园林工程技术（166 所、占比 17.95%）、建筑设计（125 所，占比 13.51%）、风景园林设计（44 所，占比4.76%)、建筑动画与模型制作（17所，占比1.84%）、古建筑工程技术（16所，占比1.73%）。占比超过20%的专业有2个，依次为建筑装饰工程技术和建筑室内设计专业，两个专业合计占比达57.40%。2015年，排列前两位的专业依次为环境艺术设计（占比31.82%）和建筑装饰工程技术（占比25.08%）专业，两个专业合计占比56.90%。

从毕业生数分析，7个目录内专业从多到少依次为：建筑装饰工程技术（19230人，占比36.50%）、园林工程技术（8260人、占比15.68%）、建筑室内设计（13965人，占比15.39%）、建筑设计（8110人，占比13.51%）、风景园林设计（576人，占比1.09%）、古建筑工程技术（389人，占比0.74%）、建筑动画与模型制作（215人，占比0.41%）。占比超过20%的专业有2个，依次为建筑装饰工程技术和建筑室内设计专业，两个专业合计占比达63.01%。2015年，排列前两位的专业依次为环境艺术设计（占比30.40%）和建筑装饰工程技术（占比25.41%）专业，两个专业合计占比55.81%。毕业生数占比超过20%的专业有3个，依次为：环境艺术设计专业、建筑装饰工程技术专业和室内设计技术专业（占比20.35%）。

从招生数分析，7个目录内专业从多到少依次为：建筑室内设计（23219人，占比39.54%）、建筑装饰工程技术（17004人，占比28.96%）、建筑设计（7646人，占比13.02%）、园林工程技术（7456人、占比12.70%）、风景园林设计（1815人，占比3.09%）、建筑动画与模型制作（787人，占比1.34%）、古建筑工程技术（389人，占比0.66%）。占比超过20%的专业有2个，依次为建筑室内设计和建筑装饰工程技术专业，两个专业合计占比达68.50%。2015年，占比超过20%专业有3个，依次为室内设计技术（占比27.32%）、环境艺术设计（占26.42%）和建筑装饰工程技术（占22.58%），3个专业合计占比达76.32%。

从在校生数分析，7个目录内专业从多到少依次为：建筑室内设计（56877人，占比33.20%）、建筑装饰工程技术（54871人，占比32.03%）、园林工程技术（25067人、占比14.63%）、建筑设计（24505人，占比14.30%）、风景园林设计（2928人，占比1.71%）、建筑动画与模型制作（1736人，占比1.01%）、古建筑工程技术（1222人，占比0.71%）。占比超过20%的专业有2个，依次为建筑室内设计和建筑装饰工程技术专业，两个专业合计占比达65.23%。2015年，占比超过20%专业有3个，依次为环境艺术设计（占27.59%）、室内设计技术（占比25.14%）、建筑装饰工程技术（占比23.63%），3个专业合计占比达79.36%；在校生人数前两位的专业为环境艺术设计和室内设计技术，在校生占该类专业在校生总数的比例为52.73%。

进一步分析可见，相对于2015年，建筑设计类专业分布的格局发生了变化，该类专业的主体专业由环境艺术设计、室内设计技术、建筑装饰工程技术三个专业变成了建筑室内设计和建筑装饰工程技术两个专业。其主要原因是，按照新专业目录，环境艺术设计专业不属于土木建筑类专业。

（2）城镇规划与管理类专业

2016 年全国高等建设职业教育城镇规划与管理类专业学生培养情况见表1-24。

2016 年全国高等建设职业教育城乡规划与管理类专业学生培养情况　　表 1-24

专业	专业点		毕业人数		招生人数		在校人数	
	数量	占比（%）	数量	占比（%）	数量	占比（%）	数量	占比（%）
城乡规划	64	83.12	1954	84.44	1488	93.76	5331	87.62
城市信息化管理	4	5.19	27	1.17	77	4.85	156	2.56
村镇建设与管理	4	5.19	128	5.53	22	1.39	291	4.78
城乡规划与管理类其他专业	5	6.49	205	0.86	0	0.00	306	5.03
合计	77	100.00	2314	100.00	1587	100.00	6084	100.00

2016 年，城乡规划与管理专业共有 3 个目录内专业，即城乡规划、城市信息化管理、村镇建设与管理，并开设了若干目录外专业（即表1-24 中城乡规划与管理类其他专业）。其中，城乡规划专业系原城镇规划专业更名，城市信息化管理、村镇建设与管理专业为新增目录内专业。

从开办院校数分析，3 个目录内专业中，城乡规划（64 所，占比83.12%）排在第一位，城市信息化管理和城乡建设与管理并列第二（4 所，占比5.19%）。

从毕业生数分析，3 个目录内专业从多到少依次为：城乡规划（1954 人，占比84.44%）、村镇建设与管理（128 人，占比5.53%）、城市信息化管理（27 人，占比1.17%）。

从招生数分析，3 个目录内专业从多到少依次为：城乡规划（1488 人，占比93.76%）、城市信息化管理（77 人，占比4.85%）、村镇建设与管理（22 人，占比1.39%）。

从在校生数分析，3 个目录内专业从多到少依次为：城乡规划（5331 人，占比87.62%）、村镇建设与管理（291 人，占比4.78%）、城市信息化管理（156人，占比2.56%）。

分析可见，相对于 2015 年，城乡规划与管理类专业的分布情况有所变化，但不论是开办院校数，还是毕业生数、招生数、在校生数，城乡规划专业独大的格局没有变化。

（3）土建施工类专业

2016 年全国高等建设职业教育土建施工类专业学生培养情况见表 1-25。

2016 年全国高等建设职业教育土建施工类专业学生培养情况　　表 1-25

专业	专业点		毕业人数		招生人数		在校人数	
	数量	占比(%)	数量	占比(%)	数量	占比(%)	数量	占比(%)
建筑工程技术	742	86.28	110956	96.00	62764	92.73	269476	94.78
建筑钢结构工程技术	29	3.37	1168	1.01	877	1.30	3356	1.18
地下与隧道工程技术	48	5.58	2302	1.99	1914	2.83	6650	2.34
土木工程检测技术	24	2.79	768	0.66	1563	2.31	3535	1.24
土建施工类其他专业	17	1.98	380	0.33	564	0.83	1307	0.46
合计	860	100.00	115574	100.00	67682	100.00	284324	100.00

2016 年，土建施工类专业共有 4 个目录内专业，即建筑工程技术、建筑钢结构工程技术、地下与隧道工程技术、土木工程检测技术，并开设了若干目录外专业（即表 1-25 中土建施工类其他专业）。其中，地下与隧道工程技术为原地下工程与隧道工程专业更名，建筑钢结构工程技术和土木工程检测技术专业为新增目录内专业。

从开办院校数分析，4 个目录内专业从多到少依次为：建筑工程技术（742 所，占比 86.28%）、地下与隧道工程技术（48 所，占比 5.58%）、建筑钢结构工程技术（29 所，占比 3.37%）、土木工程检测（24 所，占比 2.79%）。

从毕业生数分析，4 个目录内专业从多到少依次为：建筑工程技术（110956 人，占比 96.00%）、地下与隧道工程技术（2302 人，占比 1.99%）、建筑钢结构工程技术（1168 人，占比 1.01%）、土木工程检测（768 人，占比 0.66%）。

从招生数分析，4 个目录内专业从多到少依次为：建筑工程技术专业（62764 人，占比 92.73%）、地下与隧道工程技术专业（1914 人，占比 2.83%）、土木工程检测技术专业（1563 人，占比 2.31%）、建筑钢结构工程技术专业（877 人，占比 1.30%）。

从在校生数分析，4 个目录内专业从多到少依次为：建筑工程技术专业（269476 人，占比 94.78%）、地下与隧道工程技术专业（6650 人，占比 2.34%）、土木工程检测技术专业（3535 人，占比 1.24%）、建筑钢结构工程技术专业（3356 人，占比 1.18%）。

分析可见，相对于 2015 年，土建施工类专业的分布情况有所变化，但不论是开办院校数，还是毕业生数、招生数、在校生数，建筑工程技术专业独大的格局没有变化。

（4）建筑设备类专业

2016 年全国高等建设职业教育建筑设备类专业学生培养情况见表 1-26。

2016 年全国高等建设职业教育建筑设备类专业学生培养情况　　表 1-26

专业	专业点		毕业人数		招生人数		在校人数	
	数量	占比(%)	数量	占比(%)	数量	占比(%)	数量	占比(%)
建筑设备工程技术	83	16.87	3186	19.00	2313	16.19	8825	18.16
供热通风与空调工程技术	77	15.65	3285	19.59	2230	15.60	8115	16.69
建筑电气工程技术	110	22.36	3792	22.62	2810	19.66	10240	21.07
消防工程技术	17	3.46	341	2.03	525	3.67	1395	2.87
建筑智能化工程技术	188	38.21	5378	32.07	6171	43.18	18439	37.93
工业设备安装工程技术	7	1.42	394	2.33	209	1.46	842	1.73
建筑设备类其他专业	10	2.03	391	2.33	33	0.23	753	1.55
合计	492	100.00	16767	100.00	14291	100.00	48609	100.00

2016 年，建筑设备类专业共有 6 个目录内专业，即建筑设备工程技术、供热通风与空调工程技术、建筑电气工程技术、消防工程技术、建筑智能化工程技术、工业设备安装工程技术，并开设了若干目录外专业（即表 1-26 中建筑设备类其他专业）。其中，消防工程技术专业是由原市政工程类专业划归，建筑智能化工程技术是由楼宇智能工程技术专业更名，工业设备安装工程技术为新增目录内专业。

从开办院校数分析，6 个目录内专业从多到少依次为：建筑智能化工程技术专业（188 所，占比 38.21%）、建筑电气工程技术专业（110 所，占比 22.36%）、建筑设备工程技术专业（83 所，占比 16.87%）、供热通风与空调工程技术专业（77 所，占比 15.65%）、消防工程技术专业（17 所，占比 3.46%）、工业设备安装工程技术专业（7 所，占比 1.42%）。占比超过 20% 的专业有 2 个，即建筑智能化工程技术专业（占比 38.21%）和建筑电气工程技术专业（占比 22.36%），与 2015 年相同。

从毕业生数分析，6 个目录内专业从多到少依次为：建筑智能化工程技术专业（5378 人，占比 32.07%）、建筑电气工程技术专业（3792 人，占比 22.62%）、供热通风与空调工程技术专业（3285 人，占比 19.59%）、建筑设备工程技术专业（3186人，占比19.00%）、工业设备安装工程技术专业（394人，占比2.35%）、消防工程技术专业（341人，占比2.03%）。占比超过20%的专业有2个，即建筑智能化工程技术专业（占比32.07%）和建筑电气工程技术专业（占比22.62%）。2015年，毕业生数占比超过20%的专业有2个，即建筑智能化工程技术专业（占比37.49%）、建筑设备工程技术专业（占比22.29%），2个专业合计占比达59.78%。可见，较之2015年，建筑设备工程技术专业的毕业生占比有较大下降。

从招生数分析，6个目录内专业从多到少依次为：建筑智能化工程技术专业（6171人，占比43.18%）、建筑电气工程技术专业（2810人，占比19.66%）、建筑设备工程技术专业（2313人，占比16.19%）、供热通风与空调工程技术专业（2230人，占比15.60%）、消防工程技术专业（525人，占比3.67%）、工业设备安装工程技术专业（209人，占比1.46）。占比超过20%的只有建筑智能化工程技术1个专业（占比43.18%）。2015年，占比超过20%专业有2个，依次为建筑智能化工程技术（占比40.32%）、建筑电气工程技术（占比21.18%），2个专业合计占比达61.50%。

从在校生数分析，6个目录内专业从多到少依次为：建筑智能化工程技术专业（18439人，占比37.93%）、建筑电气工程技术专业（10240人，占比22.07%）、建筑设备工程技术专业（8825人，占比18.16%）、供热通风与空调工程技术专业（8815人，占比16.69%）、消防工程技术专业（1395人，占比2.87%）、工业设备安装工程技术专业（842人，占比1.73%）。占比超过20%的专业有2个，即建筑智能化工程技术专业（占比37.93%）和建筑电气工程技术专业（占比22.07%），与2015年相同。

分析可见，相对于2015年，建筑设备类专业的分布情况除毕业生数有较大变化外，开办院校数、招生数、在校生数的排列顺序都没有变化，建筑智能化工程技术和建筑电气工程技术2个专业均居前两位。

（5）建设工程管理类专业

2016年全国高等建设职业教育建设工程管理类专业学生培养情况见表1-27。

2016年全国高等建设职业教育建设工程管理类专业学生培养情况　　表1-27

专业	专业点		毕业人数		招生人数		在校人数	
	数量	占比(%)	数量	占比(%)	数量	占比(%)	数量	占比(%)
建设工程管理	349	23.71	29615	17.36	18462	17.12	75154	17.17
工程造价	742	50.41	123972	72.68	78168	72.47	318576	72.79

专业	专业点		毕业人数		招生人数		在校人数	
	数量	占比(%)	数量	占比(%)	数量	占比(%)	数量	占比(%)
建筑经济管理	64	4.35	3612	2.12	2385	2.21	10228	2.34
建设工程监理	269	18.27	11711	6.87	7416	6.88	28440	6.50
建设项目信息化管理	16	1.09	160	0.09	348	0.32	750	0.17
建设工程管理类其他专业	32	2.17	1506	0.88	1086	1.01	4520	1.03
合计	1472	100.00	170576	100.00	107865	100.00	437668	100.00

2016 年，建设工程管理类专业共有 5 个目录内专业，即建设工程管理、工程造价、建筑经济管理、建设工程监理、建设项目信息化管理，并开设了若干目录外专业（即表 1-27 中建设工程管理类其他专业）。其中，建设工程管理、建设工程监理专业分别为原建筑工程管理、工程监理专业更名，建设项目信息化管理专业为新增目录内专业。

从开办院校数分析，5 个目录内专业从多到少依次为：工程造价专业（742 所，占比 50.41%）、建设工程管理专业（349 所，占比 23.71%）、建设工程监理专业（269 所，占比 18.27%）、建筑经济管理专业（64 所，占比 4.35%）、建设项目信息化管理专业（16 所，占比 1.09%）。占比超过 20% 的专业有 2 个，即工程造价专业（占比 50.41%）、建设工程管理专业（占比 23.71%），与 2015 年相同。

从毕业生数分析，5 个目录内专业从多到少依次为：工程造价专业（123972，占比 72.68%）、建设工程管理专业（29615 人，占比 17.36%）、建设工程监理专业（11711 人，占比 6.87%）、建筑经济管理专业（3612 人，占比 2.12%）、建设项目信息化管理专业（160，占比 0.09%）。占比超过 20% 的专业只有工程造价 1 个专业（占比 72.68%），与 2015 年相同。

从招生数分析，5 个目录内专业从多到少依次为：工程造价专业（78168 人，占比 72.47%）、建设工程管理专业（18462 人，占比 17.12%）、建设工程监理专业（7416 人，占比 6.88%）、建筑经济管理专业（2385 人，占比 2.21%）、建设项目信息化管理专业（348 人，占比 0.32%）。占比超过 20% 的专业只有工程造价 1 个专业（占比 72.47%），与 2015 年相同。

从在校生数分析，5 个目录内专业从多到少依次为：工程造价专业（318576 人，占比 72.79%）、建设工程管理专业（75154，占比 17.17%）、建设工程监理专业（28440，占比 6.50%）、建筑经济管理专业（10228，占比 2.34%）、建设项目信息化管理专业（750 人，占比 0.17%）。占比超过 20% 的只有工程造价 1

个专业（占比 72.79%），与 2015 年相同。

可见，工程造价专业的开办院校数、毕业生数、招生数以及在校生数，都位居该类专业首位，且除开办院校数占比为 50.41% 外，其余占比都超过 70%，是名副其实的主体专业。相对于 2015 年，建设工程管理类专业的分布格局没有变化，工程造价专业始终居于首位，且呈现一专业独大的局面。

（6）市政工程类专业

2016 年全国高等建设职业教育市政工程类专业学生培养情况见表 1-28。

2016 年全国高等建设职业教育市政工程类专业学生培养情况　　表 1-28

专业	专业点		毕业人数		招生人数		在校人数	
	数量	占比（%）	数量	占比（%）	数量	占比（%）	数量	占比（%）
城市燃气工程技术	26	11.56	955	12.57	836	10.27	3102	11.99
给排水工程技术	72	32.00	2266	29.82	2292	28.17	7487	28.94
市政工程技术	125	55.56	4349	57.23	4897	60.18	15011	58.02
市政工程类其他专业	2	0.89	29	0.38	112	1.38	273	1.06
合计	225	100.00	7599	100.00	8137	100.00	25873	100.00

2016 年，市政工程类专业共开设 3 个目录内专业，即城市燃气工程技术、给排水工程技术、市政工程技术，并开设了若干目录外专业（即表 1-28 中市政工程类其他专业）。

从开办院校数分析，3 个目录内专业从多到少依次为：市政工程技术专业（125 所，占比 55.56%）、给排水工程技术专业（72 所，占比 32.00%）、城市燃气工程技术专业（26 所，占比 11.56%）。占比超过 20% 的专业有 2 个，即市政工程技术专业（占比 55.56%）、给排水工程技术专业（占比 32.00%），与 2015 年相同。

从毕业生数分析，3 个目录内专业从多到少依次为：市政工程技术专业（4349 人，占比 57.23%）、给排水工程技术专业（2266，占比 29.82%）、城市燃气工程技术专业（955，占比 12.57%）。占比超过 20% 的专业有 2 个，即市政工程技术专业（占比 57.23%）、给排水工程技术专业（占比 29.82%），与 2015 年相同。

从招生数分析，3 个目录内专业从多到少依次为：市政工程技术专业（4897 人，占比 60.18%）、给排水工程技术专业（2292 人，占比 28.17%）、城市燃气工程技术专业（836 人，占比 10.27%）。占比超过 20% 的专业有 2 个，即市政工程技术专业（占比 60.18%）、给排水工程技术专业（占比 28.17%），与 2015 年相同。

从在校生数分析，3 个目录内专业从多到少依次为：市政工程技术专业（15011 人，占比 58.02%）、给排水工程技术专业（7487 人，占比 28.94%）、城市燃气工程技术专业（3102 人，占比 11.99%）。占比超过 20% 的专业有 2 个，即市政工程技术专业（占比 58.02%）、给排水工程技术专业（占比 28.94%），与 2015 年相同。

可见，在该类专业中，无论是开办院校数，还是毕业生数、招生数和在校生数，位居前两位的都是市政工程技术和给排水工程技术专业。因此，市政工程技术和给排水工程技术专业是市政工程类专业的主体专业，并且这种格局从 2015 年到 2016 年没有发生变化。

（7）房地产类专业

2016 年全国高等建设职业教育房地产类专业学生培养情况见表 1-29。

2016 年全国高等建设职业教育房地产类专业学生培养情况   表 1-29

专业	专业点		毕业人数		招生人数		在校人数	
	数量	占比（%）	数量	占比（%）	数量	占比（%）	数量	占比（%）
房地产经营与管理	183	41.22	7216	47.29	4328	41.58	15331	42.06
房地产检测与估价	41	9.23	1516	9.94	661	6.35	3019	8.28
物业管理	205	46.17	6045	39.62	5371	51.60	17377	47.67
房地产类其他专业	15	3.38	481	3.15	48	0.46	725	1.99
合计	444	100.00	15258	100.00	10408	100.00	36452	100.00

2016 年，房地产类专业共有 3 个目录内专业，即房地产经营与管理、房地产检测与估价、物业管理，并开设了若干目录外专业（即表 1-29 中房地产类其他专业）。其中，房地产经营与管理为原房地产经营与估价更名，房地产检测与估价为新增目录类专业。

从开办院校数分析，3 个目录内专业从多到少依次为：物业管理专业（205 所，占比 46.17%）、房地产经营与管理专业（183 所，占比 41.22%）、房地产检测与估价专业（41 所，占比 9.23%）。占比超过 20% 的专业有 2 个，即物业管理专业（占比 46.17%）、房地产经营与管理专业（占比 41.22%）。2015 年，占比超过 20% 的专业有 2 个，依次为物业管理（占比 50.11%）、房地产经营与估价（占比 47.54%），两个专业合计占比达 97.65%。

从毕业生数分析，3 个目录内专业从多到少依次为：物业管理专业（7216 人，占比 47.29%）、房地产经营与管理专业（6045 人，占比 39.62%）、房地产检测与估价专业（1516 人，占比 9.94%）。占比超过 20% 的专业有 2 个，即物业管理专业（占比 47.29%）、房地产经营与管理专业（占比 39.62%）。2015 年，占比超过 20% 的专业有 2 个，依次为房地产经营与估价（占比 55.55%）、物业管理（占比 42.99%）。可见，较之 2015 年，物业管理专业的相对占比有所增加。

从招生数分析，3 个目录内专业从多到少依次为：物业管理专业（5371 人，占比 51.60%）、房地产经营与管理专业（4328 人，占比 41.58%）、房地产检测与估价专业（661 人，占比 6.35%）。占比超过 20% 的专业有 2 个，即物业管理专业（占比 47.29%）、房地产经营与管理专业（占比 39.62%）。2015 年，占比超过 20% 的专业有 2 个，依次为物业管理（占比 49.88%）、房地产经营与估价（占比 49.50%）。

从在校生数分析，3 个目录内专业从多到少依次为：物业管理专业（17377 人，占比 47.67%）、房地产经营与管理专业（15331 人，占比 42.06%）、房地产检测与估价专业（3019 人，占比 8.28%）。占比超过 20% 的专业有 2 个，即物业管理专业（占比 47.67%）、房地产经营与管理专业（占比 42.06%）。2015 年，占比超过 20% 的专业有 2 个，依次为房地产经营与估价（占比 55.12%）、物业管理（占比 43.76%）。

可见，在该类专业中，无论是开办院校数，还是毕业生数、招生数和在校生数，位居前两位的都是物业管理专业和房地产经营与管理专业。因此，房地产经营与估价和物业管理专业是房地产类专业的主体专业。

1.2.2 高等建设职业教育发展的趋势

全面分析、对比近几年土木建筑大类专业相关数据可以发现，我国高等建设职业教育发展呈现出以下趋势。

1.2.2.1 办学规模快速全面下降

2014 年，高等建设职业教育在校生规模增加至 120.00 万人，达到历史峰值。之后，呈持续下降趋势：2015 年减少到 118.20 万人，较 2014 年减少 1.52%；2016 年减少到 101.03 万人，较 2015 年减少 14.53%。从 2014 年到 2016 年的两年时间里，在校生规模减少了 18.97 万人，减少幅度达到 15.81%。从各大行政区域看，2016 年全国 6 大行政区域在校生规模全面减少，减少幅度均超过了 10%，依次为：华北地区 22.20%，东北地区 17.81%，中南地区 13.81%，西北地区 13.50%，西南地区 12.98%，华东地区 12.88%。从省级行政区域看，2015 年有 11 个省级行政区在校生规模较上年增加，分别为辽宁、上海、安徽、福建、江西、广西、海南、贵州、云南、宁夏、新疆，而 2016 年仅有广西、贵州、西藏 3 个省级行政区在校生规模较上年增加。这表明，随着近年来住房城乡建设领域各行业的发展速度放缓，特别是对土木建筑类高职毕业生吸纳能力最大的建筑业的发展速度快速下滑，对建设类高职教育的负面影响的累积效应已经明显显现出来：企业对毕业生的需求迅速减少，学生报考意愿下降，学校招生也采取审慎态度。

1.2.2.2 专业分布面开始收窄

进入新世纪以来，高等建设职业教育在办学规模迅猛增大的同时，专业分布面也不断扩大。2015 年，开办专科土木建筑类专业的院校数和专业点数双双达到历史峰值：开办专科土木建筑类专业的院校 1256 所，其中本科院校 317 所（占本科院校数的 26.00%），高职高专院校 919 所（占高职高专院校数的 68.53%），其他普通高等教育机构 20 所；专业点 4648 个，其中本科院校 794 个，高职高专院校 3799 个，其他普通高等教育机构 55 个。土木建筑类专业几乎覆盖了所有类型的学校。与 2015 年相反，2016 年开办专科高等建设职业教育专业的院校数和专业点数双双下降：开办院校数为 1193 所，较 2015 年减少了 63 所，减少幅度为 5.02%；专业点数 4495 个，较 2015 年减少了 153 个，减少幅度为 3.29%。这表明，在经济新常态背景下，高职教育迈入了内涵发展阶段，各院校开始理性调整专业结构，重点发展自身的优势专业和新兴专业，一些与建设行业关联度不大、土木建筑类专业既有优势不明显的院校会逐步停办土木建筑类专业，例如，隶属于工业和信息化部、国务院侨务办公室和中华全国妇女联合会的院校，从 2015 年开始已经停止招收土木建筑大类专业学生。

1.2.2.3 传统大专业继续萎缩，新兴专业快速增长

多年以来，工程造价和建筑工程技术都是规模最大的两个土木建筑类专业。但是，这两个专业继 2015 年较 2014 年较大幅度下降以后，2016 年较 2015 年又有较大幅度的下降。2015 年，建筑工程技术专业招生 79625 人，在校生 305834 人；工程造价专业招生 100640 人，在校生 358076 人。2016 年，建筑工程技术专业招生 62764 人，较 2015 年减少了 21.18%，在校生 269476 人，较 2015 年减少了 11.89%；工程造价专业招生 78168 人，较 2015 年减少了 22.33%，在校生 318576 人，较 2015 年减少了 11.03%。

与建筑工程技术、工程造价等传统过剩专业快速萎缩相反，一些与行业发展相适应的新兴专业呈现上升态势。2016 年，在土木建筑大类 32 个目录内专业中，风景园林设计、建筑动画与模型制作、城市信息化管理、村镇建设与管理、建筑钢结构工程技术、土木工程检测技术、工业设备安装工程技术、建设项目信息化管理、房地产检测与估价 9 个专业是第一次作为目录内专业招生。其中，除村镇建设与管理、建筑钢结构工程技术、工业设备安装工程技术、房地产检测与估价 4 个专业的招生数小于毕业生人数外，其余 5 个专业的招生数均大于毕业生人数，即这些专业的在校生规模较上年增加。例如，以 BIM（建筑信息

模型）技术应用为主的建设项目信息化管理专业，2016 年毕业生人数 160 人，招生数 348 人，招生数较毕业生数增加 117.5%。这表明，在一部分过剩的传统专业萎缩的同时，一些与行业发展需求相适应的新兴专业得到发展，成为建设职业教育创新的新空间。

1.2.3 高等建设职业教育发展面临的问题

2016 年，全国高等建设职业教育办学点数量较上一年略有增加，但在校生人数有所下降。在"质量工程"、"高等职业教育创新发展三年行动计划（2015～2017 年）"和"院校内部质量保证体系"等政策和制度的推动下，各院校对内涵建设的重视程度不断提高，更加注重队伍和资源建设，校企深度融合的力度也有所增强，专业定位和整体优化设计的水平不断提高，更加重视毕业生与行业需求、与岗位的对接。积极应对我国建筑行业转型发展的新形势，服务行业、企业的能力有所增强。但在发展中仍存在诸多亟待解决的问题，与政府、行业、企业及学生的要求仍有一定的差距，在一定程度上制约了院校的可持续发展。

1.2.3.1 好的政策更需要有效的落实机制

2014 年全国职教会议以来，国家进一步提升了对职业教育的重视程度，陆续出台了多项促进职业教育发展的政策，加大了对职业教育投入的力度，院校建设成效显著，职业教育在社会的影响力有所提高，职业教育和院校的发展建设进入快车道。教育部《关于开展现代学徒制试点工作的意见》及《高等职业教育创新发展三年行动计划（2015～2017 年）》等指导性行动计划的发布，对今后一个时期职业教育的发展制定了明确的规划与路线图。党的十九大报告对职业教育在体系建设和服务领域提出的新要求，也为今后职业教育发展提供了更为系统的要求和更为广阔的空间。

纵观世界职业教育的发展与现状，职业教育均离不开政府和行业的支持与关注、企业的融合及参与，职业教育具有典型的"跨界"特色。由于高职教育从教育属性来说兼顾"教育与职业"的双重色彩，毕业生的"应用性"和与职业岗位"无缝对接"是高职得以立足与发展的基本条件，院校教育对企业和社会资源参与教育的依赖程度较高，单靠院校的自身力量往往很难完成人才培养的全部任务。

近年来，推进职业教育发展顶层设计的轮廓已日渐清晰，体系构建不断推进，多项促进职业教育发展的政策、规定也陆续出台。但这些政策在"落地"上仍然不够有力，有的是缺乏具体的实施细则，有的是积极的推进制度与机制相对滞后，在统筹协调方面没有形成"合力"，仍没有形成"多家参与、多方协力、齐抓共管"的机制。在行业企业参与职业教育法律与政策、校企深度融合制度建立与机制形成、调动企业参与人才培养积极性的配套激励政策、校外实训基地建设的有效方式、学生获取职业岗位证书有效途径的可行性研究、企业专家参与学校专业设计及教学活动的模式与激励制度等方面，均存在教育行政部门出台的政策得不到真正贯彻的问题。从实际的需要看，政府要真正从国家的层面认真研究、出台必要的法律和规则，在政策层面积极推进、在机制方面认真考量、在落实方面狠抓落实，把构建中国特色职业教育体系看成是建设新时期中国特色社会主义的有机组成部分，通过锲而不舍的努力，制定真正能够有效实施的政府、行业、企业、院校齐心协力抓职业教育的制度，最终形成促进我国职业教育良性发展的机制与文化。

1.2.3.2　人才培养质量参差不齐，与岗位标准存在差距

据统计，2016年开设高等建设职业教育专业的院校数量为1193所，仍然呈现"全员办土建专业"的局面。通过内涵建设、内部质量保证体系建设等措施的推进，高等建设职业教育的办学整体质量有所提高。大多数院校在专业准确定位、理性面对人才市场、人才培养方案设计与优化、合理资源配置、校企深度融合机制的探索、努力提高人才培养质量方面做了积极的努力，其中国家及省级示范校、骨干校发挥了积极的引领作用。但也存在部分高职院校办学理念、专业设置、培养目标、课程体系及人才培养模式方面与市场要求存在偏差与脱节。仍习惯于眼光向内、关门办学，不关注我国建筑业转型升级的动态和趋势，不研究人才知识技能的更新，人才规格与行业企业需求严重脱节。还存在专业培养目标定位不准、描述不清，适应的岗位及岗位群轮廓不够清晰、合理，院校教育与岗位知识技能要求对接不上的现象。部分行业外院校还沉浸在"低成本办学"的现状，在队伍建设、基地建设、资源建设方面投入很少或盲目投入，还习惯于用"旺盛的市场需求，掩盖教育的不足"。培养的人才多属于粗放的"毛坯型"，与培养"毕业即能上岗、能顶岗"的成品型人才的目标存在相当大差距，学校没有真正完成"教书育人"的任务，把相当多的岗前培训和继续教育的责任留给了用人单位。课程体系创新不力，课程设置与培养目标契合度不高，课程内容和教学手段相对陈旧，仍然存在"随意设课、因师设课"的现象，对信息化技术的应用研究不到位，往往把其作为减轻教师劳动付出的工具。没有引入人才质量行业认证的理念与做法，制定的课程标准、评价指标体系没有企业专家参与，评价结论不够科学、准确。

1.2.3.3　社会认同度有待继续提高，需要各方面的共同努力

高等职业教育作为我国高等教育的一种类型，长期以来受到学历层次局限在专科的限制，使学生在就业谋职、转岗提高等方面受到了限制和歧视，这已

成为制约部分优秀高职院校继续发展的瓶颈之一。我国提出的构建中国特色职教体系更多地体现在中职与高职的层面，通过600所应用本科的转型是否能够真正达到构建完整的职教体系的目标还要经过实践的考验。

"十三五"期间，我国住建行业要实现转型发展的目标，实现从规模扩展向内涵发展的转型，新技术、新材料、新的市场模式对从业人员提出了更高的要求。由于学历层次的限制和大量民办高职院校升格为本科，高等建设职业教育临生源数量不足的现象日益加重，从2015年开始出现招生数量下降的趋势。

近年来，部分高职院校（尤其是行业外院校及地市级院校）土建类专业录取分数贴近当地高职录取最低控制线，生源数量不足、难以完成招生计划、生源质量逐年下降。究其原因，主要是社会对从事住建行业工作的认同度较低，尤其是一线及沿海城市的考生不愿意报考土建类专业，部分面向一线生产及施工岗位的专业也不受学生及家长青睐，更多的学生和家长不愿意做"五加二、白加黑，风里来、雨里去"的艰苦工作，普遍存在"企业有需求、岗位有空缺，但招生有困难"的结构性失衡问题。受招生政策的制约，高职院校在与"三本"及民办本科高校竞争时常常处于劣势，不断扩大的单独招生比例及技能高考的推进在吸引生源的同时又进一步加大了社会对高职教育认识的偏差，这种政策能否成为推进高职招生"保质量、成规模、可持续"的动力，还需要时间的检验。

1.2.3.4 校企深度融合还有很多需要破解的问题

近年来，教育行政部门在"校企合作"的基础上进一步提出了"校企深度融合"的新要求，这为土建类高职办学提出了新的更高的要求。"协同创新"、"现代学徒制"等新理念的实施，为校企深度融合注入了新活力，也为土建类高职人才培养拓展了新空间。校企深度融合是职业教育突出特色，积极利用行业企业资源是院校完成人才培养的有力保障。"综合实践与顶岗实习"是实践教学的核心环节，也是校企深度融合的核心任务之一。高等建设职业教育担负着为建筑生产一线培养适应基层技术及管理岗位要求的高素质技术技能型人才的责任，在现阶段，单靠学校的资源和力量很难完成这个任务。自从我国大力发展高职教育以来，在国家政策的引领下，在经过不长的探索和比对期之后，大多数高职院校均把"校企合作、工学结合"作为人才培养的主攻方向，创建了"2+1"、"2.5+0.5"及"411"等多种人才培养模式，在实践中也取得了一定的成效。但在实践的"破冰期"之后，这种模式在不同程度上遇到了合作水平提升不力、合作领域扩展不大、合作机制建设滞后、管理不够精细的"天花板"。

目前，多数高职院校仍然停留在靠校友和感情维系校企合作、提供低成本劳动力来吸引企业的阶段，缺乏制度保障与可持续发展的推动力，也缺乏"利益共享、风险共担"的法律机制。校企合作动力和热情不均等，"学校热、企业冷"的现象普遍存在，"互动、共赢"的局面仍未真正形成。校企合作多数局限在学生顶岗实习这一环节，合作领域尚没有遍布教学全过程，与"双主体教学"的目标存在较大距离，合作水平也有待提升。在顶岗实习阶段，企业提供的岗位与学生实习的实习教学需求（岗位的对口率、轮岗的要求）仍然存在矛盾与偏差。严密顶岗实习过程管理、科学设计评价指标方面还有许多工作要做。对学生企业实习实践的评价主体多为院校教师，企业专家的参与度不高。

1.2.3.5 专业布局不够合理，需要进一步优化

改革开放以来，我国建筑业持续高速发展，市场人才需求也一直旺盛，高等建设职业教育一直呈现规模持续扩张的局面，到 2015 年这种势头才有所转变。《2015 版高职高专专业目录》中，土建专业大类分为建筑设计类、城镇规划与管理类、土建施工类、建筑设备类、工程管理类、市政工程类、房地产类七个专业类，共设置 32 个专业。据统计，其中工程管理类在校生占比 42.87%、土建施工类在校生占比 27.68%、建筑设计类在校生占比 16.57%，这三个专业类占整个土建类高职在校生总量的 87.12%。分属于这三个专业类的工程造价、建筑工程技术专业的在校生人数分别达到 318576 人、269476 人，办学点数量均为 742 个。而与国家倡导和行业转型需求对接度较高的村镇建设与管理专业、钢结构工程技术专业、城市信息化管理专业的办学点和在校生人数分别为：村镇建设与管理专业 4 个办学点、291 名在校生，钢结构工程技术专业 29 个办学点、1000 余名在校生，城市信息化管理专业 4 个办学点、156 名在校生，与行业需求严重脱节。

专业设置过于向"热门专业"集中的问题仍然没有真正解决，在整体规模略有缩减的同时，结构性失衡的问题依然存在。这既有主干专业适应岗位数量多、就业面广、市场需求量大的实际反映，也有部分院校"盲目跟风、仓促上马、无序竞争"的乱象。参与高等建设职业教育办学院校的背景繁杂、多方参与、比较混乱。有些院校只是为了解决办学规模和招生的问题，没有经过细致的市场调研和论证，不顾自身行业、专业背景及资源的实际，匆忙开办土建类专业，甘于在"低投入、粗加工"背景下办学，缺乏可持续发展的动力。部分院校不关注行业发展、技术进步和企业需求的实际，专业设置没有长远眼光，热衷于"抢市场、打快锤"的短期行为，缺乏创新意识与胆识，对具有潜在发展前景的专业关注不够。在专业设置上盲目布点，没有形成以核心专业为引领的专业集群，很难形成相互支撑的发展团队，缺乏规模效益，不易实现资源共享，存在院校办学与企业需求不对称、信息不通畅、沟通不力的现象。

1.2.3.6 专业发展和水平不均衡，正规化建设亟待加强

目前仍有相当数量的院校在专业定位、内涵建设方面投入的精力不够，尤

其是在人才培养方案编制方面投入的思考不多，缺乏准确定位和长远设计，市场调研和论证不够充分，满足于"拿来主义"，自身特色体现得不够充分。专业定位、适应岗位和课程体系"同质化"的现象比较普遍，缺乏对行业和岗位的细分研究，与市场需求对接的不紧密。校本教学文件多处于"有无"阶段，与人才培养方案配套的课程标准存在缺失或执行不严的现象，院校教学质量内部监控体系建设相对滞后，对教学设计、教学过程及教学结果的评价仍处于粗放型阶段，存在重课堂教学、轻实践教学的现象，教学督导体系的功能发挥不够充分，许多时候只是解决了"有没有"的问题，"重督轻导"的局面没有真正改观。部分院校在制定人才培养方案时没有认真关注行业的发展动态，仍然按照自身的行业背景和对专业的理解去设置课程体系，课程设置不够合理、内容陈旧，在一定程度上存在课程之间衔接、支撑不够，课程体系存在缺失和空挡，"链条效应"不够鲜明的问题。

在我国建筑业转型发展的大形势下，部分院校对行业关注度不够，对我国建筑业倡导的建筑信息化、装配式建筑、新型城镇化、绿色建筑及智慧城市的意义与内涵领会不深，在教学过程中体现得不够充分。教学手段相对滞后，多数仍在采用传统的教学模式。理论研究的成果没有在教学活动中得到有效实施，课程改革的效应仍然没有真正惠及广大学生。一线教师，尤其是"双师素质"教师的数量存在缺口，企业兼职教师的数量不足、也不够稳定。师生比不够合理，教师的教学负担仍然较重，对开展教学研究、参与工程实践带来了一定的影响。教师的教育理念和职业操守有待进一步提高，在教学中没有充分体现教师为主导、学生为主体的教学理念，"因材施教"的理念在日常教学中没有得到真正的应用。对信息化教学手段的积极意义和对职业教育促进作用价值认识较为浮浅，往往局限在减轻教师工作负担和"表象化"的层面，注重表现、忽视内涵，没有从课程实效与学生需求的角度来有机应用。

1.2.3.7 院校实力差异较大，规范化、标准化有待提高

经过不断的建设和积累，当前国家及省级示范校、骨干校以及行业内高职院校的办学实力及资源配置相对齐整，部分院校已达到国内先进水平。但仍有相当数量的院校存在办学实力较弱，资源严重匮乏的现象。主要表现在以下五个方面：

（1）缺乏合格的专业带头人。个别专业带头人业务能力和对专业建设的把控能力不强，甚至不具备本专业的教育背景，没有企业工作经历或经历浅薄，自身实力较差，在一定程度上影响了专业的发展。

（2）师资数量不足、质量不高。普遍存在教师年龄和性别结构不够合理、专任教师数量不足的现象。教师的专业方向不能覆盖专业的教学核心环节，企

业实践经历不足，不足以适应教学需求。

（3）研究能力不强、实践能力不高。专任教师多是"出了本科院校门，就进了高职院校门"，对职业教育特色和内涵缺乏切身体会及深入研究，通常没有经过充分的学习和企业实践就"仓促上阵"，导致一些应用型课程的教学效果受到影响。

（4）配套教学资源相对匮乏。个别院校仍然依靠通用机房、定额、图集、参考书和少数低端仪器等简陋的辅助资源作为教学的支撑，而且更新不及时。教师"照本宣科"、学生"纸上谈兵"的现象普遍存在。有些院校虽然拥有部分校内教学资源，但缺乏整体设计、配套水平低、共享度差、系统性不强、应用效果不够理想。

（5）存在投入不足或盲目投入的问题。少数院校仍然热衷于"白手起家、低成本办学"，在师资队伍建设和教学资源配置方面投入不足。有些院校对有限的建设资金使用的合理论证不够，资金的使用效率不高，使用效果不理想，存在"盲目投入、新建即落后、粗放建设"的现象。

1.2.3.8　仍然存在"关门办学"的现象，与行业脱节

2016年，涉足高等建设职业教育的院校与办学点达到1193个，遍布国内各个省区市，办学主体、办学体制也存在较大差异。行业内院校与建设行业对接较为紧密，院校之间的沟通也较为频繁、有效。但总的说来，院校之间交流互动仍然普遍存在"面不广、量不大"的现象，部分院校仍然处于"自娱自乐、关门办学"的状态，缺乏眼光向外、抱团取暖、协同发展的意识和行动。

在全国有一千余所院校开设有土建类高职专业的现状下，目前参与中国建设教育协会高等职业与成人教育专业委员会活动的会员单位只有180余个，这其中还包括近40余家本科继续教育学院、出版单位及科技企业。据统计，全国住房城乡建设职业教育教学指导委员会能够有效联系到的高职院校约有400余所。这其中多为行业内院校和办学规模大、办学历史长的省级高职院校。大多数高职院校，尤其是边远省区、地市及民办院校仍然游离在专业指导机构或学术社团的视线之外，没有与这些组织和兄弟院校联系沟通的欲望，处于"单打独斗、自我发展"的境地。这种局面导致院校之间信息不畅、沟通不力、互动交流不够，行业动态、人才新需求、专业建设与发展的前沿信息、新规范、新技术和最新的研究成果往往不能及时传递到全部院校，导致专业指导机构、行业社团和核心院校的引领作用无法发挥，也不利于形成团队的合力与共同发声的良好环境。

1.2.3.9　一线教师的数量、水平和实践能力与教学需要存在距离

随着持续多年的招生规模不断增长，高职院校师生比不合理的现象没有得

到根本的缓解。受到学校编制、用人门槛的限制，一线教师的整体数量仍然不足。由于本科及以上层次的教育与高职教育属于不同的类型，从这些院校引进的教师面临着比较繁重的"岗前培训、再教育"的任务，但实际上在高职院校新进的"大学生"教师往往没有经过认真的培训和再学习就承担了满额的教学任务，过早地成为"教学型教师"，没有去企业实习、参与工程实践的机会。以后有了机会往往由于自认为已经是"成熟教师"了，对积累工程实践价值和紧迫感的认识存在偏差，习惯于"以其昏昏使人昭昭"，在一定程度上影响了人才培养质量，也不利于自身的发展。

1.2.4 促进高等建设职业教育发展的对策建议

针对目前高等建设职业教育普遍存在的主要问题，应当在以下八个方面着重进行理论研究、政策支持和自身建设。

1.2.4.1 借助利好政策，狠抓落实，促进土建类高职教育发展

把握住党的十九大建设新时代中国特色社会主义的有利契机，把握当前我国职业教育仍处于发展黄金时期的难得机遇，认真贯彻国务院《关于加快发展现代职业教育的决定》和全国职教会议确定发展职业教育的路线图，尤其要把《高等职业教育创新发展三年行动计划（2015～2017年)》作为促进高等建设职业教育发展的有力抓手。在认真学习和领会职业教育发展顶层设计核心内涵的同时，更要把政策"尽快落地"当成亟待完成的重要任务。

政府部门要创新工作思路和方法，出台配套的制度和规则，院校也要积极反应对政策期望的诉求。在政府的倡导下、在行业企业的扶持下，让有关政策和先进的职教理念得到配套制度的有力支持，使之早日进入学校，进入课堂，让学生受益。行业主管部门应继续保持和发扬重视教育，重视人才培养，重视队伍建设的优良传统，加大对高等建设职业教育的关注、指导和扶持力度，从有利于为住建行业输送又好又多合格人才的高度来关注政策的落实。应当从国家或当地政府的层面来协调有关部门，理清相互的管理责任，开拓工作思路，出台能够真正调动企业积极性，有利于校企合作、共同培养人才的政策与制度。在混合所有制、现代学徒制、学分银行、校内外实训基地建设、各层级教育互通衔接、学生企业实践、学生在毕业时获取相应岗位证书或证书培训学习资格畅通渠道等方面为院校办学提供更加有力的政策支持。只有这些有利于高等建设职业教育发展的政策真正"落地"，才能够实现有利于院校发展、有利于人才培养、有利于提升社会认同度，实现高等建设职业教育可持续发展的目标。

1.2.4.2 主动适应行业转型发展，注入新内涵、拓展新空间

中央城市工作会议的重要精神、住房城乡建设部发布的《住房城乡建设事

业"十三五"规划纲要》、《中共中央国务院关于进一步加强城市规划建设管理工作的若干意见》、国务院办公厅《关于大力发展装配式建筑的指导意见》等一系列重要文件对今后一个时期我国住房城乡建设事业转型发展的目标、任务、技术路线提出了明确的要求。

以 BIM 技术为核心的建筑信息化、新型城镇化、装配式建筑、智慧城市、城市综合管廊、海绵城市、绿色建筑等新概念、新技术和新的管理模式正在成为我国住房城乡建设领域可持续发展的新动力、新内容，建筑业管理模式的改革也为我国住房城乡建设的发展提出了新要求。各院校应当密切关注、积极学习、主动适应这些新政策、新事物、新环境，并结合人才培养设计教学方案。把握住发展新机遇，并做好应对挑战的准备。在对传统主干专业进行优化调整的同时，更要认真研究伴随行业转型出现新岗位的需求，主动适应，早作谋划，尽快进入状态。

1.2.4.3 突出技术技能特色，扩大影响、创新发展

长期以来，建筑业一直是我国的国民经济支柱产业之一，在拉动经济发展、解决就业、造福民生的同时，也为高等建设职业教育提供了广阔的发展空间。全国住房城乡建设职业教育教学指导委员会、中国建设教育协会应在住房城乡建设部、教育部的指导和统领下，利用各种渠道和媒介宣传、通报、推介建筑业的发展动态和趋势，使各院校了解、领会和掌握行业、企业对人才的需求。要主动宣传建筑业转型对提高建筑技术含量、实现建筑产业化、对从业人员知识技能等方面的新变化、新需求，消除社会对建筑业在认识上的疑虑和偏差，吸引更多的学生投身建筑业。

各院校要对我国住房城乡建设事业转型发展的内涵进行认真学习、深入领会，尤其要密切关注新技术、新材料、新的施工方式的发展动态，并作出合理的预判。理性面对技术革新对人才知识技能的新要求，立足于技术技能人才的定位，把新技术的核心与院校教学紧密结合。在准确领会行业转型发展的基础上，合理开设新专业、及时优化老专业，创新人才培养方案、创新课程模式、构建优质教育教学资源，培养出更好、更多的创新创业人才，更好地为行业服务、为企业服务、为地方经济服务。

1.2.4.4 准确定位，提高服务能力和水平

高等建设职业教育应理性面对当前及今后一个时期仍然会存在的招生、就业方面的困难，根据普遍存在的"生源不同、层次不一"的实际，积极开展"因材施教"方面的探索。从发挥社会服务职能、为行业人才培养服务的角度出发，积极拓展渠道，在完成院校学历教育的同时，眼光向外，转变观念，加大对业内人士培养培训的工作力度，提升服务能力，真正把为行业服务、为地方经济

服务作为今后院校发展新的增长点。在打造一支胜任教育培训需要、具备工程服务能力的"双师素质"专任教师队伍方面有所作为，使院校的服务领域从全日制人才培养向教育培训、标准及工法研究、工程咨询与社会服务的领域扩展。通过服务能力的提高、服务领域的扩大、服务手段的更新来扩大院校的市场、提升院校的社会认同度，促进院校的发展。

认真研究建筑产业化对一线岗位的设置、职责、知识和技能的新变化、新要求，把进一步突出高职学生技能水平、就业岗位重心可能进一步下移作为人才培养的重要任务，理性面对、准确定位、积极引导。

1.2.4.5 核心引领，整体提高

要继续充分发挥示范校、骨干校和行业内院校的引领、骨干作用。整合优势院校的优质资源，归纳和优化先进院校办学的成功经验，并利用各种媒介加以推广。发挥全国住房城乡建设职业教育教学指导委员会、中国建设教育协会的专家组织与社团组织的作用，及时向各院校传递行业发展动态和企业对人才需求方面的信息，制定有关的教学指导文件，并通过多种形式进行宣贯，推广和交流先进的职教理念、教育教学模式。引领各院校根据自身的条件、资源、市场实际开展具有特色的建设，进一步提高规范办学的水平。借助教育行政部门在职业院校推进内部质量保证体系的契机，引导规范办学、突出自律的理念。

结合专业和岗位核心，依托行业组织有关的技能竞赛，引导师生注重应用能力和动手能力的培养，使人才规格和知识技能水平符合岗位的要求。

1.2.4.6 加强自律、强化内涵

把加强内涵建设、特色建设作为院校发展建设的持续动力，调动各方面的积极性，结合院校发展的整体规划，在办学的全过程树立"质量第一、抓好内涵、创建品牌、持续发展"的理念。在世界主流教育思想的引领下，有机吸收国外（境外）的先进职教经验，并有所创新。积极探索在高等建设职业教育实施现代学徒制、CDIO 教育模式、极限学习等新型人才培养和课程模式的有效途径，通过行之有效的人才培养过程来达到培养高质量创新创业人才的目标。

认真学习和领会教育部《院校人才培养质量"诊改"制度》的内涵和做法，借鉴土建类本科实施专业评估的成功经验，在高职院校引入人才培养质量行业评价制度的研究。依托住房城乡建设行业，用行业和企业的用人标准、人才规格、业务要求、知识与技能水平作为评价人才培养质量的标尺，规范院校的办学行为，对不同院校进行分类指导，实现优胜劣汰，保证人才培养质量。

1.2.4.7 借助信息技术，创新教学手段

继续认真落实教育部《教育信息化"十三五"规划》精神，积极推进信息化技术融入专业、融入课程，创造"人人皆学、时时可学、处处能学"的氛围，

通过信息化技术的应用，探索适应高等建设职业教育特点、适应高职学生学习习惯、有利于教师教学和学生学习的有效途径。积极推介行之有效的信息化教学方法与手段，使之"既好看、又好用"。

充分利用当前职业教育发展的黄金时期和国家加大对职业教育投入的有利时机，以内涵建设为核心，搞好师资队伍、实训基地、教学资源配置的建设，把资源配置与教学需要有机结合。关注和应对我国住房城乡建设转型发展的整体态势，在建筑信息化、装配式建筑、绿色建筑新技术应用于教学方面进行积极的探索和实践。不断更新教学手段，探索适应高职生源实际和学习兴趣的教学情境和教学方法，因材施教，努力提高教学的增量效益。

1.2.4.8　倡导眼光向外、开门办学、畅通交流的意识

充分发挥全国住房城乡建设职业教育教学指导委员会"研究、指导、咨询、服务"的职能，发挥中国建设教育协会广泛联系企业人力资源部门、院校、地方协会与培训机构，并且是隶属住房城乡建设部的行业社团组织的优势，把拓展工作覆盖领域、提高工作效能、增强活动吸引力作为重点。通过细致的工作，搭建不同背景、不同体制、不同地域、不同规模院校之间的互动与交流平台，实现先进引领、协同发展、共同提高、为我国建筑业多做贡献的目标。认真思考、积极探索高等建设职业教育参与"一带一路"的有效途径，并在国际化教育合作方面有所作为。

1.3　2016年中等建设职业教育发展状况分析

1.3.1　中等建设职业教育发展的总体状况

中等职业教育是在高中教育阶段进行的职业教育，也包括一部分高中后职业培训，它是专门培养社会各行业所需技能性人才的教育领域，其特点是在完成初高中基础教育内容的同时，培养出各行业所需的技术技能人才，也同时进一步为各高等院校输送技术技能型的专门人才打下基础。因此，中等职业教育肩负着培养各行业高素质劳动者和技能型人才的重任。

1.3.1.1　中等建设职业教育概况

2016年，全国开办中等职业教育土木建筑类专业的学校共有1735所，其中通过调整后的中等职业学校236所，职业高中学校619所，中等技术学校456所，成人中等专业学校52所，附设中职班335个，其他中职机构37所。毕业生数由2015年的192294人增加到202534人，同比增加5.33%。图1-9、

图 1-10 分别示出了 2014～2016 年全国土木建筑类中等职业教育开办学校、开办专业情况和学生培养情况。

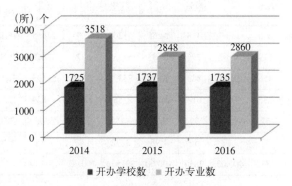

图 1-9　2014～2016 年全国土木建筑类中等职业教育开办学校、开办专业情况

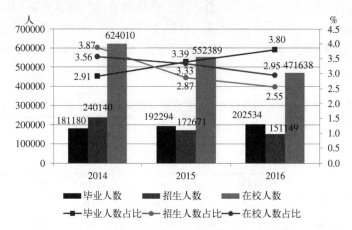

图 1-10　2014～2016 年全国土木建筑类中等职业教育学生培养情况

从图 1-10 中可以看出，与 2015 年相比，2016 年全国中等建设职业教育的招生数同比减少 12.46%，反映出生源数较 2014 年有进一步下降，但同 2014 年的降幅 28.10% 相比，下降趋势有较大的减缓。2016 年全国中等建设职业教育的在校生数比 2015 年同比减少 14.62%，较 2014 年降幅进一步增大，反映出招生数连年下降的积聚效应。

表 1-30 给出了 2016 年土木建筑类中职教育学生按学校类别的分布情况。从表中可以看出，中等职业学校、职业高中学校和中等技术学校的开办学校数占比达 75.56%，开办专业数占比达 73.36%，毕业生人数占比达 80.95%，招生人数占比达 82.35%，在校生人数占比达 80.21%，平均在校生数达到 289 人，办学规模领先。

全国土木建筑类中等职业教育学生按学校类别分布情况　　表 1-30

学校类别	开办学校		开办专业		毕业人数		招生人数		在校人数	
	数量	占比(%)	数量	占比(%)	数量	占比(%)	数量	占比(%)	数量	占比(%)
调整后中等职业学校	236	13.60	419	14.65	31202	15.41	27465	18.17	87574	18.57
职业高中学校	619	35.68	796	27.83	57232	28.26	43818	28.99	126539	26.83
中等技术学校	456	26.28	883	30.87	75523	37.29	53193	35.19	164180	34.81
附设中职班	335	19.31	614	21.47	27553	13.60	19624	12.98	72253	15.32
成人中等专业学校	52	3.00	92	3.22	7252	3.58	5296	3.50	15189	3.22
其他中职机构	37	2.13	56	1.95	3772	1.87	1753	1.16	5903	1.25
合计	1735	100.00	2860	100.00	202534	100.00	151149	100.00	471638	100.00

　　2016 年，全国土木建筑类中等职业教育学生按学校隶属关系的分布情况如表 1-31 所示。从表中可以看出，省、地、县级教育部门和其他部门隶属的学校占有主导地位，合计开设的学校数、开办专业数、毕业生人数、招生人数、在校生人数占比均超过 80%；企业办学的规模正在逐步减小，民办学校的办学规模正在逐步加大。

全国土木建筑类中等职业教育学生按学校隶属关系分布情况　　表 1-31

学校隶属关系	开办学校		开办专业		毕业人数		招生人数		在校人数	
	数量	占比(%)	数量	占比(%)	数量	占比(%)	数量	占比(%)	数量	占比(%)
省级教育部门	95	5.48	194	6.78	19867	9.81	12946	8.57	41820	8.87
省级其他部门	180	10.37	454	15.87	34879	17.22	25537	16.90	88750	18.82
地级教育部门	324	18.67	592	20.70	40113	19.81	29004	19.19	93406	19.80
地级其他部门	128	7.38	229	8.01	16162	7.98	10780	7.13	35255	7.48
县级教育部门	658	37.93	866	30.28	65458	32.32	50280	33.27	147075	31.18
县级其他部门	14	0.81	27	0.94	2221	1.10	785	0.52	2966	0.63
民办	314	18.10	457	15.98	21462	10.60	19481	12.89	55462	11.76
国务院国有资产监督管理委员会	2	0.12	2	0.07	90	0.04	131	0.09	358	0.08
中国建筑工程总公司	1	0.06	7	0.24	541	0.27	285	0.19	1003	0.21
中国石油天然气集团公司	1	0.06	1	0.03	64	0.03	0	0.00	77	0.02
中央其他部门	1	0.06	2	0.07	47	0.02	86	0.06	250	0.05

学校隶属关系	开办学校		开办专业		毕业人数		招生人数		在校人数	
	数量	占比(%)	数量	占比(%)	数量	占比(%)	数量	占比(%)	数量	占比(%)
地方企业	17	0.98	29	1.01	1630	0.80	1834	1.21	5216	1.11
合计	1735	100.00	2860	100.00	202534	100.00	151149	100.00	471638	100.00

1.3.1.2 分专业学生培养情况

中等建设职业教育以土木水利类设置的建筑工程施工等 18 个专业为主，包括各省市自治区开设专业目录外的土木水利类专业或专业（技能）方向，还包括住房城乡建设职业教育教学指导委员会承担行业管理的专业以及中等职业学校开设与建设行业相关的专业。

2016 年，中等建设职业教育开展中职与高职教育的贯通培养进一步得到发展，包括中高职教育贯通培养、五年制和三年中职教育与二年高职教育分段培养等模式。中职学校与应用本科院校开展职业教育中本贯通培养的试点工作，已在部分省市逐步推进。

2016 年全国土木建筑类中等职业教育学生按专业分布情况如表 1-32 所示。

2016 年全国土木建筑类中等职业教育学生按专业分布情况　　　表 1-32

专业	开办学校		毕业人数		招生人数		在校人数	
	数量	占比(%)	数量	占比(%)	数量	占比(%)	数量	占比(%)
建筑工程施工	1190	41.61	120145	59.32	75262	49.79	248045	52.59
建筑装饰	405	14.16	19944	9.85	22987	15.21	61533	13.05
古建筑修缮与仿建	6	0.21	97	0.05	153	0.10	205	0.04
城镇建设	28	0.98	1200	0.59	774	0.51	3210	0.68
工程造价	452	15.80	26581	13.12	19539	12.93	63157	13.39
建筑设备安装	48	1.68	1209	0.60	1295	0.86	4533	0.96
楼宇智能化设备安装与运行	102	3.57	1836	0.91	2572	1.70	6770	1.44
供热通风与空调施工运行	9	0.31	368	0.18	544	0.36	1092	0.23
建筑表现	18	0.63	809	0.40	730	0.48	1899	0.40
城市燃气输配与应用	7	0.24	407	0.20	383	0.25	1223	0.26
给排水工程施工与运行	24	0.84	526	0.26	475	0.31	1575	0.33
市政工程施工	50	1.75	2099	1.04	1666	1.10	4628	0.98
道路与桥梁工程施工	108	3.78	6713	3.31	5232	3.46	16876	3.58

续表

专业	开办学校		毕业人数		招生人数		在校人数	
	数量	占比(%)	数量	占比(%)	数量	占比(%)	数量	占比(%)
铁道施工与养护	27	0.94	2687	1.33	3070	2.03	8558	1.81
水利水电工程施工	91	3.18	5341	2.64	4718	3.12	14124	2.99
工程测量	136	4.76	6101	3.01	6640	4.39	17862	3.79
土建工程检测	32	1.12	985	0.49	620	0.41	2047	0.43
工程机械运用与维修	77	2.69	3755	1.85	2767	1.83	8875	1.88
土木水利类专业	50	1.75	1731	0.85	1722	1.14	5426	1.15
合计	2860	100.00	202534	100.00	151149	100.00	471638	100.00

从表中可以看出，建筑工程施工、工程造价、建筑装饰专业，在开办的学校数量、当年的毕业生数量、当年的招生数量和在校生数量上，继续分别排列第一、第二和第三位。这三个专业的开办学校数合计为 2047 所，占 71.57%；毕业生数合计为 16670 人，占 82.29%；招生数合计为 117788 人，占 77.93%；在校生数合计为 372735 人，占 79.03%。

1.3.1.3 分地区中等建设职业教育情况

2016 年中等建设职业教育在各地区的分布情况如表 1-33 所示。

2016 年土木建筑类专业中职教育学生按地区分布情况　　　　　表 1-33

地区	开办学校		开办专业		毕业人数		招生人数		在校人数		招生数较毕业生数增幅(%)
	数量	占比(%)	数量	占比(%)	数量	占比(%)	数量	占比(%)	数量	占比(%)	
北京	15	0.86	30	1.05	1267	0.63	729	0.48	2751	0.58	-42.46
天津	4	0.23	14	0.49	885	0.44	1245	0.82	3138	0.67	40.68
河北	97	5.59	132	4.62	8006	3.95	7100	4.70	22032	4.67	-11.32
山西	46	2.65	73	2.55	4439	2.19	2854	1.89	10318	2.19	-35.71
内蒙古	76	4.38	121	4.23	4570	2.26	2871	1.90	8921	1.89	-37.18
辽宁	40	2.31	69	2.41	3023	1.49	1559	1.03	4532	0.96	-48.43
吉林	48	2.77	69	2.41	2190	1.08	1818	1.20	4839	1.03	-16.99
黑龙江	46	2.65	85	2.97	2611	1.29	1579	1.04	5419	1.15	-39.53
上海	8	0.46	26	0.91	2239	1.11	2115	1.40	5722	1.21	-5.54
江苏	93	5.36	160	5.59	15321	7.56	9388	6.21	32323	6.85	-38.72
浙江	62	3.57	124	4.34	10142	5.01	8472	5.61	25308	5.37	-16.47

续表

地区	开办学校		开办专业		毕业人数		招生人数		在校人数		招生数较毕业生数增幅（%）
	数量	占比（%）	数量	占比（%）	数量	占比（%）	数量	占比（%）	数量	占比（%）	
安徽	90	5.19	135	4.72	12517	6.18	11786	7.80	25481	5.40	-5.84
福建	90	5.19	187	6.54	9162	4.52	7569	5.01	23820	5.05	-17.39
江西	44	2.54	71	2.48	5212	2.57	3383	2.24	10870	2.30	-35.09
山东	110	6.34	158	5.52	12842	6.34	7590	5.02	26297	5.58	-40.90
河南	159	9.16	262	9.16	17777	8.78	14050	9.30	46853	9.93	-20.97
湖北	45	2.59	69	2.41	3875	1.91	3744	2.48	10963	2.32	-3.38
湖南	65	3.75	95	3.32	5869	2.90	5165	3.42	15832	3.36	-12.00
广东	52	3.00	88	3.08	8255	4.08	6194	4.10	20036	4.25	-24.97
广西	31	1.79	59	2.06	5530	2.73	6307	4.17	20190	4.28	14.05
海南	12	0.69	26	0.91	790	0.39	673	0.45	1910	0.40	-14.81
重庆	49	2.82	76	2.66	9342	4.61	3910	2.59	18096	3.84	-58.15
四川	115	6.63	163	5.70	20071	9.91	13416	8.88	38893	8.25	-33.16
贵州	71	4.09	123	4.30	9207	4.55	6550	4.33	22749	4.82	-28.86
云南	86	4.96	176	6.15	12380	6.11	10200	6.75	30309	6.43	-17.61
西藏	4	0.23	8	0.28	92	0.05	410	0.27	990	0.21	345.65
陕西	47	2.71	68	2.38	3550	1.75	1529	1.01	5888	1.25	-56.93
甘肃	52	3.00	73	2.55	4036	1.99	2554	1.69	8041	1.70	-36.72
青海	11	0.63	16	0.56	800	0.39	814	0.54	2209	0.47	1.75
宁夏	17	0.98	28	0.98	1549	0.76	1346	0.89	4150	0.88	-13.11
新疆	50	2.88	76	2.66	4985	2.46	4229	2.80	12758	2.71	-15.17
合计	1735	100.00	2860	100.00	202534	100.00	151149	100.00	471638	100.00	-25.37

由表1-33看出，开办学校数量占比超过5%的有七个地区：河南、四川、山东、河北、江苏、安徽、福建，占比不足1%的有七个地区：京津沪和宁夏、海南、青海、西藏。

开办专业数量占比超过5%的有六个地区：河南、福建、云南、四川、江苏、山东等；占比不足1%的有六个地区：宁夏、上海、海南、青海、天津、西藏。

毕业生数量占比超过5%的有七个地区：四川、河南、江苏、山东、安徽、云南、浙江；占比不足1%的有六个地区：宁夏、北京、天津、青海、海南、西藏。

招生数量占比超过5%的有八个地区：河南、四川、安徽、云南、江苏、浙江、山东、福建；占比不足1%的有六个地区：宁夏、天津、青海、北京、海南、西藏。

在校生数量占比超过 5% 的有八个地区：河南、四川、江苏、云南、山东、安徽、浙江、福建；占比不足 1% 的有七个地区：辽宁、宁夏、天津、北京、青海、海南、西藏。

2016 年的招生数较毕业生数有增幅的仅有西藏（345.65%）、天津（40.68%）、广西（14.05%）、青海（1.75%）四个地区。降幅在 50% 以上的地区有：重庆（58.15%）、陕西（56.93%）；降幅在 40% 以上的地区有：辽宁（48.43%）、北京（42.46%）、山东（40.90）；降幅在 30% 以上的地区有：黑龙江（39.53%）、江苏（38.72%）、内蒙古（37.18%）、甘肃（36.72%）、山西（35.71%）、江西（35.09%）、四川（33.16%）；降幅在 20% 以上的地区有：贵州（28.86%）、广东（24.97%）、河南（20.97%）；降幅在 10% 以上的地区有：云南（17.61%）、福建（17.39%）、吉林（16.99%）、浙江（16.47%）、新疆（15.17%）、海南（14.81%）、宁夏（13.11%）、湖南（12.00%）、河北（11.32%）；降幅在 10% 以下的地区有：安徽（5.84%）、上海（5.54%）、湖北（3.38%）。

招生数较毕业生数的降幅在 10% 以上的地区，从 2014 年的 7 个、2015 年的 16 个扩大到 2016 年的 24 个。招生数较毕业生数的平均增幅，由 2014 年的 32.54%、2015 年的 –10.20%、变化为 2016 年的 –25.37%。

根据华北（含京、津、冀、晋、蒙）、东北（含辽、吉、黑）、华东（含沪、苏、浙、皖、闽、赣、鲁）、中南（含豫、鄂、湘、粤、桂、琼）、西南（含渝、川、贵、云、藏）、西北（含陕、甘、青、宁、新）六个版块的区域划分，2016年全国中等建设职业教育按区域板块的分布情况如表 1-34 所示。

2016 年土木建筑类专业中职教育学生按区域板块分布情况　　　　表 1-34

区域板块	开办学校		开办专业		毕业人数		招生人数		在校人数		招生数较毕业生数增幅（%）
	数量	占比（%）	数量	占比（%）	数量	占比（%）	数量	占比（%）	数量	占比（%）	
华北	238	13.72	370	12.94	19167	9.46	14799	9.79	47160	10.00	−22.79
东北	134	7.72	223	7.80	7824	3.86	4956	3.28	14790	3.14	−36.66
华东	497	28.65	861	30.10	67435	33.30	50303	33.28	149821	31.77	−25.41
中南	364	20.98	599	20.94	42096	20.78	36133	23.91	115784	24.55	−14.17
西南	325	18.73	546	19.09	51092	25.23	34486	22.82	111037	23.54	−32.50
西北	177	10.20	261	9.13	14920	7.37	10472	6.93	33046	7.01	−29.81
合计	1735	100.00	2860	100.00	202534	100.00	151149	100.00	471638	100.00	−25.37

从表 1-34 可以看出，中等建设职业教育的区域发展情况，与区位优势和经济发展水平、人口规模和人文与外部环境、较为有效的政策措施和多年来发展

职业教育所奠定的基础等诸多因素有关，能反映出中等建设职业教育在各区域的发展规模水平、结构协调水平和拥有资源水平等方面的状况。在表1-34的各项指标中，华东、中南、西南三个区域近三年连续保持中等建设职业教育的前三位，开办学校数合计占比达到68.36%、开办专业数合计占比达到70.13%、毕业生数合计占比达到79.31%、招生数合计占比达到80.01%、在校生数合计占比达到79.86%。

表1-34统计的招生数较毕业生数增幅指标反映了2016年中等建设职业教育在校生数量的变化。近三年的统计数据表明，总体上招生数由大于毕业生数向小于毕业生数发展，且变化幅度较大。

1.3.2 中等建设职业教育发展的趋势

国务院关于加快发展现代职业教育的决定明确了我国职业教育的发展目标，职业教育进入新的发展时期，而中等建设职业教育发展与建设行业的发展紧密相关。依据我国2020年全面建成小康社会的发展目标，以及"丝绸之路经济带"和"21世纪海上丝绸之路"的"一带一路"发展战略，我国正全面推进与沿线国家的经贸合作，基础设施工程建设为建设行业带来巨大的发展空间。

随着工程建设领域的"四新"发展进程，钢结构和装配式混凝土结构等作为绿色建筑的国家战略发展计划得到前所未有的全面推进，建筑信息模型（BIM）技术应用水平的稳步提高，在建筑全寿命周期内全面提高绿色、节能、环保水平等绿色发展要求，对中等建设职业教育为建设行业企业培养输送大批适合工程建设施工、咨询服务、工程检测、建筑材料等子行业需要的高素质劳动者和技术技能型中等专业人才，提出了更新的标准和更高的要求。

1.3.3 中等建设职业教育发展面临的问题

《中国建设教育发展年度报告（2016）》中剖析了中等建设职业教育发展所面临的主要问题，包括中等技工学校办学规模严重萎缩对推进现代学徒制形成的影响；中职教育居高不下的生师比和教师结构与建设行业专业特点不相匹配；双师型专业教师培养中企业实践的保障性政策措施缺失，企业实践从时间量化指标到内容质量指标等方面均难以达标；校企合作、产教融合，培养教师职业素养和专业岗位职业能力零距离对接的效果尚待提高；信息化专业教学资源的低水平重复建设问题依然突出，建设类中高职教育信息化教学资源衔接的一体化建设工作纵向通道缺失；地区、城乡间信息化基础支撑环境发展不均衡，中职专业教师在课程教学中编制与应用信息技术的能力依然较弱。

中等建设职业教育发展还面临以下问题：

（1）关于中等建设职业教育的专业设置布局

加强行业对中等建设职业教育专业设置布局的有效指导。建设职业教育的专业设置布局存在不具备专业办学条件而跟风开设热门专业的现象，比如设置专业的师资队伍数量与执教水平、专业教学实训条件等达不到专业建设与发展要求。

职业岗位工作性质艰苦的水利、水电专业和中等技工学校开设的建设行业主要技术工种专业，企业需要大量的高技能工人，但生源少、开设困难的状况十分突出。

在专业设置与专业人才培养方案的研究制定工作中，存在调研方法不够科学，深入企业调研不够，调研程序的执行力不够到位，调研报告得出的专业人才培养规格和职业能力要求与企业的实际需求尚存在差距等问题，需加强行业的科学指导。

（2）关于专业教师国家级、省市级培训中的专业技术培训工作

专业技术培训滞后于生产技术的要求，先进的生产工艺进不了专业教学内容，中等建设职业教育就难以跟上建筑科学技术的发展和现代建筑施工工艺的进步。

中等建设职业学校的教师长期工作在教学一线，对建筑工程生产一线的先进技术、先进生产工艺缺少认识，造成认知与学识能力的不足，在专业教学实施过程中对专业知识与技能的传授就会受限，教学科研能力就会不适应专业建设发展要求和专业教学课程改革要求。

专业实训、实验的教学改革现状，滞后于专业课程教学改革进展。实训、实验教师的员额编制配备与综合素质滞后于实训、实验课程教学改革发展要求。

近几年，国家和地方教育行政管理部门大力开展中等职业学校专业教师的培训工作。对接中等建设职业教育国家级师资培训的内容，重点放在课程改革理念、课程教学方法和课程建设与开发等方面，建设工程专业技术、工程管理、生产工艺等方面的培训相对薄弱，与工程建设实际及其发展现状相脱节，建设行业与国家和地方教育行政管理部门在中等建设职业教育专业教师的专业技术培训方面，有待开展深入合作。

（3）关于中等建设职业教育的双师型专业教师队伍建设

培养中等建设职业教育的双师型教师队伍，是满足推进理实一体化课程教学所必需的基础性条件。新入职的中等建设职业教育专业教师，绝大部分是大学刚毕业直接到职业学校任教，不熟悉建设行业企业，不熟悉工程项目建设，不熟悉行业企业的"四新"发展，没有参与工程建设实践经历。任教数年后，通过职称（中级）与技能等级（高级）或职业资格证书认定为双师型教师的路径，

并不能保证专业教师具备行业职业岗位的实际履职能力。

双师型教师队伍建设尚未形成行业企业的工程技术人员与学校专业教师之间互派互学，企业工程技术人员、高技能人才到建设职业院校担任专兼职教师等尚未形成实质性进展。

（4）关于中等建设职业教育专业教师的综合职业能力培养

中等建设职业教育的专业教师大多接受过高等专业教育学科课程体系的培养过程，对任教的专业课程有一定的研究能力，具有开发课程建设的能力。但从专业建设与发展的角度开展专业课程体系建设与研究的能力，以及开展跨学科的专业课程教学改革与研究能力相对较弱，视野不够开阔。

中等建设职业教育专业教师在专业层面的知识与职业能力更新严重滞后，跟不上行业的发展，同时也不适应以工作任务为主线开展专业知识与专业技能培养的课程教学要求。专业教师"一专多能"，跨专业或跨学科开展教学科研工作和专业教学工作的能力有待提高。

1.3.4 促进中等建设职业教育发展的对策建议

（1）中等建设职业教育的发展必须借助政府的力量

《国家中长期教育改革和发展规划纲要（2010 ~ 2020)》、《国务院关于加快发展现代职业教育的决定（国发 2014[19 号])》等政策文件凸显出政府高度重视职业教育的发展，近年来相继颁布了对职业院校采取的多种扶持策略，出台了完善鼓励企业参与职业教育的系列政策，推进发展的趋势明朗。

建设行业应依据国家政策，结合中等建设职业教育的特点与行业企业对高技能人才的实际需求，进一步制定相对应的政策措施，使政府扶持职业教育发展的策略能得以实施。

（2）推进建设职业教育的多层次衔接

近年来，全国各地的中等建设职业学校在当地教育行政管理部门的推动下，根据自身特点，在土木水利大类的较多专业中开展了"3+2"贯通学制和"5 年一贯制"学制的中高职教育衔接的人才培养，并开展了中职教育与本科教育贯通衔接的人才培养试点，为培养建设行业高素质的技术技能人才开创出行之有效的途径，也为近几年中等建设职业教育生涯的变化提供了更多样的选择，大大提高了中等建设职业教育的吸引力，并已在实施人才培养方面取得实质性成果。

随着建设行业的"四新"发展，对人才规格的要求在不断发生变化，单一教育教学模式不但不能满足企业的需求，也不能满足各种类型学生的学习需求。因此，建设人才培养方案的研究，需改变简单地安排职业技能动手操作能力的培养方法，应长短结合，充分考虑学生的职业生涯发展，通过加强组织行业专家对中等建设职业教育的研究指导，适当提高中等建设职业教育专业理论知识的学习要求，落实人才培养质量目标，为学生搭建中等职业教育与高等建设职业教育之间的立交桥，为部分优秀中职学生铺平通向高技能人才培养的道路。

（3）进一步推进中等建设职业学校与企业的合作

加强中等建设职业学校与建设行业企业的联系合作，是推进中等建设职业教育、提高人才培养质量的关键环节，必须放在学校建设的重要位置。建设行业要努力改进此项工作，逐步推进校企合作。

中等建设职业学校在人才培养的任何环节，都离不开企业对人才培养需求的导向作用。建设行业"四新"发展日新月异，专业教师更新提高专业理论知识和工程实践能力，就要走进企业，熟悉企业运营机制和岗位要求变化，熟悉技术进步，这离不开企业的直接参与和帮助。

加强校企合作能真正落实人才培养目标，切实提高专业教师职业素养，从根本上解决专业教学的有效性问题，切实解决提高教学质量的源头问题。

建设行业应在改变校企合作中企业无内在源动力、流于形式等方面有所作为，在政府引领、行业推进、校企积极参与下，将中等建设职业教育校企合作真正落到实处。

（4）加强中等建设职业院校学生的素质培养

中等建设职业教育担负着培养高素质劳动者和技能型人才的重任，技能型人才应该具有较高的职业素养，在思想道德、专业知识、专业能力和身心素质等方面达到较高水准。

以就业为导向的职业教育培养模式，在重视提高职业能力培养的过程中容易追求知识的单一性或技能的专一性，或重专业业务轻人文素养，容易造成学生的专业职业能力狭窄、缺乏改革创新能力、难以应对行业与社会变化、适应能力差的综合低能。中等建设职业教育的对象是未成年人，要坚持重视加强立德树人、全面发展的人才培养工作研究。

（5）推进中等建设职业教育的专业设置优化调整

在教育部公布的《中等职业学校专业目录（2010年修订）》中，土木水利类的建筑工程施工专业设置有"工程质量与材料检测"专业（技能）方向。专业目录同时还设置有土建工程检测专业(041700)以及土建工程材料检测专业(技能)方向。在05大类中，还设置有工程材料检测技术专业（050300）以及金属材料物理检测、无机非金属材料物理检测等专业（技能）方向。以上专业或专业(技能)方向对应的职业岗位为材料试验员、材料物理性能检验工(6-26-01-03)、合成材料测试员（X6-26-01-43）、建材物理检验工等。

由于上述专业或专业（技能）方向的培养目标有重复，在教育部部署、行业组织开展的专业设置优化调整方案研究工作中，将建筑工程施工专业工程质量与材料检测专业（技能）方向的名称调整变更为"工程质量与材料管理"，对接建筑工程施工现场专业人员中的质量员、材料员职业岗位，突出工程现场作业面的实体质量控制和材料的现场管理与取样送检，区别于委托第三方实施的工程实体质量检测与材料检测。

依据全国的统计资料，自教育部公布《中等职业学校专业目录（2010年修订）》以来，建筑装饰专业中设置的建筑模型制作和室内配饰专业（技能）方向由于过于细分，对应的职业岗位单一，就业面和职业生涯发展空间狭窄，在全国开设很少。在教育部部署、行业组织开展的专业设置优化调整方案研究工作中，已建议不再设置这两个专业（技能）方向。在建筑装饰专业中设置的建筑装饰设计绘图方向，因其"绘图"工作任务与职业能力，是建筑装饰设计必需的职业能力之一，在专业设置优化调整的研究工作中，已建议建筑装饰设计绘图专业（技能）方向的名称变更为建筑装饰设计专业（技能）方向。

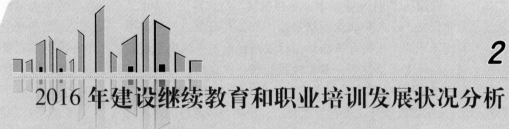

2

2016 年建设继续教育和职业培训发展状况分析

2.1　2016年建设行业执业人员继续教育与培训发展状况分析

2.1.1　建设行业执业人员继续教育与培训的总体状况

2.1.1.1　执业人员概况

我国从1994年建立职业资格制度，从性质上分为准入类和水平评价类两种职业资格。准入类职业资格是指涉及公共安全、人身健康、人民生命财产安全等特殊职业，依据有关法律、行政法规或国务院决定设置。水平评价类职业资格是指社会通用性强、专业性强的职业建立的非行政许可类职业资格制度。我国建设领域执业资格制度自20世纪80年代末开始探索实践，迄今已走过30年历程。随着改革开放进程与社会主义市场经济建设的不断深入，为规范市场秩序，确保工程质量安全，积极推进我国建设行业与国际市场接轨，按照国际惯例相继设立了监理工程师、房地产估价师、注册建筑师、造价工程师、注册城市规划师、勘察设计注册工程师（含17个专业）、房地产经纪人、建造师和物业管理师9项执业资格制度，基本涵盖了建设工程领域各阶段的关键岗位，有效提升了从业技术人员的整体水平。近年来，根据国务院对于职业资格制度改革的有关精神，建设行业执业资格制度也在经历着调整与变革。2014年、2016年国务院分别取消房地产经纪人员和物业管理师职业资格许可和认定事项。2015年人社部、住房城乡建设部制定了水平评价类房地产经纪人员职业资格制度。最新统计数据显示，截至2016年底，全国住房城乡建设领域取得各类执业资格人员共约146万人（不含二级），注册人数约121万人。

2.1.1.2　执业人员考试与注册情况

1. 执业人员考试情况

根据国务院取消和调整部分行政审批事项的有关决定和全国人大常务委员会关于修改《中华人民共和国城乡规划法》的决定有关精神，2016年一级注册建筑师和注册城市规划师职业资格考试工作因制度调整继续暂停。随着财政部和国家发展和改革委员会有关全国性职业资格考试收费标准管理方式改革工作的完成，勘察设计注册工程师职业资格考试工作按计划于2016年顺利开展，整体考生人数显著提升。

职业资格考试是职业资格制度的重要组成部分。2016年，住房城乡建设部相关部门和有关行业协会、学会高度重视职业资格考试工作。一是进一步推进职业资格考试大纲修订工作，积极开展国内外建设领域各专业职业资格考试大纲研究，根据建设行业实际情况，不断优化职业资格考试内容与组织方式，提高职业资格考试的实践性、科学性。住房城乡建设部执业资格注册中心组织申报的《我国注册建筑师制度改革与发展研究》课题获批立项，考试大纲修订作为职业资格制度改革的重要环节，在课题研究中占据重要地位。二是积极开展考试数据分析与评价工作，以优化考试质量为指导思想，不断提高考试命题水平，保持试题质量与考试通过率相对稳定。三是通盘筹划，合理调配，全力配合人社部门做好考试大纲编制、命题、阅卷等工作。四是进一步强化考试组织管理工作，加强命题专家和考试工作人员的保密教育，全面夯实保密工作基础，以"领导重视、有章可循、措施到位"的指导思想，保证建设行业各项职业资格考试工作规范有序开展。各省（区、市）建设主管部门与人社部门通力协作，精心组织专家推荐、报名资格审查、考务组织实施等具体工作，认真执行考试制度和保密规定，为职业资格考试工作的顺利开展做出了积极贡献。

2016年，全国共有约124万人次报名参加住房城乡建设领域一级职业资格考试，近13.4万人通过考试并取得资格证书，平均通过率10.81%，与往年通过率相比，基本保持稳定。其中参考人数最多的是一级建造师，约95.96万人次参加考试，通过人数约7.81万人，平均通过率8.14%。2016年全国一、二级注册建筑师、注册城乡规划师未组织考试。据不完全统计，全国共有约123.70万人次参加了二级注册结构工程师和二级建造师考试，约18.3万人取得资格证书。

2016年建设领域各类注册师资格取得情况如表2-1所示。

2016年各类注册师取得资格情况统计表 表2-1

序号	专业	2016年取得资格人数	比例（%）
1	一级建造师	78105	51.58
2	一级注册结构工程师	3149	2.08
3	二级注册结构工程师	1497	0.99
4	注册土木工程师（岩土）	2091	1.38
5	造价工程师	19014	12.56
6	房地产估价师	2347	1.55
7	房地产经纪人	45218	29.86
	合计	151421	100

2. 执业人员注册情况

2016年，各有关部门及各省（区、市）认真贯彻落实《行政许可法》和注册管理相关规定，按照"阳光、便民、高效"的原则，在规范注册审批程序的基础上，借助信息化建设不断简化注册流程，进一步提高了工作效率和服务水平。一是优化服务意识，提高工作效率，严格按照注册规程、时限开展审批工作。二是改进服务方式，优化注册审批各环节之间的衔接，加快电子化注册审批和软件研发工作。三是继续加大对违规注册行为的查处力度，秉持"有法必依、执法必严、违法必究"的基本原则，加强对投诉举报事项的受理与核查工作。

根据住房城乡建设部对北京、天津、河北、山西、内蒙古等 27 个省（区、市、兵团）的调查，累计约有 20.90 万人次完成二级注册结构工程师和二级建造师执业资格的初始注册。根据《住房城乡建设部办公厅关于做好注册规划师管理工作的通知》（建办规 [2016]11 号）有关精神，中国城市规划协会于 2016 年 3 月开始负责注册城乡规划师的注册及相关工作。

2016 年各类一级执业人员累计取得资格人数和注册人数统计如表 2-2 所示。

2016 年住房城乡建设领域职业资格人员专业分布情况统计表　　　表 2-2

序号	类别	取得资格人数	注册人数
1	一级注册建筑师	33607	32902
2	勘察设计注册工程师	164455	115983
3	一级建造师	673297	590746
4	监理工程师	269656	178910
5	造价工程师	187262	156659
6	房地产估价师	56031	51177
7	房地产经纪人	99250	31233
8	注册城市规划师	23191	18532
	总计	1506749	1176142

2.1.1.3　执业人员继续教育情况

根据国务院《关于第一批清理规范 89 项国务院部门行政审批中介服务事项的决定》（国发 [2015]58 号）和住房城乡建设部建筑市场监管司《关于勘察设计工程师、注册监理工程师继续教育有关问题的通知》（建市监函 [2015]202 号）有关精神，各地建设主管部门都在积极探索如何落实相关要求，平稳衔接建设领域注册执业人员继续教育工作。中国建设监理协会于 2016 年 11 月 8 日发布了《关于注册监理工程师继续教育有关事项的通知》（中建监协 [2016]73 号），指出"任何机构不得指定注册监理工程师继续教育培训单位"，并对用人企业、高等院校和有关社会培训机构组织开展注册监理工程师继续教育培训做出了具体规定。同时，在住房城乡建设部相关制度出台前，部分省份的执业人员继续教育工作暂缓。重庆市城乡建设委员会于 2016 年 6 月 20 日发布了《关于调整二级建造师继续教育培训有关工作的通知》（渝建 [2016]251 号），决定"在新的二级建造师继续教育管理办法出台之前，二级建造师在注册申请、执业管理等方面暂不作继续教育考核要求。"2016 年，北京、河北、内蒙古等 24 省（区、市、兵团）共开展各类二级执业资格注册人员继续教育 35.24 万人，江苏、福建、江西、山东、广东、甘肃等省份参训人数均突破 2 万人，其中江苏省参训人数达 5 万余人。各类二级执业资格注册人员中参训人数最多的执业人员是二级建造师，约占总参训人数的 98.82%。

2016 年度全国 24 省（区、市、兵团）二级执业资格注册人员继续教育参训人数分布情况如表 2-3 所示。

2016 年 24 省（区、市）二级注册执业人员继续教育情况统计表　　　　表 2-3

地区	二级结构师	二级建造师	合计
北京	0	12444	12444
河北	85	17767	17852
内蒙古	48	6630	6678
辽宁	271	11007	11278
吉林	0	9219	9219
上海	48	7082	7130
江苏	266	49821	50087
浙江	0	12995	12995
安徽	156	8000	8156
福建	595	33461	34056
江西	0	26713	26713
山东	350	45122	45472
湖北	150	0	150
湖南	579	0	579
广东	293	27924	28217
海南	52	5216	5268
重庆	45	3286	3331
云南	287	13629	13916
西藏	7	861	868
陕西	644	11010	11654
甘肃	165	28202	28367

地区	二级结构师	二级建造师	合计
宁夏	107	1656	1763
新疆	0	14634	14634
新疆兵团	0	1614	1614
合计	4148	348293	352441

建设行业执业人员继续教育是职业资格制度的重要环节，是确保注册人员执业水平和执业能力稳步提升，适应建设行业发展需求的重要举措。建设行业执业人员继续教育主要围绕建设产业最新政策及住房城乡建设部中心工作，内容涵盖建设领域法律法规、标准规范、管理政策、技术前沿、学术成果等，旨在引导注册执业人员适时更新业务知识，不断提高业务素质和执业水平，以适应新时代下开展建设领域相关业务的需要。2016年，面对执业人员继续教育制度改革的巨大压力，在住房城乡建设部的领导下，全国各省（区、市）有关单位、行业协会、学会，勇于担当，积极探索，大胆尝试，在推进制度建设、优化培训服务、完善课程体系、加强信息化建设等方面做了一些有益的探索和尝试。

（1）推进制度建设，平稳衔接改革过渡期。住房城乡建设部、各省（区、市）建设主管部门应对行政审批改革要求，积极采取措施，推进制度改革落地实施。国发[2015]58号文发布后，住房城乡建设部及有关单位、行业协会、学会积极落实，着手梳理建设行业执业人员继续教育相关制度。全国部分省（区、市）根据国务院及住房城乡建设部有关精神，围绕新形势下建设行业执业人员继续教育工作出台了过渡性管理办法，保证制度改革平稳推进，有效保障了执业人员的切身利益。甘肃省住房城乡建设厅深入研究落实国发[2015]58号文，适时发布了《关于开展我省建设类执业注册人员继续教育有关事项的通知》，明确规定凡辖区内有条件的用人单位和社会培训机构均可依法依规开展继续教育工作。西藏自治区住房城乡建设执业资格注册中心根据国发[2015]58号文和《关于进一步下放行政许可权限精简行政审批流程的通知》（藏建法[2016]92号）有关精神，发布了《关于我区二级建造师继续教育有关事宜的通知》，在完善自治区二级建造师继续教育管理工作的同时，进一步明确了继续教育改革过渡期的衔接性保障措施。

（2）优化培训服务，倡导以人为本理念。2016年，各省（区、市）有关单位结合执业人员工作实际，以服务于执业人员为指导思想，在增加培训班次、方便参训人员合理安排工学时间的基础上，进一步完善继续教育培训质量评估体系建设，以多元化手段优化继续教育培训服务。陕西根据省内二级建造师人数多、分布广的特点，全年在省内不同城市共组织二级建造师继续教育面授课程学习班五十五期，为广大执业人员参训提供了多元化的选择，方便学员就近参与继续教育培训课程。浙江省住房城乡建设厅委托浙江建设职业技术学院编制完成了《浙江省建设教育培训单位星级评估标准》，积极推进建设领域教育培训立体化评估体系建设，推动建设教育培训做实做优。

（3）完善课程体系，提升教学培训质量。2016 年，全国各省（区、市）有关单位通过加强教学内容调研、课件开发、师资队伍建设等方式，统筹规划培训内容，严格开展培训教学，不断提高培训质量。北京市基于成熟化的网络教育平台，邀请业内专家、学者，组织完成了二级建造师继续教育新教材配套视频课件的录制工作。广西注重地域化课程体系建设，结合执业人员实际需求与自治区经济社会发展特点，在突出前瞻性的基础上，注重强化继续教育培训内容的针对性和实用性，保证教学培训内容落到实处，切实提高参训人员执业能力。福建省根据住房城乡建设系统各类注册执业人员从业范围与工程业务特点，充分借力"互联网 +"服务理念，采取"集中面授 + 网络授课"的学习方式，分专业组织开发建设了 400 余门继续教育课程，参训人员可根据工作需求与实际情况在专业类别下自行选择。

（4）加强信息化建设，优化管理服务水平。2016 年，全国各省（区、市）进一步深入贯彻落实互"联网 +"服务理念，在加强网络教育平台建设，解决工学矛盾的同时，积极探索综合信息平台开发建设，整合多元数据，优化管理服务水平。广西建设执业资格注册中心发布了《关于开展 2016 年我区二级建造师继续教育选修课网络教育工作的通知》（桂建注 [2016]10 号），决定从 2016年 4 月 1 日起开通二级建造师继续教育选修课网络学习系统，为参训人员提供一个方便的继续教育学习平台。北京实现二级注册建造师执业注册人员继续教育网络化管理，通过"网络授课 + 现场测试"的形式，既方便了参训人员自主选择培训时间与内容，又提高了工作效率，有效解决了继续教育培训过程中的工学矛盾。陕西开发建设了陕西省建设类执业人员继续教育系统，实现了各类执业人员继续教育网上报名、部分专业网络授课和在线测试、学时证明打印等在线功能，并与部分执业人员注册系统初步实现数据共享，提高了工作效率，进一步完善了注册执业人员全过程管理服务体系建设。

2.1.2 建设行业执业人员继续教育与培训存在的问题

2016 年，建设行业执业人员继续教育与培训工作开展了积极的探索，取得了一定的成绩，但仍存在不少问题和困难，需要各方进一步加强研究，着力解决。

（1）继续教育发展不平衡。建设行业各专业继续教育工作由不同机构主管，教学组织工作由各省（区、市）有关单位具体组织承办，多头承办现象较为严重，各方要求不一，执行标准尚存差异，难以实现统一协调管理。同时，加之不同省（区、市）经济社会发展程度有所差异，继续教育工作理念、标准、流程与要求各有不同，导致各地区执业人员继续教育发展不均衡问题较为突出。部分地区对执业人员继续教育重视程度较高，培训基地建设、师资队伍储备、课程体系开发等配套设施齐全，培训内容与课堂组织形式灵活，有效提升了执业人员继续教育的质量。此外，师资水平差异也是导致各地继续教育发展不均衡的重要原因之一，部分欠发达地区存在着教育资源稀缺、人才外流严重等现实问题，既有培训师资难以保证继续教育培训质量。

（2）教育培训模式固化。建设行业继续教育以促进执业人员持续提高执业水平与能力为根本目标，涵盖与建设工程相关的新技术、新标准、新政策、新法规、新理论、新方法等，内容丰富，各具特色，在开展相关教育培训过程中，应根据不同的教学内容和目的，有针对性地组织教学活动。全国各省（区、市）有关单位现阶段开办的各类继续教育培训课程虽然在网络授课方面有所探索，但主体仍以集中授课方式为主，在教学组织形式灵活性方面仍存在一定欠缺，教育培训模式固化，课堂组织形式缺乏新意，不利于培训模式与教学内容和目的结合，难以通过继续教育培训切实指导执业人员实际工作，教育培训实效性、实用性不强。

（3）培训监管体系不健全。国发[2015]58号文指出，执业人员继续教育工作应遵循市场化原则，凡符合继续教育标准和要求的企业、高等学校、培训机构等均可申请举办培训课程，执业人员可根据自身需求自主选择参与培训类型。继续教育市场化运作在活跃教育培训市场、提升教育培训质量、优化市场竞争等方面具有较强推动作用，但由于各省（区、市）建设主管部门对继续教育工作事中事后监管缺乏相应经验，加之市场化运作模式下的继续教育呈现出更强的分散性与灵活性特征，管理部门难以在短时间内将各类培训数据与反馈信息进行整合，无法对相关培训机构形成有效的管理和指导，间接影响继续教育培训工作的平稳发展。

（4）信息化建设有待完善。执业人员继续教育作为注册执业制度的重要环节，与资格考试、注册、执业等环节构成一个有机整体，是综合考核注册人员执业活动的重要指标。虽然部分地区在综合信息平台建设方面有所探索，将继续教育作为注册人员执业信息的组成要素，与其他各环节信息进行整合，但在一体化建设方面仍有欠缺，各数据库之间的整合与衔接尚未完全打通，难以实现综合数据的实时查询与调取。同时，随着继续教育培训工作向市场逐步放开，相关培训组织与安排呈现出全新的特点，教学过程巡查、信息统计汇总、评价信息反馈等各个环节也对信息化建设提出了更高的要求。

2.1.3　促进建设行业执业人员继续教育与培训发展的对策建议

当前，随着国务院简政放权、放管结合、优化服务和转变政府职能工作的不断推进，执业人员继续教育发展面临着市场化运作的新形势，组织管理上面临着全新的挑战。同时，随着建设行业的飞速发展，各地新型城镇化建设、海绵城市建设、地下综合管廊建设、装配式建筑、"城市双修"等的加快推进，对执业人员的综合素质和专业能力提出了更新、更高的要求。执业人员继续教育工作应着力在完善顶层设计、加强地方交流、夯实培训基础和完善信息平台等方面狠下功夫，充分发挥继续教育应有之作用，为建设事业的平稳发展提供有力支撑。

（1）完善顶层设计，加强制度建设。2016年是"十三五"规划的开局之年，也是承前启后的重要节点，住房城乡建设领域各有关单位应根据"十三五"规划的新理念、新思想，在完善建设行业执业人员继续教育顶层设计的同时，积极推进相关制度建设，在国发[2015]58号文和其他有关文件的指导下，推动建设行业继续教育向市场化运作模式平稳过渡。各级管理机构应坚持放管结合，重点加强事中事后监管，指导建设执业人员继续教育工作平稳、有序开展。根据各专业继续教育特点与人社部《专业技术人员继续教育规定》，坚持以服务于执业人员为基本原则，统筹规划、重点突出，积极推进普遍适用于建设行业执业人员继续教育管理的制度建设，在适应继续教育市场化全新运作模式的基础上，强化对教育培训工作的指导与监督，切实发挥执业人员继续教育的价值。

（2）加强地方交流，丰富培训形式。进一步加强各地继续教育领域交流，资源共享，以多样化的培训形式，更好地服务于执业人员。一是建立区域共享师资库，推进师资队伍流动化建设，加强不同地区间的信息共享，平衡因经济社会发展程度不同而导致的师资水平和培训质量差异。二是加强地区间培训课程互通互认，方便执业人员结合工作需求与时间安排，自主选择培训课程。三是进一步深化"互联网+"模式与继续教育培训工作的结合，积极探索微课、慕课等短时限、高频次、碎片化学习模式的可行性，借助线上线下并行的学习方式，以多元化的课堂模式和课程内容，在丰富执业人员课堂接入渠道的同时，提高执业人员自主学习热情。四是提高案例教学、情景模拟、外出考察、学术交流等培训形式的占比，将培训内容、课堂组织形式与执业人员实际工作相结合，切实强化继续教育的实效性与实践性。

（3）夯实培训基础，优化培训效果。进一步加强继续教育培训工作基础建设，内外兼修，优化培训效果。一是完善师资库与相关管理制度建设，充分整合大型企业、高校和科研单位的各类教育资源，组建涵盖产、学、研全过程的专家队伍。二是加强课程、教材及配套资源开发工作，在确保培训内容前瞻性和时效性的基础上，重点强化理论学习与工程实践的结合性，切实保证继续教育培训内容对执业人员实践工作的指导性与实用性，有效提高注册人员参与培训的积极性。三是结合市场化运作机制，加强培训管理与评价体系建设，通过对培训机构师资建设、课程设置、课堂管理、培训效果等继续教育培训全过程的立体化评价与反馈，有针对性地指导培训组织机构不断优化继续教育培训工作。

（4）推进信息平台建设，整合监管体系。加强建设行业执业人员综合信息平台建设，整合执业人员多元数据，将继续教育作为执业制度重要环节，融入执业人员全过程监管体系。一是加强执业人员综合信息平台开发建设，将继续教育相关数据纳入信息平台，为各级管理部门和用人单位开展信息调取与核查提供便利。二是重点推进继续教育培训数据整合渠道开发建设，适应继续教育市场化模式下的分散性特点，方便各级建设行业继续教育主管单位及时掌握相关数据及评价反馈信息，有效指导培训机构完善相关工作，提升培训质量。三是整合各类继续教育培训信息，在方便执业人员按照自身需求与时间安排，自主选择课程与班次的同时，便于各级管理部门根据反馈信息，合理规划继续教育培训工作时间节点与课程编排。

2.2　2016年建设行业专业技术人员继续教育与培训发展状况分析

2.2.1　建设行业专业技术人员继续教育与培训的总体状况

2016年，全国26省（区、市、兵团）共有约254.9万人次参加各类专业技术人员继续教育与培训，其中各类培训约136.03万人、继续教育118.83万人。福建、湖北、湖南、陕西培训人数均突破20万人，湖南人数最多，达到32.149万人。突破10万人次的省市包括北京、吉林、浙江、江西、四川等。培训人数突破5万人次的地区有山西、辽宁、黑龙江、上海、广东、海南、重庆、云南、新疆。

2016年26省（区，市）各类培训和继续教育人数占比情况如图2-1所示，各类培训和继续教育人数如图2-2所示，专业技术人员培训和继续教育开展情况如图2-3所示。

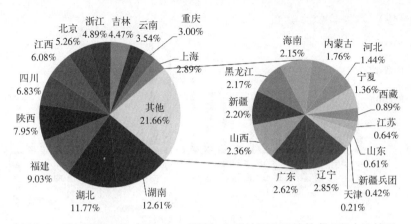

图 2-1 2016 年 26 省（区、市、兵团）各类培训和继续教育人数占比情况

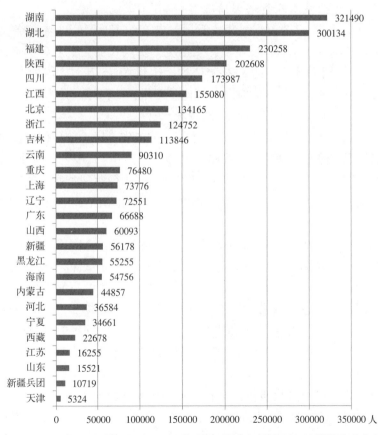

图 2-2 2016 年 26 省（区、市、兵团）专业技术人员培训和继续教育总人数

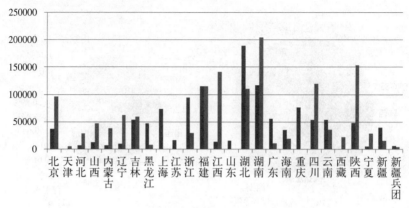

■继续教育　■各类培训

图2-3　2016年26省（区、市、兵团）专业技术人员培训和继续教育开展情况

2.2.1.1　专业技术人员培训情况

2016年，全国22省（区、市、兵团）共有约136.03万人参加各类专业技术人员培训，其中施工员、质量员、安全员、安全B类、安全C类培训人数突破10万人，培训人数最多的是安全C类，达到27.46万人。培训人数突破10万人的省市包括福建、江西、湖北、湖南、四川、陕西等。具体如表2-4所示。

2.2.1.2　专业技术人员考核评价情况

2016年是全面深化改革的关键之年，全国各省（区、市）住房城乡建设系统教育培训工作深入贯彻落实十八届三中、四中、五中、六中全会精神，坚持"创新、协调、绿色、开放、共享"的发展理念，围绕行业和企业发展需求，着力加强信息化和制度建设，着力人才培养质量和方式的供给侧的改革，聚力创新，统筹推进。

2016年江苏省在现场专业人员岗位考核评价工作全国率先的基础上，不断创新从业人员考核评价方式，服务企业行业需求向纵深拓展。一是创新开展全国题库建设。在住房城乡建设部人事司的和相关单位的支持下，全力以赴做好全国题库的建设工作。二是着力推进无纸化考核。三是改革调整继续教育模式。江苏省对住房城乡建设领域专业人员岗位继续教育有力推进"简减放"，将考核时间和考务组织等权限下放到各设区市，为基层和企业带来了实惠和方便。

2016年广东省继续稳步推进全省住房和城乡领域现场专业人员统一考核评价的相关工作。包括组织专家完善教学大纲、试题库，制定2016年统一考核评价试卷；根据2015年工作的经验和暴露的问题，制订并修改了一系列考核考务管理规定；加强对考生报考资料的审核，特别是对考生的申报资格及学历真伪

表 2-4

2016 年 22 省（区、市、兵团）专业技术人员培训人数统计表

地区	施工员	质量员	安全员	材料员	标准员	机械员	劳务员	资料员	造价员（预算员）	安全A类	安全B类	安全C类	其他	合计
北京	12669	11111	0	4020	0	2500	3748	6389	0	3394	15598	32296	4929	96654
天津	1188	996	0	821	0	678	756	885	0	0	0	0	0	5324
河北	7190	7811	0	3353	1450	2385	3064	3993	0	0	0	0	0	29246
山西	3846	2920	1517	1448	617	1134	1199	1997	0	5190	12392	14857	0	47117
内蒙古	3409	2804	4939	1234	618	1029	1148	1585	1148	1865	8406	8183	1668	38036
辽宁	20134	5822	6125	6942	1904	5321	4860	7722	0	5088	8062	20231	4021	62851
吉林	7373	6129	0	3324	1290	2422	2735	3424	0	878	4100	3040	0	60078
黑龙江	0	0	0	0	0	0	0	0	0	0	0	0	0	8018
浙江	3165	2408	3766	1198	482	504	790	1555	0	437	7111	8713	0	30129
福建	20288	13670	7809	7729	2947	6305	2860	3704	0	5032	25543	19242	0	115129
江西	32000	21000	22400	15000	4900	5300	6300	8800	0	5800	4900	6800	8000	141200
湖北	0	0	0	0	0	0	0	0	0	19543	35751	55460	0	110754
湖南	14656	7987	6626	1252	602	757	959	1993	1331	18525	61733	87883	0	204304
广东	3634	1418	0	833	473	504	1582	2119	0	0	0	0	0	10563
海南	4338	1695	1953	762	397	416	411	1673	0	0	0	0	8018	19663
四川	28553	19034	22188	13175	4899	4956	5783	12156	0	0	0	0	8673	119417
云南	6538	4896		2165	1514	2831	5178	3258	0	4531	5568	0	0	36479
西藏	3225	3169	4377	1904	768	815	780	1333	0	1534	389	2454	1080	21828
陕西	35572	17674	24494	11378	3898	7766	9280	19272	0	3220	12723	8694	0	153971
宁夏	2588	2048	3352	1184	368	1009	877	1628	0	1758	3695	6377	0	28967
新疆	4271	1812	2452	1061	367	924	1180	1910	2174	63	666	391	4083	16151
新疆兵团	872	553	688	193	59	95	86	320	145	0	0	0	258	4389
合计	215509	134957	112686	78976	27553	47651	53576	85716	4798	76858	206637	274621	40730	1360268

注：河南、广西、贵州、上海、江苏、安徽、山东、重庆、甘肃调查表中未提供相应数据，青海未提供调查表。

进行严格审核；为统一解决考生的政策疑问，制订了《现场专业人员岗位培训考核答疑集锦》供培训机构和考生参照。

目前，各地岗位培训制度逐步建立，主要工作逐步转变为抓培训考核制度建设和指导监督培训实施，充分发挥建筑企业、职业院校和社会培训机构在岗位培训中的主体作用，不断加强简政放权和放管结合。

2016 年，全国 27 省（区、市、兵团）共有约 192.31 万人参加由地方主管部门组织开展的各类专业技术人员考核评价，其中江苏、陕西、安徽、江西、重庆、北京、四川 7 个省参加考核评价人数约占 27 个省（区、市、兵团）总数的 52.68%，其中江苏突破了 20 万人，参见表 2-5 和图 2-4。

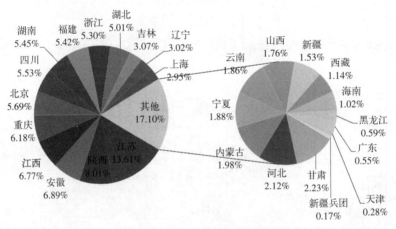

图 2-4　2016 年全国 27 省（区、市、兵团）参加考核评价人数占比情况

2016 年 27 省（区、市、兵团）专业技术人员考试人数统计表

表 2-5

地区	施工员	质量员	安全员	材料员	标准员	机械员	劳务员	资料员	造价员（预算员）	安全A类	安全B类	安全C类	其他	合计
北京	14069	12311	0	4420	0	2698	4148	6989	0	3565	17520	36519	7279	109518
天津	1188	996	0	821	0	678	756	885	0	0	0	0	0	5324
河北	10127	11465	0	4495	1779	3208	4169	5523	0	0	0	0	0	40766
山西	3837	2907	1501	1434	597	999	1186	1971	0	3114	7435	8914	0	33895
内蒙古	3409	2804	4939	1234	618	1029	1148	1585	1148	1865	8406	8183	1668	38036
辽宁	18304	6185	5568	6311	1731	4838	4419	7021	0	0	0	0	3656	58033
吉林	7087	5977	0	3262	1315	2398	2706	3391	0	4968	7752	20112	0	58968
黑龙江	0	0	0	0	0	0	0	0	0	1445	5600	4215	0	11260
上海	3168	2762	0	1467	1387	877	1682	1831	0	3385	11697	28549	0	56805
江苏	60441	48207	0	19000	0	9731	11858	21929	0	10326	24709	55502	0	261703
浙江	17697	10377	0	4343	1863	2395	2864	6504	0	11250	21504	23045	0	101842
安徽	25717	18956	0	8247	2901	6142	6888	9547	0	7358	17789	29019	0	132564
福建	28457	16738	11489	7642	2844	7535	5581	5655	0	2129	4230	11996	0	104296
江西	31284	20237	21830	14478	4758	5094	5863	8084	0	5200	4600	6500	2300	130228
湖北	0	0	0	0	0	0	0	0	0	15064	31549	49753	0	96366
湖南	36640	19967	16564	3129	1504	1893	2397	1983	3327	2100	5600	9800	0	104904
广东	3634	1418	0	833	473	504	1582	2119	0	0	0	0	0	10563
海南	4338	1695	1953	762	397	416	411	1673	0	0	0	0	8018	19663
重庆	28868	6446	15279	4988	0	2998	3173	3573	12061	3098	7504	9536	21304	118828
四川	25530	16736	19774	11665	4401	4361	5141	11137	0	0	0	0	7565	106310

续表

地区	施工员	质量员	安全员	材料员	标准员	机械员	劳务员	资料员	造价员（预算员）	安全A类	安全B类	安全C类	其他	合计
云南	6441	4804	0	2064	1420	2735	5075	3173	0	4531	5568	0	0	35811
西藏	3225	3169	4377	1904	768	815	780	1333	0	1534	389	2454	1080	21828
陕西	35572	17674	24494	11378	3898	7766	9280	19272	0	3220	12723	8694	0	153971
甘肃	5812	5113	0	3345	2535	2755	3523	8864	0	0	0	10950	0	42897
宁夏	3954	3128	5122	1808	562	1541	1340	2487	0	1791	3764	6496	4143	36136
新疆	4260	1800	2439	943	352	911	920	1899	2098	1823	8446	3488	0	29379
新疆兵团	627	460	506	147	55	67	64	225	103	44	511	378	32	3219
合计	383686	242332	135835	120120	36158	74384	86954	138653	18737	87810	207296	334103	57045	1923113

注：河南、广西、贵州、青海未提供调查表，山东调查表中未提供相应数据。

2016年，全国27省（区、市、兵团）共有133.8万人获得考核合格证书。其中施工员、质量员、安全员、材料员、安全B类、安全C类人员取证人数突破10万人，取证人数最多的是施工员，达到26.92万人。参见表2-6。

表2-6

2016年27省（区、市、兵团）专业技术人员发证人数统计表

地区	施工员	质量员	安全员	材料员	标准员	机械员	劳务员	资料员	造价员（预算员）	安全A类	安全B类	安全C类	其他	合计
北京	8750	8415	0	2515	0	1511	3237	5278	0	2460	14895	22376	3844	73281
天津	836	702	0	584	0	477	536	624	0	0	0	0	0	3759
河北	9939	7072	0	4508	1389	2301	3304	5715	0	0	0	0	0	34228
山西	2212	1833	944	838	350	634	738	1280	0	661	4391	4380	0	18261

续表

地区	施工员	质量员	安全员	材料员	标准员	机械员	劳务员	资料员	造价员（预算员）	安全A类	安全B类	安全C类	其他	合计
内蒙古	4009	3139	6062	1572	398	398	626	2257	1106	0	0	0	3162	22729
辽宁	12447	4465	3786	4292	1177	3290	3005	4774	0	0	0	0	2486	39722
吉林	6878	5221	0	2420	802	1838	2196	2629	0	4643	7374	19767	0	53768
黑龙江	0	0	0	0	0	0	0	0	0	1180	5002	3382	0	9564
上海	1504	1463	0	525	460	511	678	552	0	2243	9711	16239	0	33886
江苏	28208	22915	0	8219	0	4800	6400	8044	0	6098	16883	24275	0	125842
浙江	41049	22766	31709	8310	583	839	1561	13118	0	5190	14614	10133	0	149872
安徽	14094	9512	0	4274	1370	3414	4146	5376	0	6163	13360	20077	0	81786
福建	16286	9697	8796	4058	1755	4662	3502	3578	0	1557	3607	8569	0	66067
江西	24065	15567	16793	11137	3660	3919	4510	6219	0	3528	3224	3197	2000	97819
湖北	0	0	0	0	0	0	0	0	0	13990	27990	39126	0	81106
湖南	20927	11495	11715	1659	880	1245	1571	3030	1831	2610	7900	10580	0	75443
广东	3199	1178	0	706	391	422	1368	1880	0	0	0	0	0	9144
海南	2730	1036	1198	425	251	263	272	1032	0	0	0	0	3250	10457
重庆	19550	6245	11431	3947	3651	3037	2979	4996	6646	1751	5263	4548	11099	85143
四川	13217	8114	11861	6572	2524	2606	3015	6176	0	0	0	0	4022	58107
云南	4455	3149	0	763	914	1946	3855	2262	0	2824	4577	0	0	24745
西藏	1763	1627	2218	944	360	381	383	379	0	1023	296	899	756	11029
陕西	23563	11975	14178	7466	2324	4348	4810	11243	0	2376	9560	6008	0	97851
甘肃	3571	2870	0	2041	1418	1769	2559	5954	0	0	0	6054	0	26236

续表

地区	施工员	质量员	安全员	材料员	标准员	机械员	劳务员	资料员	造价员（预算员）	安全A类	安全B类	安全C类	其他	合计
宁夏	2351	1860	3045	1075	334	916	796	1478	0	1587	3336	5758	576	23112
新疆	3017	1294	1795	711	256	652	496	1537	1492	1467	6377	2982	0	22076
新疆兵团	594	435	441	172	53	70	61	241	83	43	464	326	30	3013
合计	269214	164045	125972	79733	25300	46249	56604	99652	11158	61394	158824	208676	31225	1338046

注：河南、广西、贵州、青海未提供调查表，山东调查表中未提供相应数据。

2.2.1.3 专业技术人员继续教育情况

2016年，全国25省（区、市、兵团）共有118.87万人参加由地方主管部门组织开展的各类专业技术人员继续教育，达到24.06万人。继续教育人数最多的是安全C类，参见表2-7。福建、湖北、湖南参加继续教育人数均突破10万人。

表2-7
2016年25省（区、市、兵团）专业技术人员继续教育人数统计表

地区	施工员	质量员	安全员	材料员	标准员	机械员	劳务员	资料员	造价员（预算员）	安全A类	安全B类	安全C类	其他	合计
北京	0	0	0	0	0	0	0	0	0	4005	11294	22212	0	37511
河北	3119	38	0	1107	183	360	558	1973	0	0	0	0	0	7338
山西	0	0	0	0	0	0	0	0	0	2076	4957	5943	0	12976
内蒙古	1365	1045	2373	663	0	0	0	1038	234	0	0	0	103	6821
辽宁	2337	0	5825	438	25	65	55	901	0	0	0	0	54	9700
吉林	6878	5221	0	2420	802	1838	2196	2629	0	4643	7374	19767	0	53768
黑龙江	0	0	0	0	0	0	0	0	0	7380	18991	20866	0	47237

续表

地区	施工员	质量员	安全员	材料员	标准员	机械员	劳务员	资料员	造价员(预算员)	安全A类	安全B类	安全C类	其他	合计
上海	15525	13167	0	5362		3271	0	7530	0	3232	11857	13832	0	73776
江苏	4306	6760	0	2083	0	557	0	2549	0	0	0	0	0	16255
浙江	33837	19040	24223	6991	0	0	0	10532	0	0	0	0	0	94623
福建	20288	13670	7809	7729	2947	6305	2860	3704	0	5032	25543	19242	0	115129
江西	4000	3000	1100	800	0	0	0	600	0	1200	1100	1080	1000	13880
山东	3547	3420	0	2208	0	1237	2867	2242	0	0	0	0	0	15521
湖北	0	0	0	0	0	0	0	0	0	26453	67460	95467	0	189380
湖南	17281	10976	15357	5417	5512	3670	0	6411	3012	6100	19560	23890	0	117186
广东	25152	16533	0	4949	0	2684	0	6807	0	0	0	0	0	56125
海南	6920	2250	5610	2008	542	1235	456	7196	0	0	0	0	8876	35093
重庆	22038	8104	12469	4481	3	492	15	4565	2465	2620	10176	7690	1362	76480
四川	0	0	0	0	0	0	0	0	0	0	0	0	54570	54570
云南	0	0	0	0	0	0	0	0	0	14980	38851	0	0	53831
西藏	159	120	178	68	0	0	0	0	0	26	82	70	147	850
陕西	8700	3780	5159	2277	16	215	25	4924	0	3621	13087	6833	0	48637
宁夏	229	185	657	101	29	58	31	149	0	468	1347	1572	868	5694
新疆	8585	5581	7593	2199	560	1645	0	4830	(2024)	980	4350	1680	0	40027
新疆兵团	1711	899	1201	242	48	94	58	632	128	73	530	485	229	6330
合计	185977	113789	89554	51543	10667	23726	9121	69212	7863	82889	236559	240629	67209	1188738

注：河南、广西、贵州、安徽、天津、甘肃调查表中未提供相应数据，四川其他项中数据为各项汇总数据。

2.2.1.4 专业技术人员持证人员情况

2016年，全国26个省（区、市、兵团）专业技术人员有效期内持证人员数量共有793.74万人，江苏持证人员数量最多，达到103.27万人、浙江、北京、湖南、山东、陕西的持证人员数量均超过50万人。持证人员数量最多的是施工员，达到172.15万人。参见表2-8。

表2-8

2016年26省（区、市、兵团）专业技术人员有效期内持证人员数量统计表

地区	施工员	质量员	安全员	材料员	标准员	机械员	劳务员	资料员	造价员（预算员）	安全A类	安全B类	安全C类	其他	合计
北京	106381	84256	0	22266	0	6693	30842	64912	77424	20479	70946	134523	67718	686440
天津	1062	1038	0	430	0	348	711	480	0	0	0	0	0	4069
河北	28264	26521	0	12952	2701	7211	10280	15128	0	0	0	0	0	103057
山西	9843	7168	4198	4301	1810	2730	3499	5585	0	0	0	0	0	39134
内蒙古	29237	17759	36717	6296	1382	2375	2650	12984	5629	0	0	0	6100	121129
辽宁	42583	35568	21857	14699	3301	8306	7766	18802	0	0	0	0	9753	162635
吉林	6878	5221	0	2420	802	1838	2196	2629	0	4643	7374	19767	0	53768
黑龙江														
江苏	151044	132566	0	43469	0	25597	27042	57355	0	84906	261097	249616	0	1032692
浙江	152304	61919	121518	39804	14800	16588	19774	49818	16588	50849	125272	115602	0	784836
安徽	53351	34426	0	18611	4067	9627	12025	22329	0	0	0	0	0	154436
福建	99066	61545	45753	32548	10837	26631	15175	16702	0	17518	75505	77743	0	479023
江西	82600	52860	67000	46210	10200	11000	11100	24500	18000	16720	46850	39400	34160	460600
山东	159989	87495	66147	61728	0	39668	11508	42005	85432	0	0	0	20486	574458
湖北	53368	16863	54648	16721	0	0	0	13695	22591	43231	101051	144240	0	466408

续表

地区	施工员	质量员	安全员	材料员	标准员	机械员	劳务员	资料员	造价员（预算员）	安全A类	安全B类	安全C类	其他	合计
湖南	130663	66868	95093	32771	24330	23717	12125	33515	25075	18525	61733	87883	0	612298
广东	95044	28859	0	11871	608	6156	2673	35954	73724	0	0	0	0	254889
海南	17062	5747	12159	4029	1311	2493	1723	12050	9127	0	0	0	23307	89008
重庆	149265	38723	63811	20047	5365	6302	6330	27841	37315	12845	47736	44903	12564	473047
四川	130313	56777	79073	38196	6734	12478	14397	38807	7551	0	0	0	17635	401961
云南	34083	32371	0	16816	11692	4698	3730	12148	0	27284	64624	28866	0	236312
西藏	1922	1747	2396	1012	360	381	383	379	0	1049	378	969	903	11879
陕西	167811	62361	85457	37005	5831	12405	4835	16167	0	21339	74758	40534	0	528503
宁夏	3044	8385	8019	651	260	697	642	8555	9085	2415	6556	7721	5274	61304
新疆	11602	6875	9388	2910	816	2297	496	6367	3516					44267
新疆兵团	4720	3813	3075	751	201	467	1435	1505	823	428	3335	3026	321	23900
合计	1721499	937731	776309	488514	107408	230703	203337	540212	391880	333585	981418	1026540	198221	7937357

注：河南、广西、贵州、上海，甘肃调查表中未提供相应数据。青海未提供调查表。

2.2.1.5 专业技术人员职业培训管理情况

2016 年，在住房城乡建设部的正确领导下，各省市建设行业教育培训工作，抓住全面深化改革发展的有利时机，解放思想、大胆探索、转变职能、服务基层，全面加强行业专业人才资源发展需求，为建设行业的可持续发展，提供可靠的基础保障。

1. 树立更加科学教育发展理念

湖北省建设厅指导湖北城建职院深化产教融合与校企合作。筹备组建中南地区职教集团联盟，成立了"天衡学院"；深化现代学徒制人才培养，探索混合所有制办学新途径，与广东天衡公司、东方装饰公司、万科物业公司开设混合所有制办学试点项目 3 个；与 60 余家企业深化了合作方式。

重庆市指导建设类双证院校教改，推进建设职业技术教育。按照原建设部、教育部的有关要求，对重庆市中、高职院校建设类专业应届毕业生，推行双证教改，以行业编制的能力标准为重要依据，指导职业院校推进专业课程与职业岗位对接，使学生能在获得毕业证书的同时，经考核获得专业岗位证书。截至 2016 年底，全市已有 31 家职业院校被列为建设类双证试点院校。同时，大力引导建设类"双证制"院校与市内外大型企业挂钩，不断强化培训机构与企业开展合作，既为学员实习、就业打造平台，又为企业量身定制了大批适用型人才。建筑类专业毕业生普遍受到用人单位好评，实现了"毕业即就业"的目标，建设类获双证毕业生就业率达到 95% 以上。2016 年参加建设类双证院校专业人员考试的考生为 27075 人。

兵团建设局积极督促有关培训机构与各师协调合作，共同建立良好地培训合作关系。积极与各师、各建筑企业进行协调及培训摸底工作，切身为企业着想，根据企业的实际情况主动送教上门。并根据各建筑企业的需求，精心谋划，制定了详细的培训方案，制定了详细的教学计划，确定培训地点，认真组织培训。

上海市积极为施工企业尤其是在外地施工的企业服务，为解决企业困难，上海委属人才服务考核评价中心共组织了 33 批监考人员到多个省市送考上门，受到企业的一致好评，极大地方便了企业工作。

2. 建立健全教育管理体制

江西省印发了《关于做好住房城乡建设行业专业人员教育培训工作的通知》（赣建人 [2016]21 号），对建设行业培训机构应具备的条件、考试组织、证书核发管理等方面进一步进行了规范。

辽宁省住建厅指导、监督本行业继续教育社会组织建立相关制度，落实减少环节、破除垄断、切断利益关联、实行清单管理、规范收费、加强监管 6 个方面的清理规范措施。将辽宁省建设行业从业人员继续教育培训组织管理工作移交给辽宁省建设执业继续教育协会，同时下发了业务指导意见，督促辽宁省建设执业继续教育协会尽快制定相关管理制度，建立行业标准，通过减少环节、破除垄断、切断利益关联、实行清单管理、规范收费等具体措施，以服务全省建设执业人员为宗旨，做好继续教育培训组织的衔接工作，尽快开展全省建设从业人员继续教育培训组织工作。

3. 不断完善考核评价制度

江西省建设厅严格落实"三严三实"要求，进一步严肃考风考纪。按照厅领导对考务从"严"的要求，落实考场监控系统，保证考场实行全程监控。同时，建设考生诚信档案，对代考、作弊人员名单，全部在网上公布，并禁考两年，切实严肃考风考纪，确保公平公正。

4. 社会化培训体系基本形成

山西省统筹利用各类职业培训资源，建立以高职院校、中职技校、企业和社会各类职业培训机构为载体的职业培训体系，大规模开展就业技能培训、岗位技能培训，切实提高建设教育培训的针对性和有效性，努力实现"培训一人、就业一人"和"就业一人、培训一人"的目标。

宁夏坚持以公办职业院校为岗位培训基地，发挥企业培训中心、行业组织、大中专院校、民营培训机构的积极性，采取基地集中培训与施工现场培训相结合、分阶段培训与一次性培训相结合、实操考核与现场施工相结合等灵活多样的形式，全面开展岗位培训工作。

湖北省根据国务院有关"不得指定培训机构"的要求，对实施方案和细则进行修改，不再认定、指定"八大员"培训机构，向社会公布培训大纲、推荐培训教材，引导从业人员学习掌握相关知识，促进多元化培训的开展。对考核组织机构采取随机抽取被检查对象、随机选派检查人员的"双随机"巡查制度，加强过程管理，确保考核评价工作规范进行。

5. 标准管理模式正在形成

辽宁省对建设领域现场专业人员按照"考培分离、以市场化为主导，以服务企业为根本"的原则，在通过全国统一验收的基础上，进一步完善工作机制，规范考核流程。

湖北省积极与人社部门协调，举办了考评员、督导员培训班，及时更新了业务知识、提高了管理能力，调整、充实了人员，确保考评员、督导员队伍能力水平稳中有进。

广东省为进一步推进住房城乡建设领域现场专业人员岗位继续教育和换证工作，参照住房城乡建设部"五统一"标准和要求，积极组织专家进一步完善继续教育的培训大纲和试题库。2016 年共有 56125 人参加建筑施工现场专业人员继续教育，46320 人通过考核评价换发《住房城乡建设领域专业人员岗位培训考核合格证书》。

宁夏建立了全区"归口管理、考培分开、统筹协调、责任明晰、上下联动"的教育培训管理机制。实行统一培训计划、统一培训大纲、统一培训教材、统一考试考核、统一收费标准、统一颁发证书和考培分离制度。

山西省印发了《山西省住房城乡建设领域现场专业人员职业标准实施办法》、《山西省住房城乡建设领域现场专业人员培训工作管理意见》、《山西省住房城乡建设领域现场专业人员统一考核评价管理意见》。

6. 不断完善教育培训信息

福建省全面推行网络教育，提升继续教育水平。一是推行网络继续教育，解决工学矛盾。开通建设 9 个设区市、平潭、"建筑之乡"等 15 个网络学习网点，基本实现网络继续教育全覆盖。二是优化培训课程，提高培训质量。增加工程质量事故分析、典型案例剖析、新时期预防权力腐败坚持廉洁从业操守，同时，紧盯行业发展新动向，创新行业发展理念，借鉴吸收国内外成熟经验。三是适时补充更新网络学习课件，供学员在线学习。同时结合行业需求和行业热点聘请国内行业知名专家和省内有丰富教学经验专家教授授课，提高培训质量。

江苏省研发了考核系统，相继突破了诸多关键技术难题，完备了网上报名、在线缴费、资料存储、后置核验等核心功能。建立了省级无纸化考核视频监控中心，制定了无纸化标准考点设置标准，精心指导各地加快无纸化考点建设，经实地评估，已有南京市城建中专等 3 个考点顺利通过验收，并组织了 10 多场次的试考，获取了测试数据上万条，为全面开展从业人员考核无纸化积累了宝贵经验。成功组织了全国建筑施工现场专业人员职业标准无纸化考试观摩交流会，共有 17 个兄弟省市的领导和同行参加调研指导，为全国无纸化考核工作贡献了"江苏样本"。

宁夏积极创新建筑业从业人员考试组织模式。为方便考生参加考试，采取"互联网＋考试"模式，由考生自选考试岗位、自主选择考试地点，与 ATA 考试公司合作，充分利用计算机媒介，同时开展多个专业岗位考试，将考生识别、考试、阅卷和成绩公布"一站式"完成。开展"异地同考"的考试模式，通过考试机制创新，考试时间由 12 天缩短至 1 天，阅卷、成绩统计分析由 30 天压缩至 5 天，实现建筑施工专业人员万人异地同考。信息化平台的搭建和后台监控的建立，使得考试更加规范有序、阳光透明。

7. 完善教育培训机构的管理工作

北京市积极指导教育协会完成 2016 年培训机构综合评价工作，保证培训机构教学质量。加大对培训办班评估工作的检查指导力度，修改完善《评价细则》，及时检查教育协会评估工作进展，查看开班上课情况，掌握培训机构实际办学状况，发现问题立即约谈，做到立行立改。同时加强备案管理，建立备案、考试、检查的信息联动机制。对培训行为检查、报名资格审核、考试合格率情况建立综合评价全过程联动机制，分析发展趋势，确定工作目标。

陕西省定期组织评估，强化培训监管。会同建设行政主管部门，组织专家对培训机构的组织机构、办学条件、培训管理、办学效果等 15 大类 27 个子项逐一进行检查评估，并对检查评估情况进行通报。通过检查评估，促进培训工作规范、有序、健康发展。严格收费管理，规范收费行为，组织培训机构签订了"诚信培训、规范收费承诺书"，切实维护培训学员的合法权益。

2.2.2　建设行业专业技术人员继续教育与培训存在的问题

2016 年，在住房城乡建设部的大力指导下，各省市住房城乡建设行业专业技术人员继续教育与培训工作取得了显著成绩，获取了很多的经验，但仍存在许多问题和不足，需要各方的高度重视和共同研究解决。

（1）人才结构性矛盾突出。高层次创新创业人才匮乏，支撑事业可持续、高质量发展的各类高层次人才仍很短缺，熟悉行业发展前沿能够参与国际竞争的"高精尖"专业技术人才不足。从业人数 80% 以上的建筑业从业人员队伍仍以劳动密集型为主，且流动性大、就业不稳定。高层次人才的短缺实际上是一种结构性失衡，重要原因是教育结构不够完善，职业教育发展滞后。

（2）政府和企事业单位对科研、教育培训经费投入不足，政府、用人单位和从业人员三方共同分担培训费用的机制难以形成，制约人才队伍创新能力和整体素质的提升。人才评价、发现、流动和使用过程中的体制机制障碍亟待破解，高层次创新型人才培养难、留住难。

（3）教育培训方式相对落后。当前，随着产业转型升级、行政审批制度改革和政府职能转变步伐的加快，现行教育培训方式已不再适应新形势的发展需要。以面授为主的培训方式难以确保基层从业人员及时、高效、高质地了解和掌握相关岗位的新知识和新方法，不断更新知识结构和专业技能，提升职业能力和综合素质。在大数据时代和网络技术较为成熟发展的当代，我们的教育培训方式也亟待转型升级。

（4）建设教育培训机构的办学水平参差不齐。行业教育培训机构师资缺乏，培训不规范，产品同质化严重，不重视教育口碑建设，存在浮夸宣传、轻视培训过程、理论教育与实操脱节、培训内容落后于建筑业发展主流方向、不重视实操场地和设备投入建设等问题，使受训者权益难以保障。目前缺乏全国统一的对各培训机构的评估标准。

（5）证书全国统一管理问题亟待进一步推进。近年来专业人员岗位培训考核合格证书在行业管理中的应用愈加广泛，证书发挥的作用日益显现。但各省推进施工现场专业人员核发全国统一证书工作进度不同。加之全国统一证书管理信息系统尚未建立，对跨省域流动的持证人员如何进行统一、规范管理，实现真正的各省互认，并规范做好管理以及后续的继续教育等工作，目前仍有一些具体问题没有政策依据。

2.2.3 促进建设行业专业技术人员继续教育与培训发展的对策建议

2.2.3.1 面临的形势

党的十九大报告中"优先发展教育事业"对行业人员职业教育与培训提出了更新、更高的要求。2017 年 12 月 19 日，国务院下发了《关于深化产教融合的若干意见》（国办发 [2017]95 号），其中明确了企业在职业教育和行业培训中的主体地位。随着国家行政审批制度改革逐步深化，行业生产经营方式的逐步转型，行业职业培训工作也将面临新的形势。所以，各地区的职业培训工作应该紧紧围绕党的十九大报告中的相关精神和住房城乡建设事业发展的中心任务，推进建设行业教育培训工作继续前行。

（1）行业面临新的机遇和挑战。党的十九大报告的"优先发展教育事业"中提出"完善职业教育和培训体系，深化产教融合、校企合作"，在"提高就业质量和人民收入水平"中提出"大规模开展职业技能培训，注重解决结构性就业矛盾，鼓励创业带动就业"。未来职业培训工作面临更多的机遇和挑战。随着国家更加重视职业教育与培训，深化产教融合，这使得更多的企业与机构共同参与到行业人才培养中来，行业教育培训工作将得到快速发展。同时，企业和行业人员对于职业院校或社会培训机构也将提出更高的要求。

（2）人才发展机制有待完善。政府和企事业单位对科研、教育培训经费投入不足，政府、用人单位和从业人员三方共同分担教育培训费用的机制难以形成，制约人才队伍创新能力和整体素质的提升。人才发现、评价、流动和使用过程中的体制机制障碍亟待破解，科学合理的教育培训与薪酬挂钩体系亟待形成。

（3）行业人才结构性矛盾突出。建设行业技术工人和基层管理人员相对充裕，高技能型人才和高层次创新创业人才相对匮乏，支撑事业可持续、高质量发展的各类高层次人才难以满足需求，熟悉行业发展前沿，能够参与国际竞争的"高精尖"专业人才不足，从事研究、规划、建筑设计、绿色建筑、建筑产业现代化、海绵城市建设、项目综合管理等专业高层次领军人才十分稀缺。

（4）围绕行业发展开拓培训项目。根据党的十九大报告精神，紧紧抓住住房城乡建设领域的最新发展方向，围绕建筑工业化、新型城镇化等中心工作开拓新的培训项目尤为重要。争取在教育部、人社部等部门的支持下，促进校企融合、产教融合，以国家标准或行业标准的形式，明确各类岗位对从业人员的基本要求，在各地、全行业共同努力下逐步完善建设行业人才培养体系。

（5）推广行业人才培养新模式加大开发课程力度。经过几年的努力，各地在行业人才培养信息化建设上面都投入了很大力量。开发了多种应用移动互联、云计算、大数据、物联网等新技术的人才培养形式，促进了互联网技术与传统教育方式的深度融合，推进了建设职业教育科学化发展，使优秀的师资和课源能够发挥更大作用。在此基础上，应总结经验，推广应用前景好、学员愿意使用的新型教学模式，继续大力开发基于现代信息化技术的新型课件。

2.2.3.2 对策和建议

（1）明确指导思想，构建新型人才培养体系。全面贯彻党的十九大精神，深化职业教育、行业培训改革，发挥企业重要主体作用，促进人才培养供给侧和产业需求侧结构要素全方位融合。培养大批高素质专业技术人才，加快建设行业转型升级、科技创新、人力资源管理协同发展。提升行业教育培训发展理念，应用新型教育培训模式。促进建设行政部门依法行政，健全各级各类人员培训标准，通过信息化手段提高培训质量，构建新型专业人才教育培训体系。

（2）建立健全人才发展机制。随着国家行政管理部门简政放权、放管结合、优化服务的改革，行业组织、企业、教育培训机构要共同研究建立适应社会及行业发展的，有利于企业和从业人员发展的新体制，拓宽企业参与培训的途径，深化"引企入教"改革，建立企业里的专业人才培训基地，强化企业职工在岗教育培训的积极性。从政府、用人单位和从业人员三方的具体情况出发，制定共同分担教育培训费用的机制或方式，强化金融支持，落实财税政策，促进行业人才队伍创新能力和整体素质的提升。继续推进各类行业培训社会化，培育一批符合建设行业发展要求的社会培训机构、企业培训中心和建设类"双证制"院校，打造一批产业化企业实训基地。

（3）加强对培训机构的管理，建议制定全国统一的培训机构评估标准。

（4）开发行业高级培训课程体系。根据国家"一带一路"建设行业企业"走出去"战略对于高端复合型人才的需求，行业组织、优秀企业、院校和社会培训机构共同开发可供高技能型人才和高层次创新创业、国际工程管理等方面人才培养的课程体系。

（5）加强继续教育的教材建设。结合住建领域中心任务，充分应用现代信息化技术，编写实用性强的继续教育教材。根据从业人员的工作特点，开发适应时代特点的微课，加大 AR/VR/MR 等技术的应用，用沉浸式学习环境给学员带来更加美好的学习体验。研发更适合年轻从业人员学习的严肃游戏学习（游戏化学习）课程，引领行业培训课程改革。充分利用互联网技术，组织更多的施工现场专业技术人员参与实践性教材、课程的开发，坚持知识性，突出应用性，适应专业要求突出时代特征的特点。加强教材制度建设，编写、编印出精品教材。建议组织编写富有行业特色的系列培训教材，精选课程内容，优化课程结构，增大行业岗位的教材覆盖面，充分发挥教材在职业培训中的重要支柱作用，确保培训工作质量。

（6）建立覆盖全行业从业人员的信息系统。住房城乡建设领域各级各类从业人员众多，而且流动性较强，建议加快建立覆盖全行业从业人员的全国统一的信息系统，促进教育培训工作的健康有序开展。通过整合全国建筑业从业人员各类信息，利用互联网、大数据等技术，搭建建筑业从业人员综合服务平台，将培训、考核、继续教育和人力资源管理等工作纳入平台管理。提升服务水平，丰富服务内容，形成覆盖"人才库、网站、微信、手机应用"等方面的综合服务体系，不断提升全国建设行业培训考核和人才服务水平。

2.3 2016年建设行业技能人员培训发展状况分析

随着国家对建筑行业管理的规范化，建筑企业逐步由劳动密集型向资本密集型、人才密集型转变，知识、信息、技术等因素对企业的贡献越来越大，技能人员成为建筑企业发展的重要因素。虽然我国大中型建筑企业一向比较重视对技能人员进行培训，如对特殊工种的培训等，但我国的建筑业生产方式和管理方式相对来说还具有一定的滞后性。当前，大部分农民工的文化程度较低，对技能的掌握也不够娴熟，在农民工队伍中，持证上岗的人员较少，大都没有经过系统的培训，就参与到建筑工程的施工中。培训内容大多只根据国家及地方发布的文件、行业规范、质量及安全事故以及技能的培训，培训效果并不乐观，没有结合员工的实际情况进行培训。安全事故、项目质量等一系列问题的出现说明了对建筑行业农民工的教育培训工作势在必行。

2.3.1 建设行业技能人员培训的总体状况

以建筑业施工企业技能人员培训为例，现阶段，一线操作人员分为两个部分，一部分为企业自有的技能人员，一部分为劳务企业管理的农民工。在这些农民工中，大多数是高中以下毕业生，没有经过专门技能培训。大力发展职业教育和培训，提高从业人员素质，是建设行业健康持续发展的迫切需要。

国家统计局网站发布的2016年农民工监测调查报告显示，2016年农民工总量达到 28171 万人,从事建筑业的农民工比重为 19.7%。全国农民工仍以青壮年为主,但所占比重继续下降,农民工平均年龄不断提高,老一代农民工占全国农民工总量的 50.3%。

人社部统计数据显示,截至 2015 年底,我国技能劳动者总量达 1.65 亿人,高技能人才总量约为 4501 万人,掌握"高、精、尖"技术的高技能人才数量更少。与十年前相比,我国技能人才队伍的数量有了大幅度提升,但我国技能劳动者仅占就业人员的 20% 左右,高技能人才仅占 5% 左右。

建设行业也是如此,在这个拥有全国近 1/5 之一农民工的行业,经过专业技术培训的技术工人微乎其微。与此同时,具有丰富实践经验的技能人才已呈现老龄化,行业技能人才总量不足、分布不均衡、人才断档问题突出。

现有建筑业农民工中,普通工种持证人员严重不足,高级工比例更低。农民工自我提高、持证上岗意识淡薄。工人工资与持证未挂钩。另外农民工流动频率高,导致人证分离的现象严重。

2.3.1.1 技能人员培训情况

建筑技能人员培训工作的开展,有着多方面的意义。

(1) 有利于不断提高建筑从业人员的综合素质,为促进我国建筑行业的现代化发展提供健全的人力资源支持。

(2) 有利于实现建筑新技术,新思维的传播,对于提高我国建筑项目的经济效益和社会效益有着很大的帮助。

(3) 有利于保证我国建筑行业从业资格制度的完善,使得我国建筑行业人才得以更加全面的发展。

基于以上建筑业技能人才以及一线技能操作人员的培训意义,住房城乡建设部根据实际情况,每年都要召开一次全国性教育培训工作会议,分析问题,研究政策,交流经验,部署工作。经过多年的努力,形成了多渠道、多层次、多形式的职业技能培训工作格局。

2016 年,住房城乡建设部根据制定的建设行业农民工技能培训规划,将培训任务分解到各省市,再由各省市分解到各地市,明确责任。同时建立年度培训工作通报制度,督促各地认真落实。针对建设行业农民工数量庞大的实际情况,把建筑业的有关工种进行分类,集中力量抓影响工程质量和安全生产的关键工种,重点是起重工、电工、焊工、机械操作工、砌筑工、架子工、钢筋工等。全年培训 2736110 人次,其中技师、高级技师 15870 人次、高级工 233500 人次、中级工 1434059 人次、初级工 481223 人次、普工 571458 人次。

2.3.1.2 技能人员技能考核情况

我国职业技能鉴定工作自全面开展以来,已经形成了一套比较完整的工作体系，大致包括四个子系统，子系统又可以划分成不同的主要工作环节。对于职业技能鉴定工作质量，有着四个标准，即"客观、公正、科学和规范"，管理则是从资格证书管理、考务程序管理、鉴定命题管理、考评人员管理和鉴定站所管理五个方面进行了系统的规范。

近年来，先后颁布了96个工种的职业技能标准、鉴定规范和鉴定题库，编写了近百种农民工培训教材，设立培训基地1579个，鉴定机构1032个，考评员配备32657人。目前参加考核并取证的技能鉴定人数已达1889798人，其中技师、高级技师9762人、高级工187812人、中级工1204294人、初级工487930人。

2.3.1.3 技能人员技能竞赛情况

通过技能大赛的举办，进一步在建筑行业职工中广泛开展技术培训、岗位练兵、技能比武、技能晋级等活动，为中、高技能人才和优秀技术工人脱颖而出开辟绿色通道，有利于促进技能人才队伍特别是高技能人才队伍建设。

2016年举办了"2016中国技能大赛——全国建筑钢结构和中央空调系统职业技能竞赛"涉及钢结构及空调系统项目；举办了"2016中国技能大赛——第四届全国吊装技能竞赛"涉及塔式起重机司机项目；举办了"2016中国技能大赛——第六届全国职工职业技能大赛"涉及焊工项目；举办了"2016中国技能大赛——全国职工职业技能大赛BIM大赛"涉及BIM项目。全国技能大赛的举办，激励广大建设职工，加强岗位练兵，提高专业技能，弘扬工匠精神，勇攀技术高峰，将为建设一支技术精湛、作风过硬、敢为人先的专业技能人才队伍增添内生动力与活力。

还有一些大型的建筑企业，将技能竞赛作为常态性的工作进行，竞赛优秀选手直接与公司签订劳动合同，成为企业自有职工，为企业培养选拔高技能人才开辟了新通道，调动了农民工"钻技术、练硬功"的积极性和自觉性。

2.3.1.4 技能人员培训考核管理情况

不断加强制度建设，健全职业资格证书体系。职业资格证书和技能鉴定证书是我国教育制度和劳动就业制度的重要组成部分，是推进职业教育和培训工作的有效措施。经过多年的努力，已经逐步建立起覆盖一线操作人员、基层技术管理人员和专业技术人员的三大职业资格证书体系，并根据建设行业改革发展的需要，不断加以完善。

目前的考核管理程序中，管理是由国家住房城乡建设部人事司总的指导和部署，各省市建设与行政管理部门人事处具体负责组织（个别省市由建设教育协会负责），并在省会城市以及地级市分别设立培训机构和鉴定站。培训与考核证书分别是由国家人社部门印制的等级证书和住建部门印制的培训，具体的证书、人员的管理与取证人员的继续教育由劳务企业负责。

为解决技能人才紧缺问题，住建部与教育部共同实施建设行业技能型紧缺人才培养训工程，将建筑（市政）施工、建筑设备、建筑装饰和建筑智能化四个专业，作为技能型紧缺人才重点培养专业，确定了 165 所职业院校作为建设行业技能型紧缺人才示范性培养基地。

2.3.2 建设行业技能人员培训面临的问题

农民工是拥有农村户口，曾经从事农业生产，现已进入城镇，在各种企事业单位中从事着第二、第三产业的农民。中国社科院人口与劳动经济研究所所长蔡昉的一份研究报告中所列的数据显示：进城务工的农民已占据我国全部第二产业岗位的 57.6%，商业和餐饮业岗位的 52.6%，加工制造业岗位的 68.3%，建筑业岗位的 79.8%。可见，农民工是活跃在城镇经济建设中的一支新生力量，他们在创造社会财富的同时也在塑造自己，已经与城市发展和社会经济繁荣进步密不可分。但由于大多数农民工文化程度较低，专业技能欠缺，还不能很好地适应社会的需要。据最新调查显示，在进城务工的农民中，有 43% 的人没有接受过任何培训，有 25% 的人只接受过不超过 15 天的简单培训，接受过正规培训的人数仅占 14%。近年来，党和政府相当重视农民工培训工作，如政府部门实施了"阳光工程"，工会开展了"千万农民工援助行动"，给农民工提供了免费培训的机会，已取得了阶段性的成果。但农民工培训是一项长期而艰难的工作，尽管政府投入了许多财力、物力，各级工会组织也多方努力，但在实际操作过程中，仍遇到了不少困难和问题亟待解决。

通过对大型建筑企业的调研，发现农民工在培训方面面临的主要问题有以下几个方面：

1. 农民工对职业技能培训重要性认识不足

近年来，进城务工的农民工素质有了很大的提升，与他们所承担的任务总体是适应的。但是仍有部分农民工思想观念比较陈旧落后，视野较窄，缺乏长远性和开拓性，他们只看到眼前的利益，认识不到提高技能对于个人找工作、提高经济收入的重要性，不愿参加职业技能培训。相当一部分农民工认为，种田解决吃饭问题，外出务工则解决挣钱的问题。等到年龄稍大一些，还是要回到家乡，继续耕耘着祖祖辈辈赖以生计的土地。因此，在他们看来，外出务工不是永久性的生存之道，甚至只是一种临时性的举动，因而他们从事的工种就具有不确定性，什么好干干什么。由于他们自身职业技能水平不高，就业工种局限性大，所以就业岗位大都是集中在农产品的粗加工、商业饮食业、服务业、建筑业、服装、家政等技术含量不高的劳动密集型行业，这也使得他们觉得没有必要花更多的金钱、时间和精力去接受培训。更何况，农民工参加职业培训要承担两方面成本，即直接成本和机会成本。直接成本包括学费、书费和杂费等；机会成本是指接受技能培训而放弃的就业机会的潜在收益。少数农民工认为，参加职业培训，既要付出直接成本，又要承担可能丧失工作的机会成本，损失眼前利益是相当不合算的。另外，工学矛盾突出。进城务工找到一个合适的岗位实属不易，到岗后工作强度大、时间长，又是一个普遍存在的问题，要他们弃工参加培训不太现实。因此，没有时间参加职业培训或者培训时间较短效果不明显，这也是制约农民工参加职业培训的一个重要因素。

2. 职业技能培训内容针对性不够强，培训质量有待提高

（1）目前普遍实施的职业培训教学中，存在理论教学与实际操作脱节的现象。重理论轻实训的教学方法难以吸引农民工参与。农民工参加职业教育培训是为了能更好地提高自己的实践工作能力，适应城市生活。他们希望能够接受对提升自己技能水平有切实效果的培训，而不愿接受低效的培训。

（2）教学模式单一，缺乏师生互动。培训教师容易忽略农民工对所学知识和技能的接受能力，不能周全地考虑农民工的知识水平、生活习惯、接受能力的差异，对不同文化程度的农民工培训往往进行统一教学，不积极与学生进行互动，教学效果不够理想。

（3）培训科目设置比较单调，无法完全适应农民工的要求。一般的培训机构只开设了简单行业的培训，培训科目较少，与多样化的市场需求不完全适应，无法满足农民工的实际需求。

（4）农民工教育培训具有教育对象分散且流动性大、教育层次不齐、教育时间不定、约束力不强等特点，这也增加了培训难度，不利于保证农民工教育培训质量。

3. 农民工培训工作政出多门，整合优质培训资源，形成合力，迫在眉睫

目前，农民工培训工作得到了政府和社会各界的重视，许多部门都在抓，如人事劳动、农业、教育、科技、扶贫、工会和院校等部门都从各自的业务出发，开展了针对农民工的实用技术培训和职业技能培训等，在一定程度上对农民工转移就业起到了积极的推动作用。但各部门之间条块分割，缺乏必要的统一、协调和衔接，没有充分整合资源优势，不能形成合力，结果使培训不能很好地与经济发展、产业结构调整实现有效结合，培训资源得不到有效整合和利用。

4. 就业服务体系尚不够完善

培训机构缺乏城镇用工信息，所开设培训项目与市场实际需求结合不紧，农民工参加培训后不能就业，或是在就业岗位上发挥作用不明显，受益效率低，影响参训积极性。造成这种局面的主要原因之一是没有建立起完善的市场化运

作的就业服务体系。当前农民工外出务工寻找岗位的主要渠道是通过"熟人社会"介绍，游离于就业服务体系之外，所以立于就业服务体系前端的培训机构就很难掌握农民工的培训需要，难以制定适合市场和农民工需要的培训计划。解决这个问题需要把培训纳入就业服务体系全局去考虑。

5. 农民工职业技能培训的经费不足

农民工职业培训经费主要来自中央财政、地方财政、用人单位及劳动者个人。其中，中央及地方财政是农民工培训经费的主要来源。由于农村人口多，大量的农民工培训需求与政府和社会所能供给的培训资源存在巨大的供需矛盾；用人单位对利益最大化的追求，使其在农民工培训问题上不愿有较多投资。农民工个人工资待遇不高，养家糊口已属不易，如再要其支付一定数额的培训费，所面临的困难是不言而喻的。这就导致一些农民工虽打工数年，竟未参加培训，职业技能方面毫无长进，一遇企业结构调整或技术改造，便被淘汰出局。

2.3.3 促进建设行业技能人员培训发展的对策建议

农民工已成为建设行业产业工人的主体，在建筑施工企业的劳动力资源方面起到了中流砥柱的作用，同时为建设行业的经济发展做出了巨大的贡献。针对农民工这个特殊时代背景下的庞大群体，从国家到地方、从施工企业到建筑劳务公司、从中职学校到培训机构，应该在国家的大局观之下，实行联动的长效机制。

（1）落实农民工培训责任。完善并认真落实全国农民工培训规划。劳动保障、农业、教育、科技、建设、财政、扶贫等部门要按照各自职能，切实做好农民工培训工作。强化用人单位对农民工的岗位培训责任，对不履行培训义务的用人单位，应按国家规定强制提取职工教育培训费，用于政府组织的培训。充分发挥各类教育、培训机构和工青妇组织的作用，多渠道、多层次、多形式开展农民工职业培训。建立由政府、用人单位和个人共同负担的农民工培训投入机制，中央和地方各级财政要加大支持力度。针对建筑业农民工已长期离乡从事建筑工作，已经成为城市新的阶层（俗称灰领阶层）的现实，首先应按照农民工所在城市从事工作的年限给予城市最低生活保障（即低保）和医保以及养老保险，以此来稳定建筑劳务大军；其次，国家农民工就业经费应该按行业切块使用，以此来保证其教育培训的基本经费；再次，政府可出台建筑业农民工教育培训专项费用，应比照安全设施费给予单列；第四，应实施全国统一的农民工教育培训一卡通制度。

（2）加强与相关部门的沟通协调，逐步完善和落实建筑企业市场准入制度。把农民工学校的培训与职业技能鉴定、岗位证书制度有机衔接起来，扩大服务农民工、服务企业的综合效应。加强执法监督，要求农民工持证上岗，要求企业优先使用经培训合格的农民工。应将资质进行改革，实行总包企业与劳务分包企业资质捆绑就位，施工企业则通过劳务企业择优获得人力资源，并向劳务企业支付费用，同时在劳务企业内部及劳务企业之间形成竞争，促进劳务企业为提高效益而提高自身人力资源素质。劳务企业拥有较固定的人员队伍，而人员队伍素质的提高不但能提高农民工收益，也能为劳务企业提高收益。

（3）选择合适的教学培训模式。对于建筑业农民工的培训，宜采用"短平快"培训模式开展实用技术培训。如"校企合作、依托现场"的培训模式，以建筑业基本技能、安全生产知识、务工常识，维权知识和职业道德为主要培训内容，采用模块式职业技术培训模式，实行"订单、定向、定点"培训，使培训更加贴近市场、贴近企业。这种模式具有明确的培训目标，其目标以所需技能为标准：明确受训后能做什么；用什么设备、工具来完成所需的培训；操作标准是什么。课程开发与实施以农民工培训的就业导向要求为出发点，使得经过培训后的农民工具有适应某一特定岗位的职业技能和完成某一工作任务的能力。建筑工地是农民工非常集中，且又分为多个工种的场所，建筑行业中，唯一能提供大规模、长期实践场所的也只有建筑工地，工地非常适合开展培训，能根据建筑工地施工工艺的实际需要对农民工进行培训，又能在实践过程中，及时检验培训效果，促进农民工达到一定技能水平。

（4）全力推进系统职业岗位培训考核工作。按照住房城乡建设部统一要求，以强化考核制度建设和指导监督培训实施为核心，全力推进农民工职业技能培训、鉴定、证书管理等方面与行业管理衔接；规范考核鉴定管理，推进鉴定工作规范化、标准化和信息化建设；规范证书管理，严格资格把关，优化办证流程，持续改进窗口服务工作。加强培训机构建设，优化办学条件，配备和完善教学场所及实训基地建设，支持大型企业建立培训基地，开展岗位培训、实训工作。

（5）加强职业资格证书制度与企业劳动工资制度的衔接。指导企业大力推行"使用与培训考核相结合，待遇与业绩贡献相联系"的做法，充分发挥职业资格证书在企业职工培训、考核和工资分配中的杠杆作用，建立职工凭技能得到使用和晋升、凭业绩贡献确定收入分配的激励机制。要把高技能人才占职工总量的比重作为企业参加投标、评优、资质评估的必要条件。建立高技能人才奖励和津贴制度，汇集、公布技能人才工资市场价位，完善高技能人才同业交流机制。

建筑业农民工技能培训工作对我国经济发展和城镇化快速、健康推进具有至关重要的作用。政府职能部门、建筑企业和农民工自身密切配合，将使农民工素质获得大幅提升，为我国现代化城市建设提供有力的人才保障。

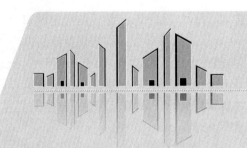

3

案例分析

3.1 学校教育案例分析

3.1.1 普通高等建设教育典型案例——山东建筑大学

3.1.1.1 学校概况

山东建筑大学地处山东省会——泉城济南，肇始于 1956 年建校的济南城市建设工程学校，1958 年升格为本科院校，1978 年，教育部批准学校恢复本科办学，定名为山东建筑工程学院。1982 年成为首批学士学位授权单位，1998 年，经国务院学位委员会批准获得硕士学位授予权；1998 年、2001 年，原山东省机械工业学校、山东建筑工程学校、山东省地质学校先后并入山东建筑工程学院。2006 年，经教育部批准，学校更名为山东建筑大学。

山东建筑大学始终以服务区域经济社会发展和国家建设事业为己任，秉承"厚德博学、筑基建业"的校训，弘扬"勤奋、严谨、团结、创新"的校风，历经 61 年砥砺发展，已经成为一所以工为主，以土木建筑学科为特色，工理管文法农艺多学科交叉渗透、协调发展的多科性大学，是山东省与住建部共建高校、服务国家特殊需求博士人才培养高校、国家"产教融合"项目首批建设高校、山东省首批应用型人才培养特色名校、山东省高校协同创新中心首批立项建设单位。

学校占地面积 2000 余亩，校舍面积 53 余万平方米。目前，学校设有 19 个学院（部）和 2 个研究（设计）院，58 个本科专业，1 个博士后科研流动站，1 个博士人才培养项目，14 个一级学科硕士点，61 个二级学科硕士点，8 个硕士专业学位授权类别。学校面向全国 30 个省（市、自治区）招生，全日制在校生 2.6 万余人。图书馆拥有馆藏图书 318 万余册，其中印本图书 190 万余册、电子图书 128 万余册。学校拥有现代化的计算机网络，无线网络覆盖校园。

3.1.1.2 办学特点

近年来，学校深入实施"质量提升"、"学科引领"、"人才建设"、"管理创新"和"文化塑校"五大工程，坚持立德树人，强化内涵建设，凝练办学特色，学校各项事业持续快速健康发展。

1. 巩固教学中心地位，教育教学质量不断提升

学校始终坚持教学中心地位，拥有国家级特色专业 4 个、教育部地方高校本科专业综合改革试点专业 1 个，获国家级教学成果奖二等奖 1 项，国家级工程实践教育中心（基地）3 个、国家级实验教学示范中心 1 个、国家级虚拟仿真实验教学中心 2 个、国家级精品资源共享课程 3 门、国家级双语示范课程 1 门、

教育部马工程"精彩一课"1门，6个土木建筑类专业通过国家专业评估。获批省高水平应用型重点建设专业（群）4个，自筹建设专业（群）3个。学校是国家"卓越工程师教育培养计划"和"大学生创新创业训练计划项目"实施高校。2007年，教育部本科教学工作水平评估获评优秀；2015年，顺利通过教育部本科教学工作审核评估。近五年来，学生在"挑战杯"、数模、电子设计等竞赛中，获省级以上奖励2020项。学校棒球队荣获2017年中国大学生棒球联赛冠军。15万名毕业生遍及齐鲁、辐射全国，受到社会广泛认可，学校先后被评为"全国建设人才培养工作先进单位"、"全国高等学校创业教育研究与实践先进单位"、"全国工人先锋号"、"山东省高校毕业生就业工作先进集体"。

2.实施人才强校战略，人才培养质量显著提高

学校坚持党管人才，大力实施人才强校战略，现有教职工1961人，其中专任教师1562人，高级职称人员893人，博士生导师34人，硕士生导师647人。拥有俄罗斯自然科学院院士1人、双聘院士3人、教育部"长江学者"奖励计划特聘教授1人、"千人计划"专家1人、新世纪百千万人才工程国家级人选5人、"泰山学者"优势特色学科领军人才1人、"泰山学者"特聘教授8人、享受国务院政府特殊津贴专家14人；国家级教学名师1人、全国师德标兵1人、全国模范教师2人、全国优秀教师12人；山东省有突出贡献的中青年专家18人、省教学名师13人、省师德标兵3人、省优秀教师12人、山东高校十大优秀教师7人。学校拥有各类省部级创新团队5个，其中1个教育部创新团队、1个山东省优秀创新团队、2个山东省优秀科研创新团队、1个泰山学者优势特色学科人才团队。以拔尖人才为引领，带动形成了一系列优势学科领域的高水平创新团队，承担了一批高层次科研项目，取得了一批标志性成果，为提升学校核心竞争力提供了强力支撑。

3.强化学科引领作用，科技创新能力快速提升

学校强化学科引领作用，学科特色鲜明，集群优势明显，在土木工程、城市规划设计、建筑节能等领域具备强劲科研实力。建筑学入选山东省一流学科，建筑节能技术入选山东省"泰山学者"特支计划优势学科。学校拥有1个教育部重点实验室，1个国家乡土文化遗产保护重点科研基地，1个山东省协同创新中心，12个省级重点学科和重点实验室，1个山东省非物质文化遗产研究基地，8个省高校重点实验室和高校人文社科研究基地（新型智库），7个省级工程技术研究中心。近年来，学校获省部级以上科技奖励近50项，其中国家科学技术奖4项、教育部高校科学技术成果一等奖1项、山东省科学技术奖一等奖2项。2012年以来,学校主持承担省部级及以上科研项目377项,政府及企事业委托(招标)项目1100余项,科研经费总额达到4.11亿元。教师发表学术论文5675篇,

被 SCI、EI、ISTP 等检索收录 1586 篇，出版专著、教材等 420 部，获得国家发明专利授权 371 项。《山东建筑大学学报》获选"中国科技核心期刊"。

4. 坚持以贡献促发展，服务社会能力持续增强

学校坚持以服务求支持，以贡献促发展，主动适应区域经济特别是山东建设事业发展需要，积极推介实施《山东建筑大学服务山东建设事业行动方案》，在城市规划设计、新型城镇化建设、绿色建筑技术推广应用等方面发挥了重要作用。与地方政府、大型企业、科研院所签订合作协议 40 余项，有 400 余项成果实现技术转化和产业推广，主持或参与制定了 30 余部国家与省市相关行业规范标准。近年来，学校先后承担济南市小清河综合改造、长清大学城、奥体中心、园博园、高铁西客站等 40 余项大型工程的项目管理，参与完成世博会山东馆、全运会自行车馆、中国足球篮球学院等项目的规划设计，为区域经济社会发展做出了应有贡献。

5. 推进文化塑校工程，强化文化传承责任担当

学校深入推进文化塑校工程，凝练和传承建大精神，着力增强广大师生和校友校董对学校的认同感和归属感。定期举办高端人文讲座，培育形成了筑基讲坛、启智讲堂、青春映雪等校园文化品牌。积极推进以优秀传统文化浸润和滋养大学文化，成立全国高校首个鲁班文化研究院，编撰出版国内首部《鲁班文化研究论丛》，弘扬工匠精神，厚植工匠文化。提升校园环境文化，挖掘齐鲁文化育人资源，放置孔子、墨子等先贤雕像，推进"诸子百家进校园"。突出建筑学科特色，依托校友校董和社会捐赠，通过整体平移或异地复建等方式，建成建筑平移技术展馆、地图地契馆、山东民居馆、山东乡情馆、铁路建筑展馆等系列博物馆，构建了特色突出、风格鲜明的校园文化体系，成为学生文化素质教育与专业教育的重要载体。目前，学校被评为省三星级科普教育基地，系列博物馆已列入省系列博物馆规划，学校获批国家级乡土遗产保护重点研究基地。这些文化设施作为思想政治教育的重要载体，对学生人格塑造、素养提升发挥了"润物无声"的熏陶作用。学校入选联合国教科文组织绿色校园案例，获批为山东省科普教育基地。

6. 坚持开放办学理念，对外交流合作不断拓展

学校坚持开放办学，加强与国内外高校及社会各界的联系沟通，不断拓展办学视野，提升办学水平。先后与美国、英国、德国、澳大利亚、新西兰、中国台湾、中国香港等 20 多个国家和地区的 50 余所高校建立了校际合作关系。不断深化高等教育国际合作，现开办 8 个中外合作办学项目和 15 个学生访学项目，开办留学生英文授课本科项目，50 余名外国留学生在校学习。重视引进国外智力工作，通过聘请高层次国外专家、学者来校任教和讲学，提高了人才培

养的国际化水平。充分利用社会资源，在山东省建科院、青建集团股份公司等百余家企事业单位建立 260 余个研究生联合培养基地和大学生实习实践基地，设立校级奖教学金 50 项，为学生成长成才创造了良好条件。

7. 坚持全面从严治党，党建思政工作水平不断提升

学校党委始终坚持社会主义办学方向，突出管党治党、办学治校主体责任，强化立德树人、教书育人根本任务，贯彻党的教育方针，强化核心价值引领，高举旗帜、筑牢阵地，创新方式方法、打造教育品牌，全面加强思想政治工作，为学校改革发展凝聚起强大动力。学校党委认真贯彻落实中央和省委的决策部署，坚持党委对学校工作的统一领导，议大事、谋大局、管方向，通过把握发展方向的领导权、"三重一大"事项的决策权、重大决议执行的监督权，充分发挥党委对学校改革发展的领导核心作用。学校党委着重在宏观高度、制度层面、顶层设计上，统筹把握和处理好执行党的路线方针政策，制定战略发展规划，研究决定重大问题，抓紧抓实思想政治和意识形态领域工作，维护了学校政治稳定和平安和谐。学校党委坚持用马克思主义中国化最新理论成果指导办学实践，作为治校育人指导思想，在《山东建筑大学章程》等纲领性文件中明确体现。学校成立思想政治工作领导小组，形成党委统一领导、党政齐抓共管的领导机制。坚持立德树人，紧紧把握"合格"与"可靠"两个着力点。人才培养模式上强调专通文理相融、产学研用结合、教学实践互补，培养专业基础扎实、创新能力强的高素质应用型人才。在学生思想政治教育方面，构建了"专业教师教书育人、党政干部联系班级管理育人、家校互动社会育人"三位一体全员育人新模式，受到省委高校工委的充分肯定，并在全省高校推广。学校党委荣膺山东高校唯一齐鲁先锋基层党组织。

党的十九大胜利召开，为高等教育事业提出了更高要求和目标，面对党和人民对高等教育的新要求，面对高等教育发展的新形势和新机遇，山东建筑大学正满载沉甸甸的责任与使命，深入学习宣传贯彻党的十九大精神和习近平新时代中国特色社会主义思想，全面深化教育综合改革，大力推进"质量提升"、"学科引领"、"人才建设"、"管理创新"和"文化塑校"五大工程，励精图治、阔步前行，向着建设"教学研究型大学"的目标努力奋进！

3.1.2 浙江建设职业技术学院"1+"现代学徒制探索与实践

浙江建设职业技术学院作为全国首批 100 家试点单位之一，在深刻理解现代学徒制内涵特征、正确判断常规校企合作与现代学徒制区别的基础上，探索实践了具有建筑类特色的三种"1+"现代学徒制人才培养模式。一是以满足行业转型升级发展、高端人才紧缺的"1+1+X"基于行业联合学院的现代学徒制

人才培养模式；二是以满足产业细分需求、特需人才紧缺的"1+1"基于企业定制的现代学徒制人才培养模式；三是以满足学生差异性成长需求、中高职协调发展的"1+1+1"基于中高职一体化的现代学徒制人才培养模式。

3.1.2.1 "1+1+X"基于行业联合学院的现代学徒制人才培养模式

1. 对接行业发展选择合作专业

随着中国城市化进程的快速推进，以大型公共建筑、商业楼及高端住宅为代表的高层和超高程建筑不断涌现，作为最佳外围维护结构的建筑幕墙需求也随之快速增长，但建筑幕墙专业作为一个边缘和专业交叉的学科，在国内各高职院校（包括应用型本科院校）并未单独开设专业，其人才培养一般在社会上完成，主要采取传统师傅带徒弟的模式，以项目实战来提升个人专业能力。这种传统的学徒制模式越来越难以满足大规模现代生产的需求。

为适应建筑幕墙行业发展需要，该院在原有建筑装饰技术专业中开设建筑幕墙设计与施工方向试点现代学徒制的人才培养，实现幕墙专业人才的高标准、高起点培养。

2. 发挥联合学院优势遴选企业

建筑幕墙工程分工细、工期短、节奏快，幕墙企业服务项目种类多、人员流动性强、企业人才需求数量分散，因此单个幕墙企业很难持续开展现代学徒制的人才培养。该院依托已有的"浙江省建筑装饰行业联合学院"，遴选浙江中南建设集团有限公司、浙江亚厦幕墙有限公司、浙江省武林建筑装饰集团有限公司等6家浙江省内幕墙龙头企业，组建了装饰幕墙设计与施工专业现代学徒制合作企业群，充分发挥行业联合学院优势，以"先招生后招工"模式，校、行、企三方合作开展"1+1+X"基于行业联合学院的装饰幕墙设计与施工专业现代学徒制人才培养。

3. 依托行业资源多元主体办学

为落实双主体育人机制，签订四方三份协议，一是学院、协会签订的行业联合学院合作协议，确保了行业联合学院良性运转；二是在行业联合学院框架下，学院、协会、合作企业三方签订现代学徒制办学协议，明确三方职权利；三是学生和合作企业签订现代学徒制人才培养协议，保障学生（学徒）权益。

"1+1+X"基于行业联合学院的现代学徒制在行业联合学院理事会的领导下成立专门的现代学徒制试点项目组，由行业协会、相关合作企业和学院共同组成项目建设团队，围绕共同育人目标，发挥各自优势。学院出学生、协会出平台、企业出岗位，由行业牵头制定（学生）学徒培养方案、企业师傅标准；企业共享师傅、岗位、分担人才培养成本；学院提供学生，落实合作专业。

"1+1+X"基于行业联合学院的现代学徒制运行机制如图3-1所示。

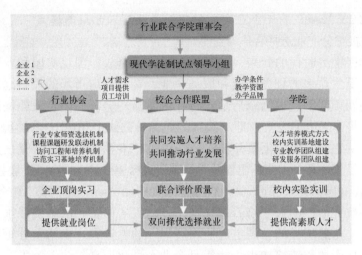

图 3-1 "1+1+X"基于行业联合学院的现代学徒制运行机制

4. 构建"三四二四"人才培养路径

根据现代学徒制"五双"特点，学院、协会、企业三方共同参与，三方根据幕墙行业工作岗位的实际需要，校行企共同讨论，设计了"三四二四"人才培养路径，即学生（学徒）学习基础课程、专业课程、岗位课程三类课程，完成识岗、轮岗、专岗、顶岗四个步骤，经学院和企业考核、协会认证合格，颁发毕业证书和行业实践认证二本证书，推进学生、学徒、准员工、员工四个层次的职业能力和身份转变。

人才培养路径如图 3-2 所示。

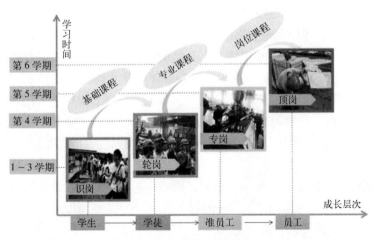

图 3-2 "1+1+X"基于行业联合学院的现代学徒制人才培养路径

3.1.2.2 "1+1"基于企业定制的现代学徒制人才培养模式

1. 对接细分产业选择合作专业

随着存量房时代的到来，存量资源的持续释放，围绕房屋和业主的各种服务，将诞生众多的细分产业和服务企业，在存量房市场的风口之下，以运营为主的新模式，或成为今后地产行业的主流趋势。而随着大数据时代的到来，服务将向云方向发展，即从线下的服务转向线上和线下相结合的O2O服务模式，从企业的定制化服务转向个性化的C2B服务模式。存量房屋单纯的线下维修服务链必将围绕住宅全生命周期，从房屋维修、保养到打造智能家居、健康住宅，再到旧房改造产业升级等全系列房屋"4S"线上线下服务链延伸，但现有高校宽而广的人才培养规格与企业的人才储备和战略发展水平存在着明显差距，与此相关的、满足产业发展需求的专业人才供给十分短缺，常规的校企合作人才培养模式也不能满足企业个性化、高端化人才需求，学院以房地产经营与管理专业为基础，试点"1+1"基于企业定制的现代学徒制人才培养模式。

2. 链接龙头企业领跑行业发展

目前涉足房屋维修、保养、焕新、增值"4S"细分产业全系列服务链的企业还不多，绿城集团理想家房屋科技有限公司被比喻为中国首个"房屋医院"的房屋4S公司，细分产业职业能力标准完善、人才需求量大，双方合作实施房屋"4S""匠星班"现代学徒制人才培养。

该模式以定向、前置化培养为出发点，通过校企合作精准锁定各专业潜在人才，根据产业细分的需求开展个性化培养，采用定制化课程、适岗化体验使学生快速融入企业，实现人才能力与岗位胜任力匹配。

3. 构建"双螺旋、双通道"人才培养路径

根据学生成长规律和企业岗位需求，构建"双螺旋、双通道"人才培养路径。"双螺旋"指学校本位学习知识体系上升螺旋和企业工作本位学习技能体系上升螺旋。学校本位学习上升螺旋指学校教师从第一学年讲授基础知识"打基础"、上升至第二学年讲授专业知识"学专业"、再上升至第三学年讲授拓展知识"学创新"；企业工作本位学习技能上升螺旋指企业师傅从第一学年"认识企业、入岗上手"、上手至第二学年"初始岗位、基层岗位技能训练"、再上升至第三学年"发展岗位、延伸岗位技能训练"。

"双通道"指根据学生性格、知识、能力、兴趣、爱好设置学生成长技术通道和管理通道，技术通道由"技师—助理工程师—工程师"组成、管理通道由"技师—助理店长—店长"组成。

人才培养路径如图3-3所示。

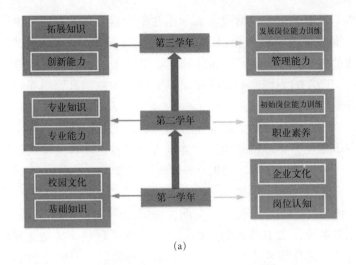

(a)

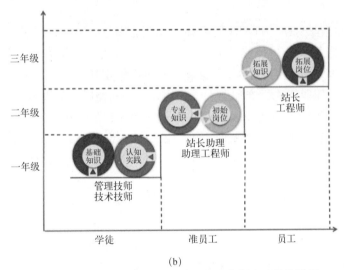

(b)

图 3-3 "1+1"基于企业定制的现代学徒制人才培养路径

(a) 双螺旋知识上升体系；(b) 双通道成长体系

3.1.2.3 "1+1+1"基于中高职一体化的现代学徒制人才培养模式

1. 对口中职选择合作专业

随着存量房数量的增长、二手房交易量的提升和消费升级的推动，二次装修需求增速逐步开始进入释放期，同时房屋精装修受国家产业化政策引导及市场认知程度提高，建筑装饰行业将迎来快速发展阶段。但整个建筑装饰行业面临严峻的人才形势，主要表现在现有从业人员整体素质偏低、高级人才严重匮乏、人才缺口巨大、现有高校人才培养与企业需求匹配度较差等方面。

从五年一贯制学生自身情况看，学生在中职段三年学习后，中职毕业马上就业的学生面临学历层次和知识底蕴不足，大多集中于劳动密集型工作岗位，就业力不高的压力；而升学到高职院校的学生由于中职段和高职段实践技能培养模式、面向岗位的不同，则面临缺乏高素质技术技能有效培养的压力，高职段毕业后就业也不甚理想。

因此，该院与杭州市建设职业学校和全国住宅装饰领军企业南鸿装饰开展建筑装饰技术专业五年一贯制现代学徒制人才培养，以满足建筑装饰行业人才需求和五年一贯制学生升学与就业差异性成长需求。

2. 构建"五体一制"育人平台

以"五体一制"的运行机制将高职、中职、企业三方向进行融合，实现三方共议、三方共建、三方共享的多赢局面。即以"现代学徒制"规范"一体化教学标准"、"一体化课程体系"、"一体化课程标准"、"一体化教学资源"、"一体化教学模式"。

"一体化教学标准"即根据社会需要和职业岗位的要求，按照职业分类和职业标准，三方共同分析技能型人才从初级到高级的职业能力标准和层次结构，明确中职、高职分段培养技术技能型人才的目标及其标准；"一体化课程体系"即根据中高职职业能力标准和层次结构的要求，构建以"能力本位、现代学徒"的项目化中高职衔接的课程体系；"一体化课程标准"即按照职业岗位能力标准统筹制定课程标准；"一体化教学资源"即统筹开发对接职业岗位典型工作任务的中高职教材；"一体化教学模式"即以学校、企业双主体的现代学徒制开展中高职一体专业教学。

3. 推进"二三五"人才培养路径

推进"双主体、三融合、五阶段"的人才培养路径，即确立学校和企业的双主体地位，结合高职、中职的实际条件及企业提供的学徒岗位，运用现代学徒制模式将"高职、中职、企业"三方深度融合，共建中高职人才培养管理制度及其长效运行机制，实现中职学生到学徒、高职学生、准员工、员工五阶段递进的人才培养模式，人才培养路径如图3-4所示。

3.1.3 坚持双轮驱动、多元办学、内涵发展之路 打造具有行业特色的现代技工教育

湖南建筑高级技工学校是一所由湖南省人力资源和社会保障厅主管，由国有大型企业湖南省建筑工程集团总公司主办的全日制国家级重点高级技工学校。学校位于长沙市天心区南湖路，毗邻湘江风光带，现有在校生4000余人。学校诞生于建筑行业，成长于建筑行业，与中国的建筑业发展相伴共生。建校近60

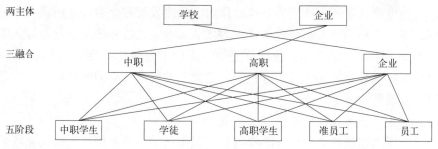

图 3-4 "1+1+1"基于中高职一体化的现代学徒制人才培养路径

年来，坚持面向社会、立足行业，紧贴区域经济发展方式转变和产业升级的需求，为湖南省建设系统和地方经济建设培养了数万名优质实用的技能人才，成为湖南省建设行业人才培养的摇篮和基地。

近年来学校紧紧抓住"加快发展现代职业教育"的重大机遇，紧扣行业企业发展需求，从实施高技能人才培养战略和创新驱动发展战略的高度，科学分析技工教育面临的新形势，坚持"双轮驱动"发展战略，深知办学无技工教育"不稳"、无职业培训"不活"的道理，积极探索和推动校企合作，全方位加强内涵建设，努力提高办学水平和人才培养质量，在创新技能人才培养模式上迈出了新的步伐。逐步形成专业布局合理，办学理念先进，培养模式科学，服务功能显著，具有行业特色的现代技工教育体系。

2016年学校招收全日制技工新生1464人，实现毕业生初次就业率85%以上，年终就业率97%以上。围绕经济社会发展与促进就业需要，加快培养建设行业高技能人才和高素质劳动者。作为湖南省首批"建筑工人职业培训考核机构"，全年完成了14700人次的住房与城乡建设领域专业人员岗位资格考核和继续教育，各类职业技能鉴定1003人。五年来为建设行业累计培养各类专业技术人才50000余人，社会化职业培训取得了良好的社会效益和经济效益。学校荣获"全国职工教育培训先进集体"荣誉称号。

学校始终坚持技工教育发展方向，不断审视发展内涵，明确学校定位目标。坚持高起点谋划、高标准建设、高质量发展，围绕"十三五"期间国家技工教育改革发展目标和重点任务，在扩展规模、改善办学条件的同时，全面加强校企合作、专业建设、课程改革、师资培养、职业培训、质量评价等内涵建设，实现规模和质量的同步提升，凸显鲜明办学特色。学校各项事业取得卓有成效的进展，主要有以下四个因素：

一是国家对职业教育工作的空前重视，在政府推动与行业协会主导下，学校职业培训工作不断向纵深推进，不断适应建筑业改革和发展的需要；二是学校较好地发挥高技能人才培养基地的作用，深度发展校企合作，明确人才培养目标，着力于提高建设类技能人才实习实训质量；三是在瞄准企业和行业需求上下功夫，主动寻求合作，推动行业技能培训工作和技能鉴定工作深入开展；四是建立健全教育培训管理服务机制，把握职业标准，着力提高职业培训考核质量与管理服务水平。

3.1.3.1　坚持双轮驱动，全力打造职业培训品牌

（1）深入推进校企合作。学校与五矿二十三冶建设集团有限公司签订了人才培养合作协议，并建立长期稳定合作关系。与湖南建工集团总公司及各分公司、湖南路桥集团、湖南立承建筑公司等六十余家建筑企业广泛开展校企合作，贴近企业需求培养专业技术人才。自建筑业企业专业技术管理人员岗位资格考试采取远程网络化考试以来，针对新型考试模式，学校与五矿二十三冶建设集团共建报名考试平台，有序管理、规范服务，着力提升学校的社会影响和服务水平。2016年累计专业技术管理培训考核人数为14000余人，获得良好的社会声誉。

（2）推广战略新型技术。BIM技术是住房城乡建设部《2011～2015年建筑业信息化发展纲要》中推广的主要新技术，国内多数的建筑企业已经把BIM技术作为企业创新发展的重要技术手段之一。作为湖南省最早开展BIM技术培训的院校，学校先后与中机国际、北京鸿业、上海益埃毕集团实现校企联合，签署了BIM战略合作协议。学校现为中国建设教育协会全国BIM技能等级考试湖南考评管理中心，肩负长沙理工大学、中南林业科技大学、湖南科技学院、长沙学院第几十家院校BIM培训考评点的师资培训工作。项目实施以来培训了1400多名BIM技术人才，为湖南省的BIM技术推广做出了积极贡献。铝模板设计研发及施工应用技术发展，也是建筑行业的一次飞跃。铝模板，全称为"建筑用铝合金模板系统"，以其重量轻、强度高、施工方便、周转次数高、应用范围广、混凝土成形质量好、工期短、免抹灰降低成本等优点，近年来在我国成井喷式发展，模板设计人员成为稀缺资源。该校与深圳钷励科技、湖南三湘和高新科技、湖南维邦建筑科技有限公司签订铝模板技术培训战略协议，开设铝模板技术企业冠名班，培养设计及施工应用型人才。

（3）开展特种行业培训。受湖南省住房城乡建设厅委托，学校承接了全省建筑行业符合培训条件的专兼职教师架子工考核师资班的培训任务。受湖南省移民局委托，承接了电梯工程技术专业400人次的技能培训。学校独立完成了架子工、培训教材、考试题库、架子工培训考核基地建设标准。成立了架子工培训及考核师资班培训领导小组，从实习基地、师资团队、教学组织上给予充分保障。学校投入30余万率先建成建筑设备起重模拟仿真实训室，为推动湖南省建设行业特种作业人员培训贡献新的力量。

（4）加快高技能人才培养。学校从培养模式、课程设置、师资配备、实训装备、能力评价等方面积累高技能人才培训经验。近年来学校通过竞标和湖南省住建厅委托等方式承担了湖南建工集团总公司及其下属各分公司、湖南省各地州市建设局所属建筑企业、二十三冶建设集团等建筑企业的高技能人才培训项目，设置焊工、电气设备安装工、机械设备安装工、测量放线工、抹灰工、钢筋工、砌筑工等多个高技能工种，累计培训人数1000余人。人才培养质量稳步提高，办学成果日益显著。学校被湖南省人力资源和社会保障厅认定为"湖南省高技能人才培训定点机构"，被湖南省住房城乡建设厅认定为省内建筑类高级技能人才培训机构。

3.1.3.2 深化教学改革，全面提升人才培养水平

（1）开发国家职业培训包。学校大力推进教学内容和课程体系改革，顺利完成湖南省住建厅钢筋工、砌筑工、装饰装修工、工程测量工、高级工、技师、高级技师职业培训模块化教学计划、教材开发和技能鉴定题库建设培训教材编写工作。根据人社部《职业培训包开发技术规程（试行）》要求，学校积极开发防水工、砌筑工、钢筋工三个工种职业培训包，明确职业培训包开发技术规范，依据职业培训包开发需求，不断优化开发方式与内容设计，系统性地将职业标准、教学方式、教材师资、实训考核等培训鉴定过程全面规范，并以此带动全校各项工作的开展。

（2）深化技能竞赛机制。学校定期举办学生职业技能节，组织学生开展大规模职业技能比武和实操练兵，形成校园职业技能竞赛与省内技能竞赛相互衔接的技能竞赛体系。2016年该校参赛选手章瑞波在第44届世界技能大赛砌筑项目全国选拔赛中荣获全国第三名、香港青年技能大赛第一名以及中澳国际砌筑项目交流赛第一名的优异成绩。学校荣获第十五届中国住博会BIM技术交流最佳BIM教育实践二等奖；全国中等职业学校建设职业技能大赛水电安装算量团体一等奖、土建装饰算量团体二等奖和"BIM建模个人赛"三等奖；荣获中国建筑教育协会第三届全国建筑类院校数字化微课比赛团队二等奖。

（3）加强重点项目建设。学校组建项目建设专业团队，围绕建筑施工、工程造价、焊接加工、建筑设备安装四个专业，推进"湖南省重点产业技能人才培训实训基地建设"，"长沙市高技能人才培训基础能力建设"、"湖南省技工院校校企合作研修平台建设单位"三个重点项目中后期建设。构建完善的高技能人才培训体系，建立行业技术进步驱动课程改革机制，推动教学内容改革，同步深化文化、技术和技能学习与训练，规范合理使用政府专项资金，提炼培训基地建设工作经验，带动高技能人才培训基地建设全面发展。

3.1.3.3 完善服务管理，着力提高职业培训质量

（1）健全培训考核机制。学校职业培训工作全面贯彻实施职业标准，规范

实施专业人员岗位培训考核，致力于提高考核服务质量和管理水平。成立了以校领导为组长的培训、考务领导小组，召开专题会议部署培训考核工作。切实加强考场建设，按照远程网络考试的考点建设要求，完善了相应硬件设施配备。组建优秀服务团队，配备项目负责人、专职班主任、机房管理员组织管理。注重把握服务细节，加强后勤服务保障，服务于教学和及时反馈学员信息，让学员与老师之间沟通无障碍。依托职业培训优势，加大培训教材开发，不断提高职业培训能力水平。

（2）突破校企合作瓶颈。采取独立办班、送教上门、项目引进、合作开发、政府购买等多种形式的培训形式。既可以将企业的资金、设备、师资和技术引进学校，也可以主动将培训送到企业和施工一线。既可以承接企业订单，根据企业用人数量和规格开展订单培训，也可以校企共同确定培养方案，实施联合培养。工作重点将进一步为企业提供便捷服务，面向建筑业企业在职职工技能培训，根据企业生产安排和实际需要，力争教学为现场服务，突出培训的实用性和应用性，满足企业对高技能人才多元化的需求。

（3）加强培训师资建设。为切实提高培训考核质量，学校精心组建以学院、大型国企培训师资、行业能工巧匠以及自身优质师资，打造名师团队，拥有一级建造师、二级建造师、注册造价工程师、湖南省技能大师等多项资格资质。授课老师均为各专业技术岗位的学术带头人。针对参培人员情况，制定翔实的教学计划，积极创新教学方法，注重教学实际效果，把提高现场从业人员岗位能力培养作为培训工作的出发点和落脚点，取得显著成绩。

3.1.3.4 夯实发展基础，不断增强社会服务功能

（1）推进基础能力建设。学校全面启动国家高技能人才培训基地项目实施，完善了高精度全站仪、电子水准仪等多项高端教学设施配备，新建成水电专业"一体化"车间，建筑架子工、砌筑工、抹灰工、测量等实训场地现已全面投入使用。建设有焊接加工、建筑起重设备、管道、钳工、水电一体化、砌筑、测量、抹灰、镶贴、钢筋、预算、装饰设计、通用职业素质课改等20多个实验实训室。2016年学校启动了教学实训综合楼建设，集地下车库、食堂、学生住宿、体艺馆、培训考核、实习实训于一体，总造价为6000万元，建设面积约21000平方米，计划两年内完成建设项目，同步推进园林化建设。力争把我校打造成湖南最具影响力的建筑类高技能人才培养和培训基地。

（2）开展职业技能鉴定。学校拥有国家职业技能鉴定中心，具有砌筑工、架子工、测量放线工、装饰装修工、抹灰工、电焊工等30多个工种的考核鉴定权，服务覆盖建设行业领域。坚持"横向拓展、纵向提升"，按照统一标准、命题、考务和证书等质量管理原则，不断提升管理水平和鉴定层次，扩大资格证书覆

盖面，面向社会与多家单位达成技能鉴定协议。累计鉴定各种专业 4600 人次，技能鉴定合格率最高达到 97% 以上。教师主编或参编教材每年约 10 本、完成课题研究 6 项，出版砌筑工、钢筋工、测量工、装饰装修工职业技能鉴定特色教材共 4 本。

（3）建立社会服务体系。学校调动一切积极因素，建立了立体交叉、运转灵活、互利多赢的良性循环社会服务体系。在农民工培训、职业技能鉴定培训、行业企业技术与管理服务等方面形成特色。学校为湖南建设人力资源协会职校委员会主任单位，成立了省建筑业农民工培训教研室。先后承担了湖南省《建筑业农民工作业队长培训教学模块及教案开发》、《建筑业农民工技能培训教学模块及教案开发》等三项课题研究，完成了钢筋工、混凝土工、砌筑工、抹灰工、模板工五个工种的教学计划模块和教案。学校了参与湖南省"'温暖工程'建筑业农民工培训"、"施工作业队长培训"、"建筑业农民工防治艾滋病知识培训"、"建筑业农民工安全生产知识培训"等近十个项目的培训工作，累计培训农民工10000 余人。学校完成了湖南省住建厅课题《湖南省建筑外围护结构节能施工操作人员培训体系研究》任务，填补了湖南省建筑外围护结构节能操作人员培训体系研究的空白。

学校在推动教育全方位转型升级、打造具有建筑行业特色的现代技工教育上迈出了坚实的步伐。"十三五"时期是全面建成小康社会决胜阶段，党和国家高度重视职业教育和技能人才培养工作，要求各级党委和政府要把加快发展现代职业教育摆在更加突出的位置，努力培养数以亿计的高素质劳动者和技术技能人才，培育精益求精的工匠精神，指明了技工教育事业发展方向。学校将积极主动作为、培育发展新动力，继续发挥行业、社会的服务功能，为湖南省建设系统和地方经济建设做出积极的贡献。

3.2 继续教育与职业培训案例分析

3.2.1 中国建筑第八工程局有限公司的职工教育培训工作

2016 年是中建八局高速发展的重要时期，局职工教育培训工作紧紧围绕局战略规划和局人才发展规划，以提高职工素质、建设人才队伍和保障企业可持续发展为基本任务，以企业转型升级对人才需求为重点，完善培训管理机制，健全培训体系，创新培训形式，对各级各类专业管理人员分层级进行了形式多样、行之有效的培训，较好地完成了职工培训任务。

3.2.1.1 教育培训工作开展基本情况

培训体系不断健全，内部讲师管理办法、总部员工培训管理办法相继出台。培训方式不断创新，研讨式、案例式、体验式、模拟式教学深入推广。培训课程体系和内部课程资源库稳步建立。外部教育优势资源有效利用，与国家行政学院、时代光华教育机构、复泰教育机构、重点高校等单位建立了良好长期的合作关系。内部师资队伍建设不断加强，通过评选建立了高级内部师资库。培训项目重点突出，中高层领导人员培训、"项目铁三角"培训、青年骨干人才培训、海外、投资、基础设施人才专项培训的开展实施全面提升核心人才管理能力。三级网络四层培训体系覆盖全员。局属各单位职工教育工作卓有成效，"项目职业夜校"、"项目大讲堂"、"核心骨干员工专项培训"等广泛开展，近五年全局培训达 364200 余人次，平均年度培训 72800 人次，其中，局总部举办各类业务培训 425 期，培训人数达 14800 余人。网络培训全面开展，员工网络学习年度参与率达到 61%，自主开发内部网络课程 995 门。

3.2.1.2 中建八局教育经费使用情况

全局教育经费严格实行经费预算管理，局、各公司教育经费按照不低于上年度工资总额 1.5% 的比例足额提取，部分经济效益好的单位按照 2.5% 的比例提取。按照年度教育培训经费提取比例和额度，编列预算，实行集中管理。严格审核职工教育经费的用途及报销，并建立经费台账。2013 ～ 2016 年，全局共使用培训经费 14270 万元。

3.2.1.3 职工教育培训重点工作开展情况

1. 不断健全职工教育培训组织体系

建立健全了局、公司、项目三级职责分工明确的职工教育培训体系，成立了各级职工教育工作委员会或工作领导小组。通过有效协调各层级、各部门组织机构，发挥各方能动性，整合系统教育培训资源，形成"统一领导、分工负责、齐抓共管、相互协作"的良好局面，达到了激活教育培训组织、提高教育培训效益的目的。

2. 充分发挥职工教育培训领导小组职能

局、公司职工教育培训领导小组负责审定局、公司中长期职工教育培训规划和年度培训计划、职工教育培训经费预算及使用情况，听取人力资源部等职能部门有关职工教育培训方面重大事项的汇报，及时指导、检查、督导全局职工教育培训工作的开展情况。通过年度召开例会，充分发挥职工领导小组职能，保障了各项培训计划的顺利开展。

3. 持续完善局职工教育培训管理制度

在原有《中建八局职工培训管理办法》的基础上，2015 年制定了《中建八局内部讲师管理办法》，明确了内部培训讲师的职责、聘用资格、考核流程及相关待遇，建立起内部高素质讲师队伍，形成规范化的培训讲师管理体系，目前通过推荐、考核、聘用等程序产生了 42 名局内部高级讲师，为形成高质量的内部课程及企业知识传承奠定了基础。为不断提高总部员工专业技能及管理素质，创建学习型组织，2016 年制定了《中建八局总部员工培训管理办法》，使职工教育培训工作有章可循，为局培训工作的有效开展提供了制度保障。

4. 大力推进重点培训项目的实施

重点在以下几个方面开展了培训工作：

（1）领导干部培训

按照中央及企业对领导干部能力素质要求，以建设一支高素质的领导团队为目标，以集中培训班为载体，全面打通了 D 职级到 C 职级领导干部学习通道，形成全覆盖、系统化的培训体系。

1）以提升领导能力为重点，与国家行政学院、复旦大学等联合举办了 12 期 C 职级中高层干部培训班，参加培训 455 人次，实现了 C 职级领导人员培训的全覆盖。

2）以夯实后备干部综合能力为重点，组织开办了 3 期后备干部轮训班，全局 106 名后备干部得到了重点培训。

3）以提高基层领导干部履职能力为重点，举办了 2 期三级单位正职领导轮训班，来自全局 116 名三级单位经理书记参加了培训。

4）以全局安全生产工作为重点，组织了 2 期全局 C 级以上干部安全生产轮训，共 85 位局和公司主要领导参加此项培训。

5）以提高党组织带头人的能力和素质为重点，举办党委书记培训班 2 期。

（2）推进企业转型升级核心人才培养

以企业转型升级对人才需求为重点，着力加强基础设施、地产融投资、海外人才的培训工作。

1）依托高校资源，积极加快基础设施转型人才的业务培训。为满足局转型升级的需求，提升基础设施人才队伍的建设，2016 年与长安大学联合举办一期为期 30 天针对从房建专业转岗到公路建设业务的公路专业骨干人员培训班。2017 年与石家庄铁道大学联合举办 2 期针对由房建转到铁路、轨交和公路、市政道路建设项目的项目铁三角的业务能力提升培训班。结合专业培训，开发制作了涵盖公路、铁路、市政等专业多门网络课程，形成了基础设施课程体系，目前已有 2075 人参与网络学习，达到 228105 个学时。

2）为了落实关于投资模式由"服务型带动"向"引领型发展"转变，商业模式由传统的 BT 投资模式向 PPP 模式转变的要求，全面提高投资人才业务能力水平，开展局融投资业务管理培训班 3 期，190 人参加了培训。此外针对 PPP 新型模式，还开展了《PPP 项目运作实战及案例分析》、《PPP 项目税务管理及案例分析》、《PPP 业务法律实务》等课题的专题培训，使参训人员不仅加深了对投资业务理论知识的理解，更提升了对投资业务实际操作的能力。

（3）项目铁三角培训

以解决岗位胜任能力和解决施工过程中存在的问题为导向，以总承包管理、工期管理、质量安全、商务管理以及新技术、新成果的应用推广为重点，深入强化了项目专业管理人员尤其是项目经理、项目总工、项目商务经理岗位培训及其继续教育，提高了局项目管理水平和项目盈利能力。

1）培养和打造工作作风硬朗、业务能力精湛、管理水平一流的项目管理团队为目标，举办 5 期项目经理黄埔军校培训班，总共 600 名在岗项目经理参加了培训。通过对总包的协调以及高效沟通、高效团队建设、项目经理职业发展等课程学习，持续地提高该局的项目管理水平。

2）按照局精益管理，对项目降本增效、项目商务策划、项目双优化等内容进行了全面系统的培训。先后举办 6 期项目成本管理"铁三角"商务培训、5 期"大商务"管理定向培训班、7 期项目商务经理培训班、5 期商务大讲堂，共计 3000 余名项目经理、项目总工、项目商务经理参培，为进一步提升项目盈利能力奠定了良好的基础。

3）针对项目总工，在项目双优化实施、项目科技创新与创效、工程质量管理、施工技术、专业施工协调等方面加强了培训，开展了大中型项目总工培训班，8 期培训班共有 562 名项目总工或技术负责人参加培训。

（4）青年骨干员工和新员工培训

目前 30 岁以下青年员工比例已到达 53%，青年员工成为局人才队伍的生力军，其成长与发展直接关系到局人才的总体建设质量，围绕这一群体重点做好两个培训。

1）抓好青年骨干员工培训。选拔全局各单位在生产、经营、技术质量等管理一线岗位的 361 名青年骨干员工参加集中培训，通过 6 期的青年人才骨干培训班，提升青年骨干员工综合管理素养，进一步激发其干事创业的热情。

2）抓新员工的培训工作。从 2012 年开始，由局总部牵头集中上海片区的新员工开展入职培训。通过开展企业文化、企业规章制度、安全生产知识、职业生涯规划等课程的培训加快了新员工角色转换；通过军事化训练，磨炼了新员工的意志，加强了纪律性，培养了吃苦耐劳精神，培养了新员工的执行力和对企业的忠诚度；结合岗位证网络教育培训及取证，使新员工入职培训得到持续加强。形成了以严格军训、企业文化传承、多样文体活动、网络考试取证为体系的新员工培训模式。入职培训开展以来得到了新员工的普遍认可，已成为局培训的重要品牌。

（5）职业资格取证培训

注册类执业资格取证直接关系到局经营的可持续发展能力，通过网络教育、集中面授、督促自学等方式，大力推动注册类执业资格取证的考取，如近五年开发一级建造师等执业资格内部网络课程达 156 门，涉及注册造价工程师及建造师的房建、市政、机电、铁路、公路等专业，选课达 90581 人次，实际完成课程学习为 68784 人次。网络课程的开发为广大项目人员备考提供了极大方便，有效解决了工学矛盾，培训成本也大幅减少。目前一级注册建造师、注册造价师、注册安全工程师、一级结构工程师、公用设备工程师等证书实现翻番，达到 4131 本。此外，组织三类人员新取证和继续教育延期注册考试 60 余场次，办理安全三类人员证书及延期注册 7120 人次。通过八局网络教育平台学习及考试，办理专业管理人员岗位证书 22000 余本，办理一级建造师继续教育证书 836 本。保证了全局市场开拓和项目建设的用证需求。

（6）网络教育培训

局网络教育平台经过不断地建设和完善已经成为开展职工教育培训的重要媒介和手段，得到了广大员工，尤其是基层青年员工的广泛认可，极大地提高了培训的时效性，有效地降低了培训成本，为培训工作的全员覆盖创造了条件，为企业未来的知识管理奠定了基础。至今共开发内部课程 995 门，初步形成了以项目管理、业务线管理、基础设施（铁路、轨交、公路专业）、投融资、职（执）业资格考试辅导、高端讲座、管理手册为架构的课程体系和考试体系。从 2013 年至今，学习参与率 61%，完成 2206 万总学时、1873 万学分，人均学时 114 小时，人均学分 97 学分。

3.2.1.4 存在的问题与不足

（1）全局整体培训管理工作有待进一步提升。虽然培训工作成效长足进步，但是个别单位发展还不平衡，一些单位人才开发的手段和方法还比较单薄，人才培养不聚焦、不系统、不经济，培训工作不成体系，培养过程比较粗放，相关的配套措施跟不上，没有形成合力，导致基层人才培养难以持续一贯地按照规划实施。

（2）培训对人才开发的作用有待进一步加强。培训在员工任职、调岗、提拔、绩效考核等方面的关联性不强，这在某种程度上制约了培训效果的发挥。这与培训后对工作产生的整体效果难以界定且滞后有直接关系，对培训结果的运用还需要进一步加强。

（3）转型升级人才的培养需要进一步加强。随着企业快速转型发展，基础设施、投融资、地产开发、海外等转型人才不足，还需要继续加大转型人才的培养。

（4）职业经理人对人才培养的重视度还需要持续提升。对人才培养的真正责任主体是职业经理人而非人力资源部的认识还不深入，人才培养的主体错位、功能不明显，职业经理人的培养作用所发挥的空间还较大。

3.2.1.5　今后工作重点

（1）以中央提出的"服务发展、人才优先、以用为本、创新机制、高端引领、整体开发"人才工作方针为指导，以企业人才结构调整为中心，以保障人才供给、提升人才素质、优化人才机制为主线，充分认识和尊重人才成长规律，确立人才优先发展、人才强企的战略方针，打造具有"一流职业素养、一流业务技能、一流工作作风、一流岗位业绩"的职工队伍。进一步更新观念，完善制度，创新机制，提升教育培训工作水平。充分发挥上海分院在企业人力资源培训开发方面的主体作用，为全局开创更加科学、更有活力、更好质量的新时代提供人才保证和智力支持。

（2）紧紧围绕企业综合实力保持"中建排头、行业领先"，经营规模进入世界 500 强的战略目标，以"四商一体"为核心，继续深化"七类核心人才"（领导人员、项目经理、勘察设计人才、科技研发人才、商务法务人才、投资运营人才、高技能人才）的建设，重点实施领导人才培养、海外人才发展、基础设施人才发展、专业骨干培养、高技能人才培养、青年人才培养六个项目，打造和培养出支撑该局产业发展升级所需的"建造、地产、投资、运营"管理团队和专业人才，具体在职工教育经费提取不低于工资总额的 2%，全员人均学时不低于每年 40 小时，对 1200 名各级领导干部、转型升级等关键人才开展专项培训得到落实。

3.2.2　河南省第一建筑工程集团有限责任公司继续教育与职业培训发展情况

3.2.2.1　公司概况

河南省第一建筑工程集团有限责任公司（以下简称河南一建集团）成立于 1951 年，是国家房屋建筑工程施工总承包特级、市政公用工程施工总承包一级企业，并具有多项其他总承包和专业承包资质企业。集团公司专业门类齐全，技术力量雄厚，下属数十个项目经理部、土建分公司、预制构件分公司和专业化施工分公司，并拥有 3 个全资建筑工程公司和隧道管片公司、设计公司、房地产开发公司、物业管理公司、建材产品检测中心、劳务公司等控股子公司。集团公司现有员工 2536 名，其中具有中高级专业技术职称人员 1033 名。

集团公司承建施工的一大批重点工程先后荣获国家、军队及省市级优质工程奖，其中有近四十项工程荣获中国建设工程鲁班奖、国家优质工程奖、中国市政金杯示范工程奖等全国性荣誉称号。六项工法被评定为国家级工法。2014年先后荣获河南省省长质量奖和郑州市市长质量奖，成为全省住房城乡建设系统首家双双获此殊荣的企业。公司先后荣获全国优秀施工企业、全国用户满意施工企业、全国五一劳动奖状、全国重合同守信用先进单位等数十项全国荣誉称号，2015年被评为全国200家最具竞争力企业，河南省建筑业企业二十强。

3.2.2.2 全员参与教育培训

《河南一建集团公司2010～2020发展战略规划》提出，河南一建集团的人才工作要统筹抓好高层管理领导班子、商务管理人员队伍、项目建造队伍、专业技术人员队伍五支人才队伍，重点培育六类核心人才，即领导人员、项目经理、技术负责人员、商务经理、生产安全负责人员、主任工程师。为此，河南一建集团正在以构建全集团统一的职级体系，建立健全面向所有员工的职业生涯发展体系为抓手，大力推进人才队伍建设，并以"全员参与教育培训"为目标，积极贯彻落实教育培训工作。

2017年，河南一建集团对年度培训计划内的培训项目重新定位，明确划分为职业管理培训、领导力发展项目和业务水平提升三个项目。同时继续开展了执业资格人员培训和高技能人才培养项目。

1. 员工职业管理培训

员工职业管理培训包括新员工入职培训和全员员工培训。

（1）新员工入职培训。河南一建集团极为重视新员工的培养工作，首先从青年学生入职培训做起。每年10～11月，在新员工集中报到结束之后，集团公司劳动人事处都要组织进行一次为期一周的新员工入职培训。三年来共有532名新员工参加了培训，在入职培训班上，就集团公司发展史、企业文化、业务发展情况以及员工职业发展情况等内容进行了现场专题讲授。

成功的新员工培训可以起到传递企业价值观和核心理念，并塑造员工行为的作用，它在新员工和企业以及企业内部其他员工之间架起了沟通和理解的桥梁，并为新员工迅速适应企业环境并与其他团队成员展开良性互动打下了坚实的基础。

（2）全员员工培训。2016年集团公司按照"夯实基础、提升品质"的要求，对集团公司的各种管理制度进行了集中梳理。各项制度在部门梳理修订过程中，既是对集团公司现有制度的总结修改，也是对制度的完善，同时也借鉴了先进企业的管理经验，具有一定的先进性。集团公司总经理办公会审议通过印发后，集团公司各部门先后组织了多次宣贯培训。2017 年集团公司又根据管理制度制订了管理工作手册。手册发布后，集团公司各处室又集中进行了宣贯培训。管理制度和手册的集中宣贯，既是一次学习的过程也是一次集中培训的过程。2016 ~ 2017 年，共举行管理制度和管理手册培训 22 次，有 2316 名人员参加了学习，授课老师全部是管理制度和管理手册编写部门的领导和人员，培训的举办促进了集团公司的管理标准化和精细化水平的提高。

2. 领导力发展项目

近两年集团公司重点抓好领导人员的培训。根据集团公司《主要管理人员职级划分表》的规定，集团公司的主要管理岗位分为三级，一级为集团公司领导，其中包括集团公司董事长、党委书记、总经理、集团公司副总经理、党委副书记、总经济师、总会计师、总工程师、工会主席、纪委书记。二级为中层领导，其中包括总经理助理、公司机关部门正职（包括党委部门正职、工会副主席、团委书记）、二级单位行政正职、党支部书记、公司机关部门副职（包括党委部门副职、团委副书记、女工委员会主任）、二级单位副经理、党支部副书记、工会主席、主任工程师。三级为单位部门领导，其中包括二级单位助理总经理、二级单位机关部门负责人、工程项目部经理、工程项目部副经理、技术负责人等。

（1）通过走出去、请进来，重点抓好中高层即二级以上领导的理论和管理水平的教育。2015 年以来，集团公司通过请进来、走出去组织参加各种培训的方式突出了领导素质、领导水平和管理知识的培训。2015 年 11 月以来，集团公司多次组织集团公司董事、集团公司经营班子成员走出到上海、杭州、深圳、南通、沧州等地先进企业调研取经，开阔了眼界，学习了先进的管理理念。两年来，集团公司多次邀请国内知名的学者、专家来集团公司为中高级管理人员进行授课，先后邀请了孟凡驰、苏文忠、李福和、肖太寿、郑丽霞等讲授了企业文化建设、企业发展战略、建筑业变化和企业战略性应对策略、建筑业营改增应对、组织内部协同技巧、共赢领导力等，基本上做到了每两个月至少有一次国内知名学者、专家来集团公司授课。走出去、请进来，拜师学艺、聆听讲解，提高了集团公司中高层领导的理论水平、认识水平和领导水平。

（2）着眼于未来，集团公司开办两期中青年骨干培训班加强对后备人才的培训。青年是祖国的未来，更是企业的未来。集团公司尽管已有 60 多年的历史，但由于人员的更替和前几年人员流失，集团公司出现了人才断层的现象，中高层人员老化较重，而现场管理人员则新人较多，年富力强的中年骨干匮乏。人才流失原因是多方面，有大环境的影响，如地产行业的繁荣、优厚的待遇、较快的晋升速度，挖掘了一大批从事施工的人员走向了房地产企业。但企业内部也有很多值得反思的问题，行业的微利、效益不佳造成员工薪酬难以大幅度提高，在房子、车子、子女教育、医疗等沉重的压力下，一批优秀人员不得不离开了施工企业。一些民营企业在社会变化巨大的情况仍坚持原始的管理方式，特别是有的企业长期家族式管理任人唯亲，也打击了一部分有志之士的积极性。2015年11月集团公司新一届领导班子组成以来，认真反思集团公司发展过程中出现的问题，并采取多种激励措施提高过员工的经济收入，但要扭转人才流失的局面并非一日之功，需要综合治理。集团公司领导认为"授人以鱼不如授人以渔"，仅靠物质刺激、物质鼓励是不行的，人的欲望是无止境，即使在富有的企业也难以永远能够满足员工的物质需求。要通过教育不断提高员工的素质和技能，增加员工的晋升本领，使员工获得更多的发展机遇，学习和教育是对员工最大的奖赏。为此，集团公司决定举办集团公司中青年骨干培训班，并邀请中建政研全程授课。经过一年多，先后5次的集中培训，经历了培训过程中的淘汰之后，共有92名来自集团公司各个二级单位的学员取得了河南一建首期中年骨干培训班结业证书。通过首期中青年骨干培训，集团公司拓宽了选人和用人渠道，也发现了一批优秀人才，并在一些急需的岗位择优选用了其中的部分人员。初尝首期培训成果之后，集团公司2016年7月又选拔了80名学员组织开办了第二期中青年骨干培训班并进行了首次授课。该期参培学员，除二级单位之外也包括了集团机关处室的优秀骨干，人员更加广泛。

3. 业务水平提升

业务水平提升项目是围绕集团公司战略目标，着力提升集团公司各类专业人员业务水平而开展的专业培训。2015年以来，集团公司先后举行了营改增、BIM、装配式建筑、招投标技巧应用、合同谈判、平面布置设计、绿色施工、安全讲座等各种提升培训班32次，培训3635人次。

4. 执业资格继续教育项目

截至2016年底，河南一建集团现有一级建造师等执业资格人员共223人，同时每年根据在建施工项目的需要，还有大批造价员、安全员、质量员、施工员、材料员等专业管理人员取得上岗资格证。为加强一级建造师等执业资格人员的培训，河南一建集团每年坚持举办执业资格人员的考前辅导和现场专业人员继续教育培训，主要培训项目有：

（1）一级建造师考前辅导。2009年以来，为帮助河南一建集团总部及各二级单位报考人员掌握知识考点，提升考试技巧，积极联系社会影响力较大、信誉较好的培训机构举办了考前培训班，极大地提高了集团公司一级建造师执业资格考试的通过率。

（2）八大员继续教育。根据集团公司教育培训工作安排意见，开展了对施工员、安全员、质量员等现场专业管理人员的继续教育工作。先后有4950人次参加了培训，节约了成本和时间，学员对课件质量和教师教授水平表示满意。

河南一建集团为了提升培训的针对性和实用性，除完成国家规定的培训内容外，河南一建财务处每年还紧密结合年度财务工作重点，对当前财务工作的形式与任务提出要求，对财务工作标准化体系及管理规定等进行宣传。

5.高技能人才培养项目

为了进一步培养高素质职业化技能人才，明确技能人才的职业发展路径、拓展职业发展空间，充分发挥技能人员的主观能动性，提升技能人员的技术管理和科技创新能力，形成技能人才的梯队优势和高端领先优势，集团公司制定了《技能人才职业发展管理办法》，对土建、水电安装等生产一线操作人员根据《住房城乡建设部关于加强建筑工人职业培训工作指导意见》的精神，积极开展技师、高级技师的考评申报，在集团内部开展职级岗位培训与考核激励等工作，从而进一步加强技能人才队伍的管理，加速推进技能人才队伍的建设。

3.2.2.3 一建特色教育培训工作优势

（1）突出员工培训紧贴集团公司发展需要。近三年，集团公司的各类培训不论是培训人员还是培训内容都紧扣集团公司发展需要，尤其是管理制度和管理手册的集中宣贯更是突出了企业特色。

（2）现代教学方法综合运用，不断提高培训效果。河南一建集团还积极探索运用现代教学方法，普及推行研究式、互动式、案例式、体验式教学，突出学员在培训中的主体地位。

（3）注重需求调研与教学质量评估，不断提高培训质量。为做到按需施教，每次培训之前包括邀请的专家都与集团公司的相关人士进行了沟通和交流，集团公司向专家学者提出了培训需求，讲授者都能根据集团公司的需要和学员的要求进行授课，提高了培训质量。

（4）全员参与教育培训。考核评价、职业生涯设计和教育培训全员参与是集团公司着力追求的人才理念的目标，是减少人才流失率的有效举措，也是人才工作的重要抓手。河南一建集团以领导力、专业力、职业力项目为基本框架，大力推动教育培训工作的全面覆盖，逐步将公司的战略发展意图有机融入教育培训工作中去。

3.2.2.4 获得荣誉

河南一建集团公司的教育培训工作先后得到了上级主管部门的肯定，多次被河南省建设教育协会评为"河南省企业职工教育培训先进单位"。

3.2.2.5 具有一建特色的员工教育培训管理办法

河南一建取得的成绩源于集中优势资源不断加大投入做好员工继续教育工作，长期坚持不懈地加强人才队伍培养与建设，尤其是2015年11月新一届领导班子组建以来更是十分重视员工的培训教育、业务技能和管理素质的提高工作，形成了具有河南一建特色的员工教育培训管理办法。

集团公司具有60多年的悠久历史，取得过众多辉煌的业绩，自企业由国有企业改制为民营之后，一度出现了不思进取、不求发展的状况，集团公司在全省的地位和社会信誉大幅下滑，员工失落感较重，人员流失现象急剧增加，企业的竞争力下降。

按照《国家中长期人才发展规划纲要（2010～2020年）》和全国教育工作会议精神，以及《河南一建集团中长期发展战略规划》的要求，经集团公司经理办公会研究，制定了《河南一建集团员工培训管理办法》，为培养造就一支高素质的员工队伍，实现公司做大做强、创百年品牌的战略发展目标。

1. 培训的领导与职责

加强集团公司对员工培训管理机构的领导，为全面完成员工培训任务提供可靠保证。集团公司成立员工培训工作领导小组，负责对培训工作进行部署、管理和领导，形成了"统一领导、分工负责、齐抓共管、相互合作"的良好局面。

集团公司劳动人事处负责制订员工培训工作的整体规划，根据实际的培训需求，提出培训活动的计划、实施和控制措施，并评价培训的效果，负责建立培训档案及日常管理工作。

集团公司其他业务处室负责协助劳动人事处进行培训的实施、评价，同时负责提出本部门岗位的培训需求，组织本部门内部的培训，开展推进业务竞赛，并提出相应的考核办法。

集团公司所属各单位要高度重视培训工作，把培训工作列入重要议事日程，纳入本单位的发展规划，统筹安排，整体部署。充分发挥本单位的劳动人事部门在培训工作中的协调服务、督促检查和制度规范职能，努力形成统一协调、分工协作、齐抓共管、有序运行的良好工作机制，逐步构建分层次、分类别、多渠道、大规模、重实效的培训工作格局。

集团公司定期召开培训工作领导小组会议和培训工作联席会议，充分发挥其宏观指导和沟通协调的作用。各单位要认真落实培训工作责任制，定期研究本单位、本部门的培训工作，切实解决存在的问题，保证各项任务的落实。

2. 培训资源的建设与管理

培训资源包括培训讲师、培训教材、培训设施设备、培训经费等。

（1）培训讲师

1）培训讲师分为内部讲师和外部讲师，劳动人事处负责建立培训讲师档案供各单位、部门培训调配使用。

2）内部讲师由公司各级管理者和业务骨干构成，各级管理者负有培训员工的义务和责任。公司内部岗位培训，初期各部门负责人为本业务培训师，并要求有目的选拔、培养、聘用业务能手为培训师，选拔并使用的内部培训师作为公司各级后备人才进行重点培养。

3）外部讲师是通过公司聘请的授课讲师，其课酬根据实际情况和培训预算确定，通过培训效果的评估决定是否继续聘请该讲师。

（2）培训教材

1）培训教材包括内部教材和外部教材，教材的载体可以是书面文字、电子文档、录音、录像等形式，教材由集团公司劳动人事处负责统一管理。

2）内部培训教材通过工作过程中的经验分享与教训总结，根据企业本年度重大事件（成功或失败）的案例，由培训师及培训管理机构组织开发。

3）外部培训教材引入和消化。公司聘请外部机构进行培训的，外部机构应提供教材，教材由公司劳动人事处统一归档管理。

（3）培训设施设备

培训设施设备的建设、购置、维护和管理依照"资源共享、充分利用"的原则由集团公司劳动人事处统筹安排。

3. 加强经费管理，加大投入与使用

根据国务院下发的《关于大力推进职业教育改革与发展的决定》（国发[2002]16号）的规定，河南一建集团要求各单位按照员工工资总额足额提取教育培训经费，并列入全年成本预算。同时定期检查各单位年度预算的落实与使用，严禁杜绝以任何理由和方式截留、挤占和挪用教育培训经费。

为保证河南一建集团总部组织的培训，总公司每年还要拿出一定量的资金，用于培训培训机构的建设。培训经费预算每年初由集团总部和各二级单位人力资源部门会同培训机构根据公司和各单位的培训计划共同编制，财务处审核后，提交集团公司和各二级单位教育培训指导委员会审批。

4. 培训效果评价与考核

集团公司通过不断完善相关制度，如《员工培训管理办法》、《中青骨干培养方案》、《员工执业资格考试取证补助管理办法》等，加强了培训管理和考核激励。为加大考核激励力度，河南一建集团建立了"倡导什么就考核什么，关注什么就考核什么，考核什么就兑现什么"的培训考核机制，并尝试了以下做法：把人才队伍建设情况、员工培训工作开展情况列入对本单位领导班子任期目标和经营业绩的考核指标中；把培训实施情况和专业技能知识培训及竞赛情况的考核纳入到部门工作质量和责任目标考核中，培训实施情况考核结果与每个部门的考核奖励相结合；把员工培训记录及评价绩效与其职业生涯规划和薪酬待遇挂钩等，起到了明显效果，形成了领导重视培训，有关部门各负其责，员工积极参与的良好局面，从而推动了继续教育培训的创新发展。

3.2.2.6 具有一建特色培训教育工作的优势

（1）根据自身的行业特点和发展状况"量身定制"专门培训，课程可以以企业内部中高层管理人员为主要培训对象，也可以以基层员工精神面貌、工作精神以及心态等各个方面进行培训。突出将培训工作与公司发展战略、员工的职业生涯发展紧密结合，以达到服务于公司发展战略和服务于员工职业发展的目的，最终实现组织能力提升与员工个人能力提升的"双赢"目标，是河南一建培训工作的最终目标。

（2）授课老师、课程内容、教学方式均依据企业的培训需求灵活设置。目标就在于使得员工的知识、技能、工作方法、工作态度以及工作的价值观得到改善和提高，从而发挥出最大的潜力提高个人和组织的业绩，推动组织和个人的不断进步，实现组织和个人的双重发展。

（3）培训工作中对信息技术的应用。一是在集团总部人员培训班中引进移动互联技术，采取"面授结合网络移动学习平台"的方式，为员工提供系统、针对性、持续性和即用即学的创新培养方式。各二级单位也创建了网络继续教育，信息技术在培训中的广泛应用，打破了原有的地域障碍和学习时间的限制，扩大了培训覆盖面，节约了培训成本，增强了员工学习的积极性、自觉性和主动性，提高了培训质量和效果。

有效的企业培训，其实是提升企业综合竞争力的过程。事实上，培训的效果并不取决于受训者个人，恰恰相反，企业组织本身作为一个有机体的状态，起着非常关键的作用。培训能增强员工对企业的归属感和主人翁责任感。就企业而言，对员工培训得越充分，对员工越具有吸引力，越能发挥人力资源的高增值性，从而为企业创造更多的效益。培训不仅提高了职工的技能，而且提高了职工对自身价值的认识，对工作目标有了更好的理解。培训能促进企业与员工、管理层与员工层的双向沟通，增强企业向心力和凝聚力，塑造优秀的企业文化。培训能提高员工综合素质，提高生产效率和服务水平，树立企业良好形象，增强企业盈利能力。适应市场变化、增强竞争优势，培养企业的后备力量，保持企业永继经营的生命力。在新形势、新挑战下，河南一建集团将继续把教育培训工作作为保持企业持续竞争力的大事来做，为全面实现河南一建集团"内抓管理、外树形象、走科学发展之路、创企业百年品牌"的发展战略目标作出贡献。

3.2.3 教学型电动挖掘机实训应用与培训模式创新

3.2.3.1 现状

长期以来，建设机械行业的大部分培训机构通常以购买二手挖机或者采用已经被市场淘汰的旧挖机作为实训实操教具。这些二手挖机发动机濒临机时寿命极限，燃油发动机油耗高、废气排放多数超标；同时燃油价格不断上涨，致实操训练因燃油消耗使培训成本猛增。这些旧机器所涉及的机型多数已落后或接近淘汰，使用过程故障率高，缺乏备品备件，得不到及时维护，设备性能和安全状况堪忧，实操机器普遍带病运行，学员实训安全事故多发成为建机实训行业多年的顽疾。

　　散落于工地、培训场、物流仓储等场所的大量二手落后旧的装备所产生的高污染高排放等问题引起了国家多个主管部门的高度重视。环境保护部办公厅2016年1月15日印发的《关于实施国家第三阶段非道路移动机械用柴油机排气污染物排放标准的公告》规定，自2016年4月1日起，所有制造、进口和销售的非道路移动机械不得装用不符合《非道路移动机械用柴油机排气污染物排放限值及测量方法（中国第三、四阶段）》GB 20891—2014第三阶段要求的柴油机（农用机械除外）。由此，工程机械行业掀起环保风暴，环保监察人员深入设备作业现场和实训场地，对非道路移动机械进行尾气检测，许多单位、建机租赁商、建机培训机构因设备违反燃油尾气排放等环保规定，成为被处罚对象，被列入各级黑名单。

　　综上，环保政策日益收紧，建设机械绿色节能标准提高、安全生产要求不断严格等诸多因素叠加，致使建设机械岗位培训全行业的安全风险、环保压力和培训成本不断提高。因此，开发绿色节能环保高效的实训教具装备，创新实操实训新模式成为全行业亟待解决的课题。

3.2.3.2 建设机械培训行业的问题分析

　　中国建设教育协会建设机械职业教育专业委员会开展了深入的行业调研，将建设机械培训行业面临的主要问题归纳如下：

　　（1）旧机器设备废气噪声和燃油排放超标，使用二手机器实训往往扰民，被投诉概率高。

　　（2）旧机器设备故障率高、高油耗致使培训消耗和使用维护成本居高不下。

　　（3）培训学校为控制成本往往采取压缩实操机时，以仿真培训替代实操培训，以模拟机全部代替真机实操教学，致学员实操训练机时不足，技能素养不达标，影响一次性就业率，行业培训满意度不高。

　　（4）根据现行国家标准，燃油型挖机不属于实训教具，使用燃油型挖机实训只允许单人上机操作，教练无法随车指导，新学员单独上机实操具有安全风险。

3.2.3.3 本行业的解决方案

　　中国建设教育协会建设机械职业教育专业委员会联合科研院所和高等院校、会员厂商，联合研发了一种无排放、成本低、高效节能的教学专用电动挖掘机，实现"油替电"，消除了尾气排放和高噪音污染，显著降低了实操燃油消耗等高成本；同时可以实现将电动教学挖掘机方便地由"室外露天训练"转移到"室内场地全天候训练"，保障了学员全天随时上机的实操机时供应，显著化解了学员技能水平提升与设备机时紧张之间的矛盾；同时设备采用"电力驱动"和"燃油发动机"两种动力模式，提高了设备转场和投放边远地区服务的能力，摸索出"进村培训、设备下乡培训、农民工自家门口培训、连队驻地培训、退伍兵就地培训"等新的职业培训服务模式。

在中国建设教育协会的支持下，建设机械职业教育专业委员会引导会员单位积极改善会员机构实训教具配置水平，研发教学专用电动挖掘机原型机并投入实操实训，通过培训下乡、下基层收集学员和教练员的实训数据，不断改进教法。

经过 2 年来的教学试验和实训示范，表现出如下优势：

（1）通过教具"油"改"电"，降低综合实训成本 50%，显著提高培训收益。

（2）与燃油训练模式比，无尾气排放；由"室外露天训练"实现"室内场地全天候训练"，不受天气场地的限制，可显著增加实操机时供应，学员实操技能水平提高较快，显著降低学费开支。

（3）设计了教练专用指导席，教练同步上机指导，降低了实操中的安全风险，提高了实操基本动作的有效性和安全应急事故防范的针对性。

（4）设计了由教练控制的速度调节系统和安全急停装置，提高实训安全系数。

（5）中国建设教育协会建设机械职业教育专业委员会申请并获得了相关专利，形成了自主知识产权的实训新模式和与之配套的环保绿色节能教具装备、教材体系。

3.2.3.4 试验示范结论

通过在宝鸡东鼎职校、南宁群健职校等机构两年来的实训试验（图 3-5 和图 3-6），实训教师共同体会：

图 3-5　宝鸡东鼎职业培训学校电动挖掘机教具实训试验示范场景

图 3-6　广西南宁职业培训学校电动挖掘机教具实训试验示范场景

（1）电挖机设置了副驾驶座位，便于组织一对一、一对多的实操教学，极大有利于对学员教学的指导，及时纠正学员在学习过程中的不规范操作，提高有限时间的教学成效。

（2）电挖机构造相对简单，系统运行可靠，维修方便，教学人员易于维护保养，教学过程中出现的简单故障，能在较短的时间内排除，提升了教学效率。

（3）电挖掘机工作时，噪声小，无废气污染，符合环保要求，调速性能良好，能快速地进行加、减速和反转，动态响应速度快灵敏度高，受教师学生青睐。

（4）对比实测：每小时消耗从20元下降到10元；实测效果：群健3.5吨燃油机，每小时烧油 19～22 元；专委会 2 吨型电教机，每小时电费 6～9 元；南宁动力电费：0.6 元 / 度。

（5）中国建设教育协会建设机械职业教育专业委员会拥有自主知识产权的电动挖机新型教具与传统的燃油挖机培训模式比较，如表 3-1 所示。

不同机型实机采购、实操训练油耗、维保费、人机学指标对比　　　　表 3-1

实训型号 对比项目	60 型（6 吨型）		220 型（22 吨型）		电驱教学真机 （建机专委会 2 吨型）	
	进口	国产	进口	国产	I 型机	II 型机
新机行情价	55 万元	30 万元	110 万元	80 万元		
平均能耗	4.5 升 / 小时（柴油）		18.5 升 / 小时（柴油）		11 度电 （满负荷）	15 度电 （满负荷）
运行费用 油价按 0 号 柴油 6.3 元	每小时柴油 4.5×6.3=28.35 元		每小时柴油 18.5×6.3=116.55 元		每小时耗电 11×0.8=8.8 元	每小时耗电 15×0.8=12 元
燃油系统 维保费用	1100 元 （每次平均）		2400 元 （每次平均）		无燃油系 日常保养即可	
环保与舒适	排放、噪声、暴晒		排放、噪声、暴晒		室内全天候工况	

实训型号 对比项目	60型（6吨型）		220型（22吨型）		电驱教学真机 （建机专委会2吨型）	
	进口	国产	进口	国产	I型机	II型机
一对一教学	机下旁站 声嘶力竭指挥		机下旁站 声嘶力竭指挥		随机座椅 一对一教练	
油改电，节支	58%～68%		89%～92%		—	
综合效益提高	40%～60%		40%～80%		—	

（6）十大效果，如表3-2所示。

十大效果　　　　　　　　　　　　　　　　表3-2

序号	效果描述
1	100%真机，100%施工实况，避免了仿真培训机、课堂填鸭等教学方式给学员带来的厌倦排斥、枯燥无味、场景单一、高温酷暑等不良身体感受；全真多样的施工实况，可使学员训练趣味大增，学习成就感凸出，自学习意识显著增强
2	适应施工现场的真实工况、常见土质，设备适用能力好
3	适用民用或工业电条件，无油耗、无油烟排放、无噪声扰民，节能环保
4	可在室内场地，全天候训练，避免风吹日晒
5	安全装置和设施齐全，防护到位，无后期保养及三滤零部件更换费用
6	教练可同步上机，一对一全程陪同，提高学员工法训练有效性和针对性
7	培训成本节省40%～60%，成本回收期半年，显著提高培训综合收益
8	专业化教练型设备采购经济，性价比高，满足培训领域创业者需求
9	显著增加实训机时，保障学员技能；满意度大幅提高，各方受益明显
10	推广后可以极大提高挖掘机操作与维修保养人员的训练手段和装备水平

综上，中国建设教育协会建设机械职业教育专业委员会拥有自主知识产权的教学专用电动挖掘机实训教具较好地解决了本行业长期存在的高消耗和高污染问题，对提高建设机械职业教育行业服务水平，促进建设机械岗位人员实操技能水平具有创新意义。

本章根据中国建设教育协会及其各专业委员会提供的年会交流材料、研究报告以及相关杂志发表的教育研究类论文，总结出教育治理现代化、"双一流"建设、学校能力提升、人才培养、师资队伍建设、立德树人与校园文化建设、校企合作、教学研究 8 个方面的 23 类突出问题和热点问题进行研讨。

4.1　教育治理现代化

4.1.1　教育治理体系与治理能力现代化

中国教育科学研究院陈金芳、万作芳认为：教育现代化是国家现代化的基石，没有教育现代化就没有国家现代化。其中，教育治理体系与治理能力现代化是实现教育现代化的核心目标和要求。

（1）教育治理体系与治理能力现代化是深化教育领域综合改革的总要求。教育治理体系现代化在国家治理体系现代化中具有举足轻重的地位和作用，是国家治理体系现代化的重要组成部分。教育治理体系与治理能力现代化不能仅仅被理解为概念的更新，关键在于其内涵意义的更新，是对既往教育管理体制的历史超越；教育治理体系与治理能力现代化不仅是教育现代化的关键内容，也是教育现代化得以实现的重要保障。

（2）教育治理体系与治理能力现代化的结构及标准。教育治理体系是一个以教育制度为中心的系统，这个系统既包括作为教育制度导向的教育价值观或价值追求，也包括贯彻教育制度的政策行为。教育治理能力包括理解能力、执行能力和创新能力三个主要构成要素。教育治理体系与治理能力现代化的衡量标准主要包括：符合科学精神、教育规律；过程民主化；运行制度化、法治化；高效与公平并举。

（3）推进教育治理体系与治理能力现代化的基本路径。按照教育治理体系的基本结构，构建现代教育价值体系是推进教育治理体系与治理能力现代化的前提和基础。因而，要以价值观为导向，注重顶层设计与基层创新相结合；在教育治理体系中，教育制度是根本，因而要以制度建设为核心，实现体系建设与能力提高相结合；政策是理念的体现、制度的载体，因而在教育治理过程中，要以制度体系为基础，提升政策制定水平与执行力度。

参见《教育研究》2016 年第 10 期"教育治理体系与治理能力现代化的几点思考"。

4.1.2　大学治理的转型与现代化

中国人民大学李立国认为：随着高等教育规模扩张和知识生产模式的变迁，大学治理模式开始由学术治理转型为共同治理，大学的治理主体、治理体系与治理实践也随之发生变化。大学治理在由传统的学术治理迈向共同治理的过程中，由于治理与管理的边界不清晰，各方对于利益的不同诉求，商业与政治等外部因素对于大学治理的冲击以及教师参与治理的问题较多，导致共同治理面临困境。大学治理现代化的方向应该是协商式共同治理。

协商式共同治理的要义有三点，一是共同治理是国际高等教育与大学治理的发展趋势，也是我国建立"党委领导、校长负责、教授治学、民主管理、社会参与"这一治理结构的反映和要求；二是遵循大学作为学术性组织和教学科研组织的特性，遵循学术治理要求，落实教师在大学治理中的主体地位；三是强调协商在共同治理中的价值，突出尊重、平等、合作与沟通，以保障治理的成效与质量。

参见《大学教育科学》2016年第1期"大学治理的转型与现代化"。

4.1.3　高职教育治理体系现代化的探索

安徽工业经济职业技术学院张旭刚认为：建设现代化高职教育的紧迫性和重要性不言而喻，而其首要命题就是高职教育治理体系的现代性建构。

（1）高职教育治理体系现代化的门路：呼应"一个"战略需求。高职教育治理体系现代化的门路就是要找准建设现代化高职教育治理体系的切入点和落脚点。我国高职教育必须切合我国经济与社会发展重新定位，与区域重点产业布局相适应、与国家总体产业布局相协调，自觉承担起服务经济发展方式转变和现代产业体系建设的时代责任，紧紧围绕国家战略需求，将高职教育改革与发展与经济社会发展"同频共振"、"并轨提速"。

（2）高职教育治理体系现代化的道路：坚持"两化"融合创新。当前，世界各国教育在交流与合作、融合与创新的发展进程中呈现出国际化和本土化相互融合、相辅相成、相得益彰的发展趋势。学习和借鉴他国职业教育治理先进经验、积极利用国际优质职教资源是由传统向现代转型的必要条件和必经路径，因此我国应把职业教育作为对外开放的优先领域，顺应世界潮流，打造职业教育"中国模式"。

（3）高职教育治理体系现代化的思路：实现"五个"全面转变。一是治理主体由"一元管理"向"多元治理"转变；二是治理结构由"分散交叉"向"有效整合"转变；三是治理机制由"上令下行"向"多元制衡"转变；四是治理方式由"行政主导"向"法治为主"转变；五是治理评价由"一体"向"独立"转变。

（4）高职教育治理体系现代化的出路：突破"三层"障碍。从宏观层面看，要破除政府集权式体制壁垒，重塑政府与高职教育利益相关方关系；从微观层面看，要突破院校内部官僚体制束缚，建立现代大学制度；从供给侧层面看，要打破法律供给不足瓶颈，加强法律保障体系建设。

参见《教育与职业》2016年第23期"高职教育治理体系现代化的四维审视：门路、道路、思路与出路"。

4.2 "双一流"建设

4.2.1 找准定位与特色发展

北京科技大学党委书记武贵龙认为：国务院颁布的《统筹推进世界一流大学和一流学科建设总体方案》中明确提出，到2020年，若干所大学和一批学科进入世界一流行列，若干学科进入世界一流学科前列。如何在"双一流"建设中找准定位，特色发展，成为未来较长时期关乎高校发展的一项重大课题。

（1）科学谋划未来发展，为"双一流"建设做好顶层设计。"十三五"期间，高等教育发展机遇与挑战并存。高校必须立足事业发展，树立"机遇意识、危机意识、改革意识、创新意识、法治意识"，加强科学论证与顶层设计，汇聚多方智慧，在校内形成广泛共识，明确"十三五"期间乃至更长时间的发展目标、指导思想、发展举措和条件保障等。高校必须坚持"有为才有位"的思想，围绕国家重大战略需求，抢抓发展机遇。

（2）全面加强党的建设，为"双一流"建设提供坚强保证。党的基层组织是党的全部工作和战斗力的基础。抓好基层组织建设对全面深化学校综合改革、全力推进"双一流"大学建设至关重要。要强化"三个结合"，充分发挥好高校党委的总揽全局、协调各方的领导核心作用，为各项事业的科学发展提供坚实的政治和组织保障。

（3）深入推进综合改革，为"双一流"建设注入强大动力。当前，高等教育及高校内部的改革都逐渐进入了深水区，改革攻坚的难度越来越大，涉及的利益越来越多。"十三五"期间，高校要强化问题导向，深入推进综合改革，为"双一流"建设注入强大动力。坚持立德树人的根本要求，加大人才培养改革；以建设高水平教师队伍为核心，加强师资队伍建设；以一流学科建设为龙头，构建特色鲜明的学科体系；建立健全现代大学制度，提高科学管理水平。

参见《中国高等教育》2016年第11期"在'双一流'建设中找准定位、特色发展"。

4.2.2 制度创新与路径突破

对外经济贸易大学常文磊、仇鸿伟认为：随着我国建设世界一流大学进程的不断深入，对研究型大学来说，在深刻理解自己使命的同时，必须思考并解决好世界一流大学及一流学科建设的制度创新与路径突破问题。

(1)深入研究世界一流大学建设模式的共性和个性。在我国"双一流"建设中，既要提炼出世界各国建设世界一流大学过程中深层次的共性因素，更要探究世界一流大学成长发展历程中形成的各自专有性或显著性的发展方式，实事求是地探索符合每一所高校自身实际的发展路径和方法。

(2)秉持多元卓越的发展理念。世界一流大学的办学理念既有不同的表现，也有共同的特征。在"双一流"建设中必须从实际出发，既不能因循守旧、抱残守缺，也不能不顾高校自身的历史积淀、学科建设实力与特色，盲目求大求全，而是一定要准确把握我国高等教育供给侧改革的新形势，牢固坚定树立特色发展、错位发展、多元卓越的办学理念。

(3)采取理性务实的学科建设路径。很多大学虽然跻身世界一流大学之列，却往往不是各门学科齐头并进的综合大学。在某种程度上可以说世界一流大学与拥有学科门类的多寡并无直接关系。在我国"双一流"建设中，学科发展路径的选择至关重要。要牢固树立依附优势学科、重在学科内涵发展的理念。一流的基础学科是一流大学的必要条件，在此基础上要根据办学目标大力发掘和培养特色学科。

(4)通过制度创新切实保障大学自治。提高世界一流学科建设成效的核心在于制度创新。要力争通过一系列的组织制度变革，实现大学学科的协同创新模式。

参见《教育探索》2016年第12期"世界一流大学及一流学科建设：核心论域与路径突破"。

4.3 学校能力提升

4.3.1 提升为地方与行业发展贡献度

苏州科技学院院长江涌认为：随着高等教育的发展，高校的社会功能与社会经济发展联系更加紧密。作为高等教育的重要力量，地方高校与区域经济社会发展相辅相成，为地方各行业发展提供人才培养、科技支撑、文化引领等方面的服务，同时，地方经济社会发展也能反哺地方高校。实践证明，人才培养、科学研究只有与地方和行业发展紧密结合，才能有力促进地方高校的发展，促进高校更好地实现自身价值。

提升服务地方与行业发展贡献度，要明确服务向度，找准办学定位，分析地方和行业需求是提升服务地方和行业发展贡献度的必由之路。地方高校要立足本土，根据地方经济社会发展需要和学校自身实际，综合分析学校办学传统、学科专业优势以及区域优势等因素，明确办学思路、方向、定位和功能，坚持"有所为、有所不为"，注重特色发展的道路。

（1）培养卓越人才。高校要不断推进人才培养模式改革，注重内涵建设，推进科学技术教育与人文艺术教育的深度融合，努力提高人才培养质量，培养具有较强创新精神和创新能力，在未来科技发展中起到重要作用的高素质人才。坚持"立地顶天"的人才培养理念。"立地"，即"扎根地方和行业"，培养能满足地方发展和行业需要的专业人才；"顶天"，即"瞄准一流和前沿"，培养能服务国家战略和推动行业发展的卓越人才。着力培养工科专业学生工程意识、工程素质和工程实践能力。在本科生和研究生中实施培养高层次拔尖创新人才战略，为未来科技发展培养高素质创新人才。继续探索与国外高水平大学合作的国际联合培养模式，培养具有国际视野、获得国际认可的创新人才。

（2）建设适应需求的学科体系，鼓励瞄准前沿的科学研究。不断调整优化学科结构，主动适应国家战略与地方行业需求。完善体制创新机制，加快学科交叉融合，扩大优势特色学科占比，促进新兴交叉学科发展。科学研究要坚持服务国家战略需求与鼓励探索科学前沿相结合，加强基础研究；要以重大现实问题以及服务地方行业发展为主攻方向，加强应用研究；大力组建协同创新体，不断提高学校在知识创新、技术创新和区域创新中的贡献率，打造新型高校智库，服务地方经济决策与建设。科技服务地方要做到"三个结合"。一是要做到服务地方项目的数量与质量相结合，多方位入手，逐渐提升质量，争取大项目，形成大成果。二是要做到团队自发合作服务项目与学校有组织项目合作相结合，鼓励各专业充分利用学科特色优势开展地方服务，学校也要充分发掘服务潜力，形成大团队，构筑大平台。三是要做到从项目合作与战略合作相结合，逐渐向长期战略合作转变，不断构建新体系，达到新水平。

（3）建设高素质的师资队伍。探索建立人才辈出、人尽其才的现代大学人事制度。深入推进"名师名校"工程和"国际化行动计划",加大人才引进和培养力度,引聘业界大家、大师引领专业发展要坚持立足长远、着眼未来、面向国际,以开放之心、诚恳之意、精细之功,培养和汇聚一批具有国际水准的学术大师和学科带头人,培养和造就一批具有较强创新能力和发展潜力的中青年学术带头人和学术骨干,培养和建设一批高素质、可持续发展的创新团队、教学团队。通过实施"教师柔性进企业计划"等政策创新,鼓励没有工程经历的教师到相关企业工作,鼓励教师积极获取专业相关的执业资格证书,积极从事工程实践,全面提升教师的实践创新能力。

参见《中国建设教育》2016年第2期"突出需求导向 坚持特色发展 努力提升为地方与行业发展贡献度——苏州科技学院服务地方与行业发展的探索与思考"——第十一届全国建筑类高校书记、校(院)长暨第二届中国高等建筑教育高峰论坛论文。

4.3.2 提升服务社会的能力

4.3.2.1 提升服务行业及地方经济社会发展能力

近年来,河南城建学院紧紧围绕河南省提出的加快工业化、城镇化,推进农业现代化"三化"协调发展战略,突出社会需求导向,走出了一条特色发展之路。河南城建学院副院长陈丙义将其基本经验概括为:

(1)坚定不移地走融入城市建设行业与地方经济社会发展的办学之路,围绕城建行业与地方主导产业,着力打造契合行业与地方需要的特色专业群,凝练办学特色,培养工程技术人才。

(2)坚定不移地走政产学研用相结合的发展之路,改革构建工程技术人才培养模式,实现校企合作、工学结合。

(3)坚定不移地走开放办学之路,积极创建资源共享的校地协同创新平台,强化产教融合,不断增强办学活力,提升学校服务社会的能力。

参见《中国建设教育》2016年第2期"突出需求导向 提升服务行业及地方经济社会发展的能力"——第十一届全国建筑类高校书记、校(院)长暨第二届中国高等建筑教育高峰论坛论文。

4.3.2.2 提升服务地方和区域经济社会发展能力

安徽建筑大学校长方潜生认为:随着知识经济的发展,社会对大学提出了越来越多的期望和要求,为经济社会发展服务、为社会发展面临的各种问题提供解决方案,已成为现代大学最重要的功能之一。高等建筑教育的发展要与社会、行业、企业的长期目标和需求紧密联系。服务工程建设领域和社会是当代高等建筑教育的重要宗旨,但对于不同类型、不同层次和不同隶属关系的大学来说,服务社会有着不同的要求和途径，各高校应根据自身的学科优势和地域特点采取相应的做法，成为推动行业和区域经济社会发展的重要力量。该校的主要经验是：

（1）以特色求发展，主动服务地方和区域经济建设。学校紧紧依托"大土建"学科优势，积极服务地方经济社会发展，凝练科研方向。"十二五"期间，在节能环保、城镇化与徽派建筑、地下工程、公共安全、先进建筑材料等重点领域，加大投入，重点扶持，结合安徽省区域经济和行业发展需求，形成了多个具有较大影响、特色鲜明的科研方向和学术团队，取得了一批省内一流的科研成果，主动服务地方经济建设成效显著。

（2）发挥学科专业优势，突出技术需求导向。积极发挥建筑学、城乡规划学、风景园林学、土木工程、管理科学与工程、材料科学与工程、控制科学与工程等学科优势，主动作为。结合安徽省以及合肥市的战略发展，组建团队，积极拓展新的研究领域。重点在新型建筑工业化、绿色建筑、智慧城市、轨道交通、公共安全领域开展产学研合作。

（3）构建多样化产学研合作模式，打造科技创新平台。积极为行业和地方经济建设服务，坚持"共同合作、优势互补、资源共享、互惠互利"原则，积极与地方政府、大型企事业、科研院所开展合作，构建战略联盟、战略合作、政产学研合作、校企项目合作、校办产业、技术转让等多样化模式，理顺校院二级关系，形成具有学校特色的产学研合作模式。

（4）加强政产学研用合作，推进科技成果转化。一是加大政策引导和科研奖励力度；二是继续加强与各级政府、大型企业的联系与交流，不断扩大服务领域；三是结合地方与行业发展需求，积极编制相关行业和地方标准。

参见《中国建设教育》2016年第2期"突出需求导向 提升服务地方和区域经济社会发展能力"——第十一届全国建筑类高校书记、校（院）长暨第二届中国高等建筑教育高峰论坛论文。

4.4　人才培养

4.4.1　创新创业人才培养体系的构建

4.4.1.1　土木工程专业复合型创新人才培养体系的构建

为适应建设创新型国家对创新人才的需求，武汉大学充分发挥综合性大学的优势，实行文工交叉，坚持通识教育与专业教育并重，实行主辅修、双学位、国际化办学，培养土木工程专业复合型创新人才。

（1）土木工程专业复合型创新人才培养理念。"复合型"包括三个方面：文工渗透（土木工程学科与人文社会学科的渗透），跨学科选课、主辅修、双学位，国际化（国际交流与联合培养）。土木工程创新人才，是指在土木工程领域能提出新概念、新材料、新理论、新技术、新工艺等，并将其付诸实践，取得新成果的人才。培养复合型创新人才，应从大学教育中建立鼓励创新的机制，重视"知识结构、实践技能、能力结构、综合素质"4维度28要素的培养，如图4-1所示。

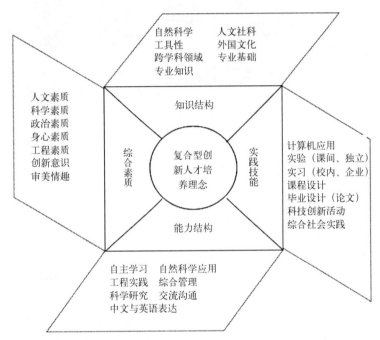

图 4-1 "知识结构、实践技能、能力结构、综合素质"4 维度 28 要素

（2）土木工程专业复合型创新人才培养体系。根据上述复合型创新人才培养理念，构建土木工程专业复合型创新人才培养体系，如图4-2所示。

（3）土木工程专业复合型创新人才培养体系的运行机制。包括成立组织机构、建立合作机制、建设师资队伍、实施烛光导航、制定运行流程、搭建多元立体培养平台等举措。

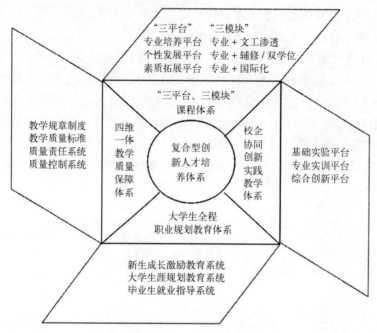

"三平台"　　"三模块"
专业培养平台　专业 + 文工渗透
个性发展平台　专业 + 辅修 / 双学位
素质拓展平台　专业 + 国际化

"三平台、三模块"
课程体系

教学规章制度
教学质量标准
质量责任系统
质量控制系统

四维
一体
教学
质量
保障
体系

复合型创
新人才培
养体系

校企
协同
创新
实践
教学
体系

基础实验平台
专业实训平台
综合创新平台

大学生全程
职业规划教育体系

新生成长激励教育系统
大学生涯规划教育系统
毕业生就业指导系统

图 4-2　复合型创新人才培养体系框图

参见《高等建筑教育》2016 年 25 卷第 1 期"土木工程专业复合型创新人才培养体系的构建与实践"。

4.4.1.2　应用技术大学本科人才培养方案设计

重庆科技学院校长严欣平认为：中国建设应用技术大学，要重视本科人才培养方案的设计问题。

（1）应用技术大学设计本科人才培养方案的基本依据。主要包括三个方面：国家的法律和政策规定、学校的办学定位和人才培养目标、人才成长成才规律和教育规律。虽然所有的高校在设计人才培养方案的过程中都会自觉不自觉地把这三个方面作为基本依据，但是不同类型的高校其出发点是不同的。应用技术大学从根本上来说是以培养高层次技术人才为出发点。

（2）应用技术大学设计本科人才培养方案的基本理念。一是应用技术大学的办学观。应用技术大学应该确立"地方性、行业性、应用性、技术性、职业性"的办学定位；应当破除传统观念的束缚，树立"多样化人才"、"人无不有才、人各有其才"、"人人都能成才"的观念；人才培养方案应该体现分类发展、错位发展、创新发展、创业发展、特色发展的办学发展观。二是应用技术大学的教育教学观。应用技术大学应该偏向专业教育，这样才有利于实现其人才培养目标。这一思路决定了应用技术大学人才培养方案的基本架构，尤其是公共基础课、专业基础课、专业课和实践环节等教学环节的学时和学分比例。

(3) 应用技术大学设计本科人才培养方案的基本原则。一是培养对象的针对性。由于应用技术大学生源有普通高中毕业生、中职毕业生、职教专科毕业生和社会生源，这四类生源在知识、技术和经验等方面呈现出的差别较大，所以当前应用技术大学至少要针对这四类生源分别制定有针对性的、多样化的人才培养方案。二是培养规格的需求导向性。应用技术大学要坚持大学生的就业需求或升学需求导向，坚持大学生职业发展潜力导向、用人单位需求导向、人才市场供需导向、区域经济社会发展需求导向。三是培养模式的系统性。应用技术大学应该在人才培养方案中对人才培养模式有一个系统性的设计，对大学生的知识、技术、素质培养等作系统安排，以避免引起歧义和被简单化处理，或者被按照传统本科大学的人才培养方案来看待和执行。四是课程设置的基础性和应用性。应用技术大学的本科课程设计应注重为大学生毕业后的就业或升学做好准备，也要为其能够终生学习奠定基础，还要提高学生的职业发展潜力。五是实践环节的技术能力核心和实战性。一方面，要以大学生的技术能力培养为核心和出发点来设计人才培养方案，另一方面，要加强实践教学，不但要在学时、学分上加强实践教学，而且要提倡实训，在校企合作、工学结合过程中加强实践教学。六是第二课堂的有效性。应用技术大学可以通过增加自学任务、社会实践任务、实习任务等方式提高时效性，保证人才培养的质量不打折扣。七是职教和普教体系之间的衔接性。应用技术大学的人才培养方案向下应该与中职学校、专科职业院校等衔接，以满足这些学校的毕业生升学的需要，向上应该与具有硕士、博士研究生培养资格的普通高校的人才培养方案衔接，以满足学生的升学需求。八是方案设计过程的开放性。应用技术大学在人才培养方案的设计过程中，应该采取开放性的态度和做法，让社会、行业企业、用人单位、政府管理部门、校友、学生和家长等参与进来，在广泛调研和听取意见建议的基础之上，形成一个与现实需要接轨的人才培养方案。不仅如此，还应该在人才培养方案的实施过程中，在课程教学大纲拟定、专业教材编写、专业课程教学、实践教学等工作中与行业企业密切合作，甚至共同完成。

参见《高等建筑教育》2016年25卷第1期"应用技术大学本科人才培养方案设计理念与原则"。

4.4.1.3　三位一体的创新创业人才培养体系

青岛理工大学是全国就业创业先进工作单位、山东省首批创业教育示范院校，建有山东省创业教育研究基地和山东省大学生创业孵化示范基地。近年来，学校坚持"四个结合"的创新创业教育理念，突出需求驱动，凝聚校内外多要素协同合力，积极探索创新创业人才培养的有效载体和抓手，在实践中形成了

"教学传授—培训实训—实践孵化"三位一体的创新创业人才培养体系，取得了较好的成果。青岛理工大学党委书记薛允洲将其经验总结为：

（1）坚持"四个结合"，在实践中丰富完善创新创业人才培养理念。一是创新创业教育与素质教育相结合，注重提升学生的终身学习和可持续发展的素质；二是创新创业教育与专业培养相结合，提倡各学院根据学科专业特点，探索合适的实施载体，鼓励、引导学生结合专业知识创新；三是创新创业教育与卓越教育相结合，在开展卓越工程教育的背景下，通过探索"实践—归纳—推理—再实践"的培养模式，强化工程实践实训，紧密产学研合作，让学生体验和参与创意、设计、制造、试验等生产的全流程，提高学生分析和解决工程问题的能力，着力打造和培养具有工程背景、为工程领域提供服务的"工程师"型创业人才；四是创新创业教育与人文教育相结合，发挥驻地所在沿海开放城市优势，致力于打造创新、创业、创客的"三创"校园文化。

（2）坚持"三位一体"，在实践中建立健全创新创业人才培养体系。一是创新创业人才教学传授体系。通过深化人才培养方案、课程、师资与教学管理制度改革，提高第一课堂教育教学效果；二是创新创业人才培训实训体系，依托各级实验教学示范中心，建立完善的服务于创新创业人才培养的实践教学体系，确立从国家到省、市到学校再到学院的四级创新性实验计划项目；三是创新创业人才实践孵化体系，积极寻求校内外合作与资源协同，建设创新创业实践孵化平台。

（3）坚持育人为本，在实践中深化拓展创新创业人才培养成效。一是培养了学生的创新意识，创业能力；二是培育了一批优秀的学生创业者；三是助推了学校教育教学改革；四是取得了较好的社会影响力。

参见《中国建设教育》2016年第2期"坚持育人为本 唱响时代强音 积极探索高校创新创业人才培养新模式"——第十一届全国建筑类高校书记、校（院）长暨第二届中国高等建筑教育高峰论坛论文。

4.4.2 创新创业人才培养

4.4.2.1 产教融合培养应用型创新创业人才

近年来，重庆科技学院学校围绕创新型国家建设的战略目标，紧紧抓住应用型大学建设的机遇，牢牢牵住产教融合这一牛鼻子，坚持以行业企业需求和岗位能力需求为导向，把住校企联合培养人才、教师专家双职双挂以及校企教学科研基地共建共享三个抓手，努力培养应用型创新创业人才。重庆科技学院党委书记刘东燕将其经验总结为：

（1）牵住产教融合这一"牛鼻子"。应用型人才的特征是从事实践性、操作性较强的工作，在生产与经营管理一线解决实际问题，具备实际应用导向的知识转化能力，能在实践中应用，在应用中创新。培养应用型人才必须有双师型的师资，校内外协调配合的实践教学基地，以及基于应用的教育教学模式。这些要素的构建，必须牢牢牵住产教融合这一"牛鼻子"，以企业需求为导向，不断优化人才培养方案，深入开展合作育人；要以建立校企双方利益共享机制为动力，形成校企双方在企业生产、科技攻关、人才培养等方面共建共管的成果；要以专家教授双职双挂为纽带，加强校企人员互动交流，真正了解对方需求，建立起常态的工作交流制度，形成强有力的产教融合推进机制。

（2）坚持两个导向。一是以企业需求为导向，优化学科专业结构。学校注重学科专业建设对产业结构调整升级的价值贡献，深化与"两业两域"（石油、冶金行业，重庆区域、安全领域）产业链的对接，服务重庆战略发展和新兴产业集群建设，推进学科专业集群建设，实现专业设置与产业需求对接，提升人才培养的有效性。二是以岗位需要为导向，重构人才培养方案。从 2010 年开始，学校各专业开展了新一轮人才培养方案修订工作，邀请行业、企业专家参与人才培养方案的调研、论证、修订全过程，充分吸纳行业、企业专家意见，并以企业需求为出发点，构建基于岗位—能力—课程的人才培养目标实现矩阵，人才培养目标逐渐由重知识传授向重技能、重创新培养转变。

（3）把住三个抓手。行业背景是学校办学的历史渊源和重要资源，学校始终坚持依靠行业办学的发展理念，高举产学研合作旗帜，积极深化校企合作，深入推进产教融合，牢牢把住联合办学、平台打造和师资建设三个抓手，加快构建应用型创新创业人才培养的硬件支撑。校企联合培养人才，一是联合开办人才培养实验班（联合开班），二是建立企业专家来校授课制度（联合授课）；校企共建共享教学、实践、科研平台，一是大力推进校外创新创业实践平台建设，二是与行业、企业合作打造校内实践教学平台，三是以科研平台建设促进创新创业人才培养，四是与企业合作建立大学生创业实训基地；校企联合打造双师型师资，一是通过实施"三种经历"（企业实践锻炼经历、学生工作经历和海外研修经历）计划完善和巩固新进教师参与工程实践的制度，二是推行校企双方教师和技术人才库共建共享，三是主动向企业输送科技特派员，真诚与企业联合攻关，帮其解决技术改造难题、产品制造工艺编制、新产品试验、开发管理程序等，挖掘企业需求，建立校企合作的沟通机制，四是主动赴研究所和企业选聘具有现场工作经历的专兼职教师。

参见《中国建设教育》2016 年第 2 期"深入推进产教融合 努力培养应用型创新创业人才"——第十一届全国建筑类高校书记、校（院）长暨第二届中国高等建筑教育高峰论坛论文。

4.4.2.2　新形势背景下的创业就业工作

湖北城市建设职业技术学院结合建设类高职院校的特点，从学院大学生创新创业工作的实际出发，进一步探讨创新创业人才的培养。其主要做法是：

（1）专项研究，顶层设计，为有效实践提供保障。一是科学谋划，顶层设计，将学生创业与学院年度工作计划同步规划，并陆续出台一系列与创业教育相关的制度；二是专项研究，理性思考，围绕创新创业教育主题，申报了若干项省级课题，以课题研究为载体，对高等职业院校的创新创业教育作了理性思考；三是系统指导，形式多样，包括建设优质教学资源库、自主开发创业就业教育课程体系、编制适合学生使用的创业就业指导教材、在教学上采取导师制、将创新创业基础课程细化分解等；四是举办讲座，创新思维，在湖北省内高职院校中面对区域率先开办了独具特色的高职院校创新大讲堂——"藏龙岛·中国大学创新大讲堂"，受众为藏龙岛区域的高职院校师生，为师生搭建一个不出校门就能与大家、名家面对面接触的平台。

（2）提升能力，参与比赛，为创新创业提供可能。一是提升实践能力，一方面依托自有的国家级实训基地和省级高等职业教育实训基地，与各大设计工程单位、房地产公司、建设工程公司、装饰公司等进行校企合作，让企业走进学校指导实训，另一方面，依托学院设立的各种生产性场所，让学生进入工作室（技术服务中心）模拟实战，提升岗位创业能力，实现岗位创业；二是参与各项赛事，让学生在赛中进行学习，在赛中开展实践；三是搭建创业基地，为大学生创业提供良好的平台。

参见《中国建设教育》2016年第1期"新形势背景下建设类高职院校创业就业工作探析——以湖北城市建设职业技术学院为例"——第七届全国建设类高职院校书记、院长论坛论文。

4.4.2.3　做好创新创业教育工作，培养创新型人才

黑龙江建筑职业技术学院在高度重视毕业生就业工作的同时，广泛开展大学生创业教育，积极开发创新创业类课程，将创业教育课程纳入学分管理，积极推广成熟的SYB创业培训模式，鼓励毕业年度的大学生参加创业培训和实训，提高大学生创业能力。其主要做法是：

（1）高度重视大学生创业工作，组织机构健全。始终把大学生创业引导作为毕业生就业工作的重要组成部分来抓，一方面将创新教育作为创业教育的基础，在专业知识传授的过程中注重学生基本素质的培养；另一方面，为学生提供创业所需资金和必要的技术支持，经过努力已凸显成效。

（2）推进大学生创业系统工程，保障制度有力。为增加大学生的创业知识，培养创业意识，树立创业精神，提高创业能力，积极参与创业实践，学院出台

了一系列扶持大学生创业的文件，并推出了鼓励、支持大学生创业的有力措施，具体体现在以下方面：定期举办创业设计大赛；开展创业教育实训，引入创业模拟实训课程；举办创业论坛，不定期地举办"企业家论坛"；共建大学生创业基地，完善各项孵化功能。

（3）更新创新创业人才培养理念，推进创新创业教育与专业教育的有机融合。一是修订人才培养方案，把创新创业教育纳入教学主渠道，融入人才培养全过程；二是完善创新创业人才培养体系，培养具有较强社会责任感、创新精神、创业意识和创业能力的人才；三是坚持专业能力与综合素质培养的深度融合，全面提升毕业生的综合素质和就业竞争力；四是推进专业间协同，探索实践多样合作、交叉培养新模式。

（4）加大投入，加快大学生创业实训和孵化基地建设。按照"营造真实性环境，进行生产性实训"的原则，学院自筹资金8000万元，建成9个实训基地，1个公共实训平台，192个实训室，建筑面积近4.7万平方米。初步形成了集建筑类高等职业教育教学、职业能力训练、职业培训、科技研发、社会服务为一体的一体化教学平台，实现了做中学，做中教，理论与实践一体化的教学模式。

（5）加强与社会机构、企业合作，积极扶持大学生创业。2011年4月，学院与呼兰区大学生创业园建立了合作关系，为学校落实扶持大学生创业的举措提供了有力保障。2011年6月，学院先后与多家企业签署了《校企合作共建创业孵化基地协议书》。企业为大学生创业团队提供孵化工位和公共场地，为入驻的大学生提供完善的办公服务和教学研究条件，协助实现学生创业企业的初级孵化。学院则筛选推荐优秀毕业生进行创业，为学生创业提供指导和培训，并向大学生创业者提供创业咨询、信息服务、项目推介、专业化辅导、融资服务，双方协商后由学院提供相关经费。

（6）积极帮扶，强化就业指导和服务，提高大学生创业的积极性。学院为学生开设"大学生职业发展与就业指导"、"创新与创业"等课程，并努力加强高校创新创业教育课程体系与教材建设，切实做好就业指导与服务工作。进一步完善毕业生就业信息服务网络，使就业指导、信息发布、毕业生自荐求职、答疑解惑、用人单位信息查询等整个毕业生就业环节可以及时、高效地网上运行。

（7）系统规划创新创业工作。学院结合办学实际，制定了具有行业特征、学校特色、专业特点的创业基地建设及推进大学生自主创业工作的总体规划和实施方案。以基地建设为载体，整合和利用校内外各种资源，拟建立标准的创业培训教室，开展创业指导和创业培训教育。拟建立模拟工厂和公司，接纳大学生创业实习实训。提供创业项目信息和创业项目孵化的软硬件支持，为大学生自主创业提供支撑和服务。积极支持、大力推进大学生自主创业的孵化工作。

（8）开展 SYB 大学生创业培训工作。从 2013 年 6 月开始，学院与哈尔滨劳动技术学院联合创办了 SYB 大学生创业培训，学员利用晚上、周末的课余时间参加学习。2013 年 11 月学院选派 8 名教师参加了由人力资源和社会保障部举办的 SYB 创业师资培训班，并通过考试和试讲，全部取得了培训合格证。

（9）积极开展主题活动，打造校园创业文化，帮助学生树立创业精神。学院把营造校园创业文化氛围作为创业教育的一个有机组成部分，整合大学生暑期社会实践资源，开展三下乡活动，推行大学生社会实践"教学实习、工程体验和创业见习"三结合，用自己所学的专业知识服务社会，增长才干。同时在原有实践范围的基础上，强调到企业实践的重要性，促成了以社会实践为载体的师生互动实践、企业工程体验和创业见习多重效果的良好局面。

（10）大学生创业专项经费足额到位。2010 年 10 月，设立了黑龙江建筑职业技术学院大学生创业专项资金并制定了《黑龙江建筑职业技术学院大学生创业专项资金管理办法》，每年投入专项资金 80 万元，专款专用，确保足额到位。

参见《中国建设教育》2016 年第 1 期"做好创新创业教育工作 培养创新型人才"——第七届全国建设类高职院校书记、院长论坛论文。

4.4.2.4　加强创新创业教育实践，培养高素质技术技能型人才

近年来，天津国土资源和房屋职业学院坚持开放办学，推进科教结合，对师生进行了"创新创业"教育，其主要做法是：

（1）充分认识加强"创新创业"教育的必要性。强调"创新创业"是人类认识未来世界的基础，是高职人才培养的重要条件。

（2）深刻领会"创新创业"教育内涵。一是认识形势，明确责任，增强"创新创业"意识；二是培养人才，不懈奋斗，青年"创新创业"要先行；三是改革创新，营造环境，探索"创新创业"新模式。

（3）积极探索"创新创业"教育新途径。一是刻苦学习，博采众长，做到纵观天下；二是结合实际，学有所获，坚持博学精研；三是讲究效益，创新管理，向"创新创业"要动力，增活力。

参见《中国建设教育》2016 年第 1 期"加强创新创业教育实践 培养高素质技术技能型人才"——第七届全国建设类高职院校书记、院长论坛论文。

4.4.2.5　创新创业人才培养模式的改革与探索

青海建筑职业技术学院针对毕业生由于缺乏经验和资金支持，选择自主创业人数不多的现实，努力进行创新创业人才培养模式的改革。其主要做法是：

（1）准确理解创新教育内涵，清晰人才培养的定位和目标。青海建筑职业技术学院在办学实践中，始终坚持和主动适应建设、通信行业和全省经济发展方式转变和产业结构调整、优化升级的要求；秉承"以服务为宗旨、以创业就

业为导向、走产学研相结合发展道路"的办学宗旨；明确"立足青海、服务行业，培养生产、建设、管理、服务第一线的高素质技术技能型专门人才"的人才培养定位；确立"面向企业一线、面向农牧区基层、服务区域经济建设、服务民族地区社会进步、突出岗位能力、突出职业素养"的"两个面向、两个服务、两个突出"人才培养目标；以"青海省省级重点高等职业院校建设计划"、"高等职业学校提升专业服务产业发展能力建设"项目为抓手，全面进行深化教育教学内涵建设和创新创业型人才培养模式改革，提高创新创业人才的培养质量和水平。

（2）积极探索创新创业教育改革，努力提高人才培养质量。一是将先进的育人理念作为培养创新创业人才的先导；二是将培养模式作为创新创业人才培养的关键；三是将构建科学的专业课程体系作为创新创业教育改革的主导；四是将校企协同育人模式作为创新创业教育改革发展的方向；五是将创新创业大赛作为创新创业教育的风向标。

（3）遵循人才培养规律，进一步加强创业创新教育的应对策略。一要继续更新和深化创新创业教育教学观念；二要不断完善人才培养质量标准和构建创新创业型人才培养模式；三要健全创新创业教育课程体系；四要强化创新创业实践；五要建设一支创新创业教育的师资队伍；六要完善创新创业资金支持和政策保障体系和改进学生创业指导服务；七要进一步建立健全实施创业教育的组织领导和宣传引导。

参见《中国建设教育》2016年第1期"创新教育环境中的高等职业教育改革与发展——兼谈青海建筑职业技术学院创新创业人才培养模式的改革与探索"——第七届全国建设类高职院校书记、院长论坛论文。

4.4.3　土建类应用型人才工程执业能力培养

湖南城市学院紧紧围绕"城市"内涵，以"立足湖南，辐射全国，面向基层和艰苦行业，服务城镇建设和地方经济，培养为城镇化建设服务的应用型高级专门人才"为办学定位，更新教育思想观念，深化教学综合改革，在土建类应用型人才工程执业能力培养方面进行了一些有益的探索。湖南城市学院校长李建奇将其经验概括为：

（1）开展教育理论研究，构建多层次工程执业能力培养体系。以现代工程教育回归工程的理念为指导，对如何在"新型工业化、城镇化、信息化、绿色化"背景下开展土建类应用型人才工程执业能力培养改革、创新和实践。构建"夯实理论基础，强化专业技能，锻炼实践能力，培养创新精神，鼓励团队协作"的多层次工程执业能力培养体系。

（2）加强教学团队建设，提升"双师型"教师水平。在现有教师队伍基础上，一方面鼓励教师在学术学历上提高；另一方面，建立健全"双师型"教师队伍成长和激励机制，通过校企双方"互培互引、互兼互聘"，实施专业教师学历与实践能力提升工程，建设由校内专业专任教师和企业兼职教师组成的"专兼结合、双师素质"的教学团队。每年安排专任教师去企业顶岗实践、利用寒暑假组织骨干教师培训，组织骨干教师赴省内外高水平院校、国内外知名建筑企业学习参观、参加各级各类教学科研学术研讨会，组织面向全体专任教师的教学改革与课程建设培训。

（3）以工程执业能力为导向，优化理论课程体系。以培养土建类人才工程执业能力为导向，结合市场需求确定人才培养的能力要求。以能力要求为出发点，采用层次分析法逐级分解能力。在能力分解的基础上，分析满足能力要求应具备的基础知识和专业知识。充分考虑职业能力、专业能力和课程体系的整体性、前瞻性与动态性，构建理论和实践教学相结合的"5+1"执业能力培养为导向的理论课程体系（即"公共基础课"、"文理基础课"、"大学科基础课"、"专业主修课"、"文化素质课"和"自由选修课"模块）。充分体现"通识教育，分类教学，引导探索"的教学理念和"宽口径、厚基础、重个性、强实践、求创新"的办学特色。

（4）构建以开放为特征、以工程执业能力培养为核心的实践教学体系。以工程执业能力培养为核心的土建类人才培养体系是一个开放系统，必须打破学校、二级学院、专业的界限，构建综合化的知识环境，超越学校自我封闭、自我循环的培养过程，建立土建类人才工程执业能力实践教学体系。

（5）深化实验教学改革，推动学生创新精神的培养。一是构建"一二四四"土建类专业实验教学体系；二是营造创新培养条件，重视创新精神培养。

（6）多途径并存，强化学生的工程执业技能训练。一是引导学生参与各类技能考试；二是引导学生参与各类技能大赛；三是校企合作建立校内实训基地，为学生的执业技能训练提供保障平台；四是鼓励学生参与教师的纵、横向科研课题，在实际项目中提高仪器操作、绘图和设计软件使用的技能水平。

（7）多方合作，构建五位一体的工程执业能力实践教学基地新模式。政府引导、企业专家指导、校企共同参与共建校内外执业能力教学实践基地，注重创新实践基地建设理念，引入企业先进的管理理念、管理方法和职业文化。按照"共建、共享、共赢、共管"的原则，依托"国家级土木工程实验教学示范中心、校内实践基地、校外实习基地"，构建"教学、研发、培训、鉴定、服务"五位一体的工程执业能力实践教学基地新模式。校企共建稳定的校外顶岗实践基地，破解土建类专业校外实习管理实施难题。

参见《中国建设教育》2016年第2期"地方本科院校土建类应用型人才工程执业能力培养的改革"——第十一届全国建筑类高校书记、校（院）长暨第二届中国高等建筑教育高峰论坛论文。

4.4.4 建筑产业现代化背景下的人才培养

4.4.4.1 建筑产业现代化人才培养教学改革的策略

沈阳建筑大学于长英等认为：适应现代建筑产业化发展需求，抓住建筑业转变发展方式的机遇，建筑类高校要积极进行现代建筑产业化人才培养教学改革。具体措施如下：

（1）加快技术研发。充分发挥校"协同创新中心"、现代建筑产业技术研究院、BIM中心等优势和作用，推进建筑设计标准化、体系化；结构体系、部品构件配件生产模型化、工厂化；现场施工装配化、机械化；土建装修一体化、集成化；建筑产品的生产、经营、管理信息化、协同化等各方面建筑产业现代化关键技术的研发与应用。积极参与制定、完善以设计、预制、安装一体化技术为主导的现代建筑产业化技术标准和规范，组织编制相应标准设计图集。将关键技术纳入课程建设、人才培养体系中。用高水平科技研发带动高质量人才培养。

（2）抓紧教材编著。教材是体现教学内容和方法的知识载体。要立足现代建筑产业化发展前沿，适应实际需求，重点投入，推进相关技术的知识转化、教学应用，围绕建筑产业化从业人员的知识需求，组织人员，集中力量，尽快编著出版《现代建筑产业概论》、《装配式建筑技术概论》等"现代建筑产业化系列教材"，填补国内空白，抢占相关教育教学研究制高点，引领现代建筑产业化教育教学的发展，巩固、扩大、提升学校在相关领域的学术发言权和品牌影响力。

（3）强化师资队伍建设。明确提出引进与培养相结合，加快建设具有现代建筑产业化专业背景、实践经验、知识储备师资队伍的目标和相关政策，建立激励机制，强化约束引导力度，更新相关专业现有教师知识结构，有计划加快并逐步全面开展装配式建筑、建筑信息模型（BIM）等现代建筑产业化技术的校内专题培训。坚持"请进来，走出去"：一要动员校友资源，并充分利用学校具有的省部共建、校市共建平台优势，与相关企业和业务管理机构建立"双向挂职、交流互动"的现代建筑产业化师资培训工作机制；二要定期聘请以企业为主的国内外专家到校交流、讲座，组织相关的专业和管理人员到国内外建筑产业化较为发达的生产企业、地区进行专题调研、培训和学习。

（4）创新人才培养模式。一要专业联通。在学校层面启动本科层次（建筑土木类相关主体专业）教学BIM课程通用化的建筑土木类基础教学改革工作；

从此入手，全面破除影响学校真正形成大建筑、大土木优势和特色的基础性障碍，促进传统的教学过程、课程及专业建设、学科发展内在结构上的改革与调整，发现并确立学校各相关主体专业基础教学和专业建设相融的融合点，建成各相关主体专业真正联通、协同贯通的基础通道、共用平台；从而建立相关专业联通一体、协同创新的教学方式。二要协同创新。要尽最大可能把相关现代建筑产业化技术的理论规范和实践要求，快速、全面地渗透、有机融合到现有的本科教学、人才培养体系和教育教学、专业学术科研工作中去；有组织、有计划地逐步建立起相对有所区别的新的培养方案、课程体系、专业方向、学科建设新的增长点，以及对外教育培训系统、科研攻关方向，推动包括研究生教育、继续教育、职业培训在内的建筑类教育整体上协同创新的改革、转型和发展。三要载体落实。专业联通、协同创新重在落实"三点一线协同"载体的建设。三点即课程开发、教材建设、项目研究；一线协同即课程—教材—项目协同一体的开发建设研究和实践。载体建设要落实到相关学院、落实到人才培养质量适应社会需要的快速提高上。学校鼓励各学院根据专业发展实际，依托省部共建、校市共建平台，发挥学校具有的本、硕、博三级学位教育体系健全的资源优势，开展与现代建筑产业化相适应的教育教学和专业领域的立项研究；学校支持相关专业紧紧围绕建筑产业化的发展趋势，重新调整人才培养方案，改革课程体系和内容，优化毕业设计选题方向及评价标准，将现代建筑产业化有关知识、技术，有机融入具体教学实践和人才培养过程中去。学校将制定并出台专项政策，引导各学院根据本单位实际，与专业教学改革紧密结合，与卓越工程师教育培养计划、大创计划紧密结合，积极组织开展相关的教材建设、专项实验班、专题培训班、开设专业方向等工作。各单位要及时分析进展情况，认真总结经验，研究解决问题，创新具有自身特色的教学改革人才培养模式。

（5）加强实践教育基地的建设。抓住现代建筑产业在沈阳全面铺开的有利时机，充分利用省部共建和校市合作平台，建设一批适应现代建筑产业化人才培养需要的实践教育基地，促进校企联合、资源共享的人才培养新机制的建立、形成。实践教育基地建设要与"三点一线协同"载体建设一体推进，其指导教师队伍，要由学校教师和企事业单位的专业技术人员、管理人员共同组成；以构建资源整合优势和具有理论教学与实训相结合、实践教学与科研相结合、教学改革与现代建筑产业化发展相结合的实践教育基地特色，以及具备以上"三结合"基本能力和素质、全新结构的教师队伍，促进现代建筑产业化人才培养质量不断提高。

参见《建筑与预算》2016年第4期"建筑类高校实施现代建筑产业化人才培养教学改革的必要性及策略"。

4.4.4.2　产业化视域下高职建筑类专业人才培养模式的探索

江苏商贸职业学院汤进认为：建筑产业化是建筑业发展的必然趋势。建筑产业化背景下的建筑产品的设计、生产、安装和管理都需要大量的创新型人才予以支撑，完善高等职业院校建筑类专业人才培养模式是实现产业化需求和专业人才供给相匹配的必然要求，也是确保培养高质量建筑类高职人才的重要保障。以此为背景，对产业化视域下的高职建筑类人才培养模式的改进进行探讨和研究。

调查资料显示，尽管各级政府对建筑产业化的推进出台了不少政策，包括不少优惠政策，由于缺乏相应的操作标准和实施细则，除了少数建筑龙头企业积极响应外，大多数建筑施工企业积极性不高，仍然处于观望阶段。制约建筑产业化快速发展的因素除政策因素、成本因素、技术因素外，产业化人才缺乏也是一个瓶颈。建筑产业化技术是各专业集成的技术，涵盖建筑设计、构件生产、建筑施工与管理的全过程。尽管建筑从业人员的数量庞大，但目前从事建筑产业化的人才数量有限，技术管理复合型人才更是凤毛麟角。形成这一现状的原因主要有：

（1）职业院校建筑类专业的人才培养方案未能及时与建筑产业化的需求相对接。人才培养方案是职业院校实施人才培养工作的根本性指导文件，是组织教育教学过程、进行教学改革的主要依据。要按照建筑产业化对人才培养的具体要求，调整课程设置和课程内容，增设 BIM 技术应用、装配式混凝土、钢结构技术、装配式建筑的管理与成本控制等教学内容，构建和创新适应建筑产业化需求的人才培养方案。

（2）教学师资的知识与能力结构与建筑产业化人才培养的要求不适应。大力加强建筑产业化人才培养是新时期下加快发展建筑产业现代化工作的一个重要"引擎"，职业院校是主阵地，师资是关键。要重视在职教师的多元化发展，鼓励他们走出去，深入相关高校及行业企业，并通过各种学习培训，让在职教师学习建筑产业化的先进技术，提高其教育教学能力。要积极探索学校与行业企业的现代学徒制，把行业企业的专家请进学校，将行业企业的建筑产业化项目、案例引入课堂，培养高质量的应用型建筑产业人才。

（3）人才培养模式单一，对创新型能力培养不够全面。建筑产业是一个智慧产业，核心竞争力是创新型人才。现在的大多数高职院校，为学生传道、授业、解惑仍然停留在理论灌输和简单的案例讨论阶段，学生对知识能力的掌握停留在知识的记忆和问题的分析层面，而对于操作层面上知识能力的实际应用和应用过程中的问题发现、问题解决，重视不够，办法不多。在用人单位对毕业生的知识运用能力、实践创新能力、沟通协调能力提出更高要求的今天，教学要注重发挥学生在课堂中的主体作用，改进教学方法，通过有目的地创设真实或虚拟的教学情境，让学生置身其中，体会、理解、领悟、质疑、验证、归纳其教学内容，形成情知合一、团队协作、实践创新的教学模式。要实施产学研一体化教学模式，高职院校要与当地产业化进程发展较快的实体企业进行全方位的深度合作，为创新型人才培养提供优良的学习和实践环境。要将有关课程的教学搬到企业的研发基地和生产车间，让学生实地了解并参与建筑产业化设计、生产的全过程，并在实践过程中发现和解决实际存在的问题。要重视学生的校外顶岗实习，保证学生在企业进行半年以上的实践锻炼。要积极探索学校教师与企业的身份互兼、工学交替、订单培养等各种形式的合作模式，让行业企业的技术人员参与到学校人才培养方案的制订、校内实训室建设、教材建设中来，保证教学内容与市场实现无缝对接。

（4）教学手段简单落后，教学效果不尽人意。由于种种原因，不少教师上课还习惯于语言描述加黑板板书或者多媒体投影式教学，教学枯燥乏味，传递给学生的信息量少，不利于学生学习兴趣的培养和学习积极性的提高，影响了学习效果。改善教学手段，基础在于加强现代化教学设备的投入，关键在于教师对现代化教学手段的运用。高职院校要加大对教学软硬件的投入力度，着力建设融教学、科研、社会培训以及职业技能鉴定，具有真实工作环境的校内实训基地。加强对教师信息化教学手段运用的培训，把教师运用现代化教学手段的情况作为其考核、晋升的依据。组织教师开展微课、慕课、翻转课堂等观摩和竞赛活动，提高教师现代化教学手段的应用水平。要组织由行业企业专家和教师组织的团队培育、开发校内精品资源共享课程，为教师教学和学生自学、教学互动提供必要的条件。

参见《科技视界》2016年第4期"产业化视域下的高职建筑类专业人才培养模式探索"。

4.5 师资队伍建设

4.5.1 人事制度改革

内蒙古建筑职业技术学院以激励、竞争、提升为原则，积极探索人事制度改革，强化师资队伍建设。其主要做法是：

（1）科学规划，以聘用制改革推动发展。科学制定人才队伍整体建设规划对学校的发展至关重要，应该对不同队伍制定不同的发展目标，建立不同的评价标准。根据学院的实际，结合长远发展目标，制定了人才队伍整体发展规划，并合理确定了全院各单位的编制和岗位数量。各教学单位根据学院核准的编制和岗位数，结合专业建设、课程建设、教学任务、优化结构等因素，研究制定本单位师资队伍发展三年规划和次年具体进人计划，提交学院学术委员会审核。从补充数量到提升能力的整个过程中，学院合理分配编制和岗位职数，实施鼓励和鞭策、服务和考核并举的措施。通过人事制度改革推动教育教学改革，带动各项工作的有效开展。

（2）推进岗位聘用，完善激励机制。一是按需设岗，按岗聘任；二是明确职责、突出绩效；三是责酬相符，优化配置；四是完善考核体系，强化管理。

（3）强化激励机制，实施多元化培训，加强师资队伍建设；启动多元培训，提升青年教师教学能力；建立外聘教师资源库，规范外聘教师的培训和管理。

参见《中国建设教育》2016 年第 1 期"深化人事制度改革 强化师资队伍建设"——第七届全国建设类高职院校书记、院长论坛论文。

4.5.2 青年教师培养

宁夏建设职业技术学院在实施"青蓝工程"（即以提高青年教师的高职教育教学理念、教学能力、课程开发能力、实践指导能力、科研开发能力以及校企合作能力等为主要内容的青年教师培养工程）的基础上，继续开展"青年教师成长三年行动计划"。其内容主要包括：

（1）建设目标。到 2020 年，努力建成一支师德高尚、业务精湛、结构合理、充满活力的高素质专业化教师队伍。

（2）重点任务。一是切实加强青年教师思想政治教育；二是构建师德建设长效机制；三是切实提高青年教师专业化水平。

（3）工作策略。一是教师培养与提升教师高职教育理念相结合，使教师明确高职办学定位和自身的责任与使命；二是教师培养与提升教师职业能力相结合，促进学院内涵建设水平的提升；三是教师培养与大学生素质培养相结合，认真践行"立德树人"办学首要任务；四是行动研究与绩效激励相结合，促进青年教师专业成长可持续。

（4）三年行动计划具体工作项目与绩效考评办法。每年 8 月底(教学准备周)，以"学院、学生、教学"为主题，进行青年教师职业教育理念大讨论；每年 9 ~ 11 月（校园文化艺术节期间），开展青年教师基本功比赛；每年按照计划进行青年教师联系企业挂职锻炼、顶岗学习、集中培训等；每学期总结一次；每学年总结一次。

参见《中国建设教育》2016 年第 1 期"实施青年教师培养计划 提升职业院

校发展质量——宁夏建设职业技术学院青年教师成长三年行动计划"——第七届全国建设类高职院校书记、院长论坛论文。

4.6 立德树人与校园文化建设

4.6.1 "立德树人"的实现路径及有效机制

吉首大学李洪雄认为：立人教育是一种先进的高等教育理念，也是一种重要的高等教育实践模式。立人教育所遵循的是以人为本，力图通过"五育"并举，使受教育者在两个大的方面得到提升，即个人的品德、品质以及品味得到提升，更重要的是，个人的综合能力和综合素质得到较大提升。立人教育深刻地体现出高校在人才培养方面全方位和高层次的规划，彰显出先进的教育理念和人才观念。"立德树人"是"立人教育"的先导，实现"立人教育"在价值上的根本追求，必须要将"立德树人"摆在首要位置。高校要积极探索实现"立德树人"的创新路径和有效机制，使立人教育得以顺利实施，取得良好的成效。

（1）"立德"是"立人教育"的先导。立人教育坚持以人为本，其宗旨是提高大学生的综合素质，促使大学生全面发展，成长为能够担当国家发展战略和民族复兴大业的合格劳动者和可靠的接班人。"立德"处于"立人教育"的最高层次，"立德树人"作为"立人教育"的先导，又是"立人教育"体系中具有内在结构的分支。将"立德"作为"立人教育"的先导，并且渗透到"立人"的全过程和全方位，必须处理好"立德"与智育、"立德"与体育、"立德"与美育等方面的关系，系统全面地把握各项教育之间的关系，使德、智、体、美等方面的工作全面推进。

（2）实现"立德树人"的路径选择。实现"立人教育"的目标，首先必须实现"立德树人"。实现"立德树人"的路径主要有三种，一是课程教育，二是实践教育，三是文化教育。这三者是相辅相成，相互促进的，只有将三者紧密地结合起来，才能发挥其最大的功效，使"立德树人"的实效性不断增强。

（3）"立德树人"有效机制的构建。实现"立德树人"，进而实现"立人教育"的总体目标，其根本保障是构建有效的机制。主要可以从建立育人主导机制、建立内部整合机制和建立外部协同机制三个方面入手。育人主导机制，是指高校党委发挥领导作用，专职思想政治教育者作为中坚力量，教师是主导者，学生干部则是骨干力量，在党委的统一领导下，党政齐抓共管、专职和兼职教育者相结合、学生骨干密切配合；内部整合机制是将"教书育人、管理育人和服务育人"结合起来，全方位育人，全员全程育人；外部协同机制的构成要素主要有学校、社会和家庭，这三个要素之间相互补充，形成一股合力在"立德树人"中发挥作用。

参见《思想政治教育研究》2016 年第 5 期"'立德树人'的实现路径及有效机制研究"。

4.6.2 创新"四位一体"育人模式

近年来，山东城市建设职业学院在主动跟踪行业发展前沿，扎实推进内涵建设，全面提高人才培养质量的同时，重视将中华优秀传统文化融入现代职业教育之中，发挥文化育人作用，践行立德树人根本任务，积极开展"四位一体"中华优秀传统文化育人体系建设。其主要做法是：

（1）以优秀传统文化为根基，创新文化育人模式。学院坚持以立德树人为根本，着力贯彻落实习近平总书记关于弘扬中华优秀传统文化系列讲话精神，践行学院"以人立校、以德治校、以研兴校、以质强校"的办学理念，深入挖掘中华优秀传统文化资源，积极培育和践行社会主义核心价值观，通过构建中华优秀传统文化育人体系，创新文化育人模式，全方位提高育人质量和学院核心竞争力。一是实施"鲁班文化"育人，以品筑梦，精技强能；二是实施"建筑文化"育人，以美筑真、悟道筑魂；三是实施"家和文化"育人，以爱筑情、养正启智；四是实施"节日文化"育人，以情筑德、明礼修身。

（2）精心谋划，做好文化育人的顶层设计工作。一是坚持党委总揽，顶层设计；二是坚持上下联动，系统推进；三是坚持实效，重在落实。

（3）层层落实，确保文化育人成效。在学校层面，注重工作部署；在教师层面，注重实践标准；在学生层面，坚持育人目标。

参见《中国建设教育》2016 年第 1 期"弘扬中华优秀传统文化 创新'四位一体'育人模式"——第七届全国建设类高职院校书记、院长论坛论文。

4.6.3 创新"大学生素质实践课程"

湖南城建职业技术学院对大思政工作体系下的"大学生素质实践课程"进行了创新实践，其主要做法是：

（1）大思政工作体系构建。工作目标：坚持"五全育人"，促进学生在"思想提升、身心健康、生活适应、安全防范、行为文明、就业成才"等方面全面发展。工作思路：一是围绕立德树人根本任务，引导学生知行合一全面发展；二是强化思政课教师队伍和学生辅导员队伍建设；三是融通三个课堂建设；四是落实理想信念教育、爱国主义教育、基本道德规范教育、学生全面发展四项主要任务；五是坚持"五全育人"工作理念。实施模式：建立"66331"学生工作模式。以素质教育"六环节"特征模式（环境营造、系统设计、全面实施、引导考核、激励验收、总结提升）为抓手；以学生六级安全管理（即职责六层级，内容六模块，管理六机制）为保障；以三个课堂建设（第一、第二、第三课堂，堂堂联动的课堂建设）为阵地；以就业创业教育三阶段（认知阶段、认同阶段、献身阶段）为检验目标；以一门"大学生素质实践课程"为实践途径和评教手段。主要内容：包括6大工程37项主要活动。实施传统教育工程（9项活动），增进学生的主人翁意识，培育学生的爱国情愫；实施秉诚奉廉工程（5项活动），增进学生规则意识，培育学生"学做真人"诚信廉洁的道德品质；实施明礼健心工程（6项活动），增进学生人格意识和健康心理，教育学生文明行事、友善处事、仁爱待人；实施爱舍如家工程（6项活动），增进学生责任意识，培育学生爱校荣校情结和家国情怀；实施崇德精技工程（6项活动），增进学生的奉献意识，培育学生的敬业精神；实施就业力提升工程（5项活动），增进学生的自主意识，激发学生的主体意识和成才意识。实施主体：党委领导，以学生工作部门（院系两级）、思政课部、宣传部、招就处、党校等为主体，其他部门及全体教职员工共同参与。质量评价：基于CRP系统的素质实践课程全过程评价。

（2）"大学生素质实践课程"实践探索。课程目标：引导学生讲文明，懂礼貌，守公德，养成良好的道德素质和文明行为习惯；引导学生爱岗敬业，诚实守信，团结协作，提升岗位适应能力和奉献精神；培养学生综合素质和动手能力，遵守劳动纪律，提升从业水平，提高就业竞争力，养成良好的职业素养和职业技能。课程对象：在校学生（从2013级学生开始实施）。课程定位：公共必修课，2学分，300学时（1～5学期）。课程内容：一是德育实践，主要涵括国防教育和养成教育两个部分，引导学生遵纪守法，遵规守制，弘扬优良传统，践行核心价值，倡导文明修身；二是社会实践，主要是指学生参加校内工作岗位实践和校外社会实践，引导学生劳动实践、社团实践、事务实践、志愿服务，培育吃苦耐劳精神和服务意识。课程实施：以学生服务中心为枢纽，以CRP系统为保障，实现学生自我管理、自我服务和自我教育。学生服务中心共设七个子中心，下设若干个服务大队，逐一对应各职能部门。课程考核：考核部门为学生工作处；评价标准为60学时/学期，德育实践20学时，社会实践40学时（劳动实践不低于20学时），作为素质实践学分；成绩界定为每学期考核、鉴定一次，低于60学时不及格（德育实践学时和社会实践学时低于基础学时60%鉴定为不及格）；考核程序为单项由个人申报社团审核，事务中心复核、汇总，学生工作处学期审核、鉴定。

参见《中国建设教育》2016年第1期"大思政工作体系下的'大学生素质

实践课程'创新与实践"——第七届全国建设类高职院校书记、院长论坛论文。

4.6.4　开展"文化养校"工作

多年来，宁夏建设职业技术学院坚持以"全员参与、增强素质、精心实施、打造品牌"为校园文化建设目标，以"仰望鲁班、俯首为徒、脚踏实地、追求卓越"为校园文化建设主题，紧紧围绕人才培养目标，突出建设类高职院校办学特色，积极探索实践把人文、行业、企业文化精神融入校园文化建设，为推动学院健康发展奠定了基础。其主要做法是：

（1）固基础，把"立德树人"作为首要任务。实施全员育人，全方位育人，全过程育人。深入开展大学生理想信念、民族精神、时代精神和创新精神教育。具体包括：充分发挥课堂主渠道作用、加强思政工作队伍建设、开展丰富多彩的主题教育活动、开展形式多样的道德实践活动等。

（2）凝特色，打造校园文化品牌。在校园文化建设中，高度重视健全文化育人机制，形成了依托"四节一展"（校园文化艺术节、社团文化节、健身节或球类运动会、读书节、社团风采展）和以社会实践活动为载体的校园文化活动模式，加强与建筑文化和企业文化的深度融合，逐步形成了具有建设学院特色的校园文化，打造出了校园文化活动品牌、社团活动品牌、社会实践品牌、志愿服务活动品牌和校企合作文化品牌，构筑了无声教育文化。

（3）练内功，全面提升学生培养质量。学院把加强学生综合素质培养和职业素养教育作为学生发展的基础，以教师专业成长引领学院人才培养，打造师生发展品牌，全面提升学生培养质量。一是加强学生职业素养和技能的培养；二是实施学生综合素质培养工程；三是完善教师发展机制。

参见《中国建设教育》2016年第1期"凝练特色 打造品牌 提升质量——宁夏建院'文化养校'工作的探索与实践"——第七届全国建设类高职院校书记、院长论坛论文。

4.7　校企合作

4.7.1　优势资源共享

山东科技职业学院经过不懈努力，校企合作、产教结合逐步走向深入，培养了大批技能强、适应性好、深受企业欢迎的高素质人才，全力打造出了自己的办学特色。尤其与山东大元股份实业有限公司合作良好，实现优势资源共享，取得了双赢共惠的效果。其主要做法是：

（1）聘请企业高级技术人员担任兼职教师，提高授课质量。通过与大元公司建立的长期、稳定的合作关系，学院从大元公司聘请了6名符合任职条件的高级技术人员到校任教。据统计，这6位兼职教师共授课60学时，理论课8学时，占学院兼职教师授课总课时的37.2%。大元公司的兼职教师用通俗易懂的语言，结合多年工作经验，精心指点每个学习要点，大大地缩短了理论教学与实践的距离，缩短了从书本到实际的距离。学生不但学到了知识和实践经验，也感受到了企业的文化理念，较大地提升了自己的职业素质。

（2）成立"潍坊清大建设工程质量检测有限公司"，实现检测设备资源共享。该公司的成立，满足了学生实验实训课程的需求，又为院校教师的科研工作以及企业的产学合作项目顺利实施提供了有利的硬、软件条件。企业也从中获得经济效益，实现了双方互惠互利、利益共享的目标。

（3）建立专业教师企业工作站，深入开展科研与技术服务合作。

（4）情系学院发展，设立奖学金和助学基金。自2008年起，大元公司每年在学院设立奖学、助学基金各一万元，用于奖励品学兼优的在校学生和资助家庭经济困难的学生，体现了大元公司一贯的价值观和企业文化，表明了大元公司对教育事业的关心和支持。

（5）学生顶岗实习与就业情况。2008年6月22日，学院与大元公司签订实训基地协议书，按照专业培养目标要求和教学计划的安排，每学期组织学生到大元公司顶岗实习。顶岗实习期间，大元公司对学院学生进行管理、教育和评定顶岗实习成绩。迄今已有300余人到大元公司顶岗实习，其中52人在实习期间表现突出，毕业后在大元公司就业。他们在不同岗位上吃苦耐劳，认真工作，既锻炼提高了职业技能，又为企业补充了技术力量，解决了企业人才急缺的问题，同时还为学校解决了学生实习的单位落实问题，实现了企业、学生、学校的三赢。

（6）参与专业建设，提出指导性意见和建议。要提高高等职业教育与社会经济的相关度，加强专业的适用性，必须了解不断发展的市场经济对于特定职业岗位群的知识、素质、技术、能力的要求。只有这样，才能更好地使学校教育为企业的生产和发展服务，提高专业人才培养的适用性。大元公司多年来一直参与学院人才培养方案的制定和修订，为学院专业建设与发展，提供了强有力的支持，使学院的师资队伍得到了极大的充实和提高。在课程建设方面形成了资源共享，优势互补的合作机制。

参见《中国建设教育》2016年第1期"充分发挥企业、院校现有资源 开展校企合作"——第七届全国建设类高职院校书记、院长论坛论文。

4.7.2 基于现代学徒制的人才培养

湖南城建职业技术学院于 2013 年成立了"湖南建工集团企业学院"，由学院和建工集团共同组织面试招生（招工）。校企双方共同确定了"4.5+0.5+1、双园轮转、校企轮换"工学结合的专业群人才培养模式，按照湖南建工集团工程施工现场管理关键工作岗位的要求，推行知岗、定岗、跟岗、模岗、顶岗"五岗实习"，学生交替地在校园理实一体教室（校园）、建工产业园之间"双园轮转"学习，交替地在学校和企业实训基地之间"校企轮换"学习。具体做法是：

（1）校企共建"企业学院"，创新了校企协同育人体制机制。一是完善五项运行机制，推进"现代学徒制企业学院"实施运行；二是基于 CRP 系统的"现代学徒制企业学院"信息化管理平台建设运行。

（2）对接企业职业岗位要求，科学制定人才培养方案和教学标准。一是校企共同开发"基于典型工作过程"的模块化组合课程体系；二是"基于建筑工程施工工作过程"的模块化组合课程体系结构设计；三是创新"多学期、三阶段、校企轮换"工学交替教学组织模式；四是对接建筑企业职业岗位要求，推行"双证融通"课程建设模式。

（3）整合校企专家资源，建设互兼互聘"双导师"教学团队。一是建立企业师傅库，完善各项企业师傅管理制度；二是打造校内"名师"，建设骨干（青年）教师队伍，培养专业教师"双师"素质，形成适应现代学徒制要求的教学团队。

参见《中国建设教育》2016 年第 1 期"基于'现代学徒制'的高职建筑工程技术专业人才培养实践探索"——第七届全国建设类高职院校书记、院长论坛论文。

4.7.3 "海外班"校企合作人才培养

上海建峰职业技术学院自 2007 年起开始了与上海建工集团海外部"海外工程现场项目工程师"人才培养的合作，在此基础上，学院与建工集团海外部进一步深化了人才培养模式改革的合作，将"海外工程现场项目工程师班"试点从两年拓展到高职三年教育全过程，为海外人才订制培养服务。经过从课程设置、实训基地的配套和管理模式的不断摸索，形成了一套具有学院特色的校企合作培养模式。

（1）课程体系的构建。一是在"海外工程现场项目工程师"合作培养的过程中打造教学团队，进行课程改革；二是构建"平台 + 模块"的课程体系；三是优质核心课程建设。

（2）完善实践教学条件。在实训基地建设过程中，完善上海建筑类公共实训基地建设。已建成包含钢筋工、木工、砌筑工的建筑工艺实训中心；钢结构安装技术演示系统，包括地铁隧道盾构掘进机操作实训系统、矩形隧道掘进机操作实训系统、地下空间施工测量实训系统、地下连续墙施工技术（项目法教学用）教学系统等四项地下空间实训基地；上海建筑安装实训中心；完成了鲁班兴安算量计价和成本分析软件的更新；正在建设建筑材料实验和检测中心、上海中心项目工程绿色节能材料展示室、上海中心项目工程建设前沿技术多媒体演示室。在实践教学的过程中，把课堂建在工地上，把项目建在学校中；同时在实操训练、教学见习与体验性实习环境中，注重现代信息化技术的应用，应用 BIM 和三维建模以及多媒体技术创造"高仿真"的实操环境，模拟施工现场的工作场景和浓郁的职场文化氛围。

（3）教学管理的创新——"四双"管理模式。一是"双文化渗透"。在日常教学中，海外部的技术人员、管理人员直接参与教学，将海外工程状况、管理制度、企业文化与工程管理、施工技术等教学内容相互融合，让学生了解工程实际情况，了解企业文化。同时学院的校园文化也渗透到企业文化中，实现相互交融。二是"双管理"。双方共同对学生进行"双管理"，一方面学校专门安排教师任辅导员，以校纪校规严格规范学生的学习生活，帮助学生解决思想上的问题，帮助学生完成从学生到企业人的适应与过渡；另一方面，海外部人力资源部门的相关人员定期来学校关心、检查、督促学生的学习生活。三是"双指导"。校企合作合理分工，学院专业教师侧重建筑理论知识的讲授，而企业一线人员侧重讲解实际工程中常见的一些管理和施工技术问题及涉外知识。如涉外合同、海外工程承包知识等，通过"双指导"进一步完善学生的知识体系。四是"双考核"。为确保人才培养质量，对于学生的学习质量，一方面通过学院的常规考试进行考核，另一方面对学生从"五证一照"（施工员、质量员、安全员、资料员、材料员、驾驶执照）取得情况进行考核，两方面均通过方视为成绩合格。这种考核方式有利于学生就业后能够在最短的时间内顶岗工作。

参见《中国建设教育》2016 年第 1 期"开展'四双'管理 培养订制海外建筑人才——上海建峰职业技术学院海外班人才培养的探索与实践"——第七届全国建设类高职院校书记、院长论坛论文。

4.8　教学研究

4.8.1　土木工程专业实践教学现状分析与思考

李爱群等选取中国研究型高校、教学研究型高校和应用型高校各 6 所共 18

所高校的土木工程专业为分析样本，围绕实践教学的理念、目标、构成、特色、组织、师资和考核等方面进行梳理、比对和总结，并与美、德、法、英、日等发达国家土木工程专业的实践教学进行比较，指出中国土木工程专业在培养理念和目标、实践教学体系、实践教学组织实施、实践教学保障条件和实践教学模式创新等方面亟待完善和加强，以确保并提高土木工程专业人才的实践能力。

4.8.1.1　土木工程专业实践教学有待改进之处

（1）实践教学重要性认识不足。传统观念认为，高校教学应该以理论教学为主、实践教学为辅。因此，首先从教师来说，大部分专业教师不重视或轻视实践教学，尤其是研究型高校多采用以科研为导向的评价标准，教师将绝大部分精力投入到科研上，争取、申报课题，发表论文，存在不愿意在教学方面付出更多的时间和精力的普遍现象；其次从学生来说，主要将精力放在考试上，参加实践活动的积极性不高，认为实践活动只是学校布置的任务，应付下拿到学分就行，在学习态度上表现为被动模式，以应付考核成绩为主，很难从根本上提升自身的实践能力；再次从家长来说，部分家长认为学生的主要任务是学习，而实践活动则浪费时间、精力和财力，所以家长也不太支持学生参加实践活动；最后从企业来说，有的企业怕麻烦，认为安排学生实践活动会打乱其正常工作，甚至带来安全隐患，因此拒绝学生到单位实践。这样必将会导致学生工程意识淡薄，工程经验积累偏少。

（2）实践教学体系不完善。一些院校尚未形成相对成熟的实践教学体系和完整的实践教学大纲以及计划；部分高校在制定专业实践教学计划时没有明确的定位，同时缺少工程界的深度参与，没有适应工程界对人才培养的需求，导致专业发展和社会需要相脱节；传统实践环节设置主要以理论课程为依托，实践内容比较分散，时间安排比较零散，没有很好地体现实践环节的连续性，不符合工程的实际特征；从实践环节来看，实验课、课程设计、各类实习以及毕业设计等环节缺乏整合，没有形成一个完整的实践能力培养体系。

（3）实践教学组织实施不规范。在高校办学实践中，实践教学仍然以单一化灌输性教学为主，开设实验多以单一的基础性、验证性实验为主，而综合性、集成性实验开展得很少，且自主创新性实验难以有效落实；部分实践课程的教材、教案、实验的步骤方法几年甚至十几年不变，远远落后于工程实际应用；各类实习以参观走访代替动手实践，没有形成学生自由探索、主动实践的环境氛围；实践教学质量监控不到位，对实践环节的考核主要还是以最后上交的材料是否齐全为准则，对实践过程的监控缺乏行之有效的举措和机制，导致实践教学的效果和质量无法得到保证；实践教学考核评价体系不够合理，基本沿用传统的评价方式，不能有效地评价教师的实践教学水平和学生的实践创新能力。

（4）实践教学条件保障不足。学校对实践教学设施的重视和投入差异较大，一些学校由于资金的原因，实验仪器设备陈旧，无法及时更新，有的甚至使用了几十年还在继续使用，更难以购买蕴含新技术、新发明的新型设备，而校外实习也因学生积极性、场所、经费等条件限制无法发挥应有的实践效果；实践教学师资队伍力量薄弱也是影响实践教学效果的重要原因，相当一部分专业的教师特别是青年教师都是从高校毕业后直接走上教师岗位，工程素质和实践经验不足，指导学生实践教学效果不佳。实践教学专职人员长期以来被视作教辅人员，职称学历偏低，缺少进修与培训的机会，实践教学条件的保障机制尚待完善和加强。

（5）从各项实践内容来看，目前的实践教学也存在着诸多不足。实验方面：目前，土木工程专业实验教学仅是理论课的补充，实验以验证性实验为主，创新不够，数据处理也较简单，学生几乎没有问题可以提出，实验结果的分析流于形式；教师对于实验的评分主要是依据实验报告，而不能有效地监督和评价学生的实验过程；实习方面：实习与生产现场脱节严重，多为走马观花、蜻蜓点水式，难以达到实习目的；实习考核多是根据考勤、实习日记、实习报告等进行评定，考核的针对性不够明确；工程实践内容陈旧，缺乏更新；面向工程的运用多学科知识和最新科技成果解决实际问题的教育相对缺乏。设计类：传统的课程设计、毕业设计是按教师规定的形式和要求完成，结构选型与计算以及建筑设计图纸的绘制等任务的模式也均较为固定，难以培养学生解决工程实际问题的能力。

4.8.1.2　对现有高校土木工程专业实践教学的建议

（1）实践教学的目标。土木工程专业的主要培养目标为：培养德、智、体、美、劳全面发展，掌握较扎实的数学力学基础理论、人文社会科学知识和土木工程学科专业知识，具有胜任房屋建筑、道路、桥梁、隧道等专业方向的技术与管理工作的能力，具有社会责任感、较高的综合素养、较强的创新精神、较强的实践能力和一定的国际交流能力的高级专门人才。各类高校在制定各自的培养目标时，应根据学校的定位，在上述共性目标的基础上突出自己的特色与个性。

（2）实践教学的基本构成。一是实验教学类，其中包含基础实验、综合性实验、创新研究性实验等；二是科研训练类，可以通过设立结构模型大赛、创新大赛、第二课堂、本科生导师制等环节培养学生的实践能力；三是实习类，包括生产实习、课程实习和毕业设计实习；四是课程设计类，课程设计的题目和内容均应从实际工程中抽取，宜为综合性训练；五是毕业设计（论文）类，选题均应来自于工程实践，并"一人一题"，指导教师应具备相应的研究和工程实践经验，以切实培养学生的工程研究与工程设计的综合能力，包括开题、方案研究、技术设计、分析研究、结果检验和成果总结等各环节；六是特色类，可结合自身的行业特色和地域特点，开设一些具有特色的实践性课程或活动。

（3）实践教学的学时学分。目前，高校土木工程专业的整体教学环节主要包括理论教学和实践教学两大体系，为确保学生实践能力的培养，宜适当提高实践教学的课时和学分占总课时和学分的比例，建议实践环节学分约占总学分的30%。

（4）实践教学中现代技术的引入。一是信息化技术，包括数字影像技术、多媒体技术、虚拟现实技术等，它可以突破时间和空间的限制，让学生坐在教室就可以直观地、形象地了解整个建造过程，弥补因时间经费或其他教学资源不足带来的不利影响，极大地提高教学效率，并且可以解决目前传统实践教学中面临的一些难题；二是在线监督技术，可将现在流行的微信等定位软件应用于实践考核；三是网上考核技术，学生的实习报告及计算书可以采用网络形式提交，教师再通过在线批改，及时向学生反映材料中出现的问题，学生通过修改再返还教师。

（5）实践教学的组织体系。实践教学质量需要组织体系来加以保障，其中实践基地建设包括校内实践基地建设和校外实践基地建设两个方面。

参见《高等建筑教育》2016年25卷第4期"中国土木工程专业实践教学现状分析与思考"。

4.8.2 基于BIM的教学研究

4.8.2.1 基于BIM技术的建筑类专业课程教学改革研究

谢志秦等通过对BIM的国内外发展现状的调查，以及对国内BIM人才需求状况的分析，在结合高职土建类专业的培养目标和相关教学条件的基础上，对BIM技术在高职建筑类专业教学中的改革问题进行了探讨和研究。

（1）将BIM技术加入课程体系。建立"底层共享、中层分类、上层互选"的分层交叉的课程体系，将BIM的综合实训课程安排在上层互选中。完成对施工员岗位以及造价员、安全员等岗位的基本技能的培训。同时，借鉴国内外先进的BIM技术人才培养体系，采用分层交叉的教学方式打通专业间的通道，学生根据兴趣爱好选择BIM方向，培养土建类专业BIM技能。

（2）将BIM技术融入专业课程。根据培养目标，在课程设置上把BIM教学融入专业技能课程中，模拟实际工作岗位和职业环境，培养学生综合运用BIM的能力。教学内容的呈现、教学过程的设计和教学效果的评价等将更多借助信息技术来实现。利用BIM技术，传统建筑教学的重点、难点，如施工现场布置和施工工序等问题将得到更直观、形象以及真实的表述。学生在虚拟的环境下，利用 BIM 模型参与设计，从场地平整到基坑到建成的施工流程，完成工程进度、质量、造价控制。开发基于 BIM 技术的专业课程，并将 BIM 技术应用于各课程的教学中，让学生动手操作，以 BIM 模型为核心进行建造模拟，体验项目全生命周期各个阶段工作，让教学更形象、生动、真实、有趣。实施教学做一体化教学，以学生为主体，在教师的引导下，学生通过自学和小组协作完成工程项目，从而提高学生的 BIM 技术应用能力。

（3）产学研一体化推动 BIM 的深度应用。校企共建 BIM 实训中心，师生共同承接实际工程项目，真正实现与企业的无缝对接。通过产学研一体化推动 BIM 在教学中的深度应用，企业发挥其工程实践能力强、软件操作熟练等优势，院校团体则发挥其理论能力及研究和学习能力强的优势。同时，校企共同开发 BIM 实训项目、编制实训课程教材以及制定实训考核体系等。

（4）参加 BIM 技能竞赛，促进学生的学习热情。通过参加各类竞赛，在教学中充分调动学生学习的积极性和教师教学改革的主动性。为进一步推动 BIM 技术在高校的落地应用，培养一批 BIM 专业应用人才，由中国建设教育协会主办、各 BIM 软件公司协办的各类 BIM 大赛和综合应用毕业设计作品大赛在各大高校陆续展开。大赛以实际案例来呈现，生动有趣，让学生从枯燥乏味的纯知识性授课中解放出来，同时，也提高了学生 BIM 的实际应用能力。特别是大赛以毕业设计作品为切入口，探索出一条 BIM 技术落地高校应用的新途径，也看到了校企合作的可能性以及对 BIM 人才培养的实际作用。

参见《陕西教育（高教）》2016 年第 5 期"基于建筑信息化的高职建筑类专业教学改革研究"。

4.8.2.2 国外 BIM 的发展对我国土木工程专业教学改革的启示

杨勇等通过对国外 BIM 发展应用的介绍，结合中国建筑业所面临的机遇和挑战，分析中国建设行业信息化现状及 BIM 技术的应用，阐述了其对中国高校土木工程专业 BIM 人才培养模式改革的启示。

（1）高校土木工程专业设置 BIM 相关课程。目前，中国建设行业工程技术人员、管理人员等对与 BIM 理念和应用相关的信息了解不多，为了有效地将 BIM 技术应用于建设行业，高等院校土木工程专业应设置相应的 BIM 教学计划、教学大纲和教学实践项目，更新相关知识，跟上 BIM 发展的步伐，加快培养具备 BIM 相关知识和应用技能的师资队伍，开设 BIM 课程或讲座，拓展土木工程专业学生知识层面，有目的地培养 BIM 方面的人才。

（2）充分利用中国高校科研能力改进和创新 BIM 应用技术。与欧美发达国家相比较，在 BIM 应用技术层面，中国现在正在使用的 BIM 应用软件之间缺乏交互性，软件没有兼容性。为此，应该充分利用中国高校的科研能力，针对兼容性等 BIM 相关问题进行攻关，创新技术工具，实现 BIM 同平台对话。

（3）更新观念，扩大土木工程专业在 BIM 应用管理层面的外延。BIM 应用实践过程中，应进行统筹管理。在项目执行的不同阶段，BIM 技术发挥着不同的作用。高校应更新观念，扩大土木工程专业在 BIM 管理层面的外延。BIM 在管理层面的应用已不再是简单的理念和方法问题，更重要的是管理和实践问题。在高校土木工程专业教学中，应推行 BIM 辅助设计、指导施工、支持后期运营管理，实现项目全寿命期综合应用。为平衡各方的利益关系，BIM 的投入与利益应从项目全生命周期的角度来分析，制定较合理的成本和利益分配策略。只有这样才能激励各方切实有效地将 BIM 技术应用于项目建设的各阶段，从而产生最大的经济效益。

参见《高等建筑教育》2016 年第 25 卷第 3 期"国外 BIM 的发展及其对我国土木工程专业教学改革的启示"。

4.8.3 基于 BIM 的研究与实践平台建设

4.8.3.1 BIM 研究与实践创新云服务平台的建设

大连理工大学依托土木工程与水利工程学科相关专业，联合国内知名科研机构、建筑设计研究院、施工企业、软件公司，以 BIM 技术为支撑，以科学研究和创新教学为目标，在辽宁省普通高等学校虚拟仿真实验教学中心建设项目中，建设了"BIM 研究与实践教学"相结合的"大连理工大学 BIM 研究与实践创新云服务平台"。该平台为该校土木工程、水利工程相关专业人才培养提供强有力的虚拟实践环境，对面向社会需求培养人才，全面提高工程教育人才培养质量具有十分重要的作用。

（1）建设目标。依托土木工程与水利工程整体学科实力，将学科专业与信息技术相融合，建成开放式的 BIM 研究与实践创新基地，实现 BIM 基础课程学习、各专业课程的 BIM 应用与分析、跨专业 BIM 协同毕业设计、专业课程 BIM 虚拟实验产品开发及 BIM 工程应用实践等本科专业人才培养教学和服务环节。通过教学资源的信息化，探索新型人才培养模式。

（2）建设思路。坚持"虚实结合、以实促虚"的建设原则。"实"体现为 BIM 研究与实践创新云服务平台的硬件环境和软件环境建设，"虚"体现在专业课程 BIM 虚拟实验产品开发方面；坚持将学科建设平台、科研项目成果转化为虚拟教学实验项目；推进专业 BIM 课程建设，积极开展实践教学体系改革。

（3）建设方案。大连理工大学 BIM 研究与实践创新云服务平台属于虚拟仿真实验教学中心的一部分，其总体建设方案和硬件环境总体架构分别如图 4-3、图 4-4 所示。

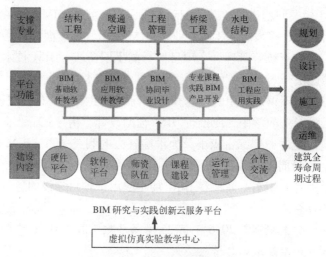

图 4-3　BIM 研究与实践创新云服务平台总体构架

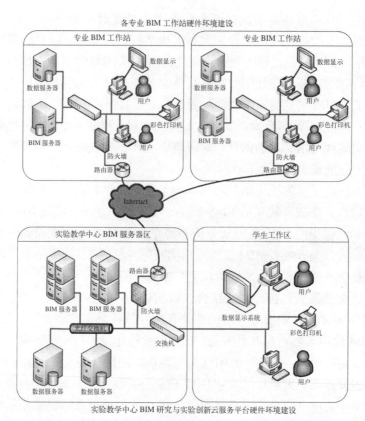

图 4-4　BIM 研究与实践创新云服务平台硬件环境总体架构

参见《高等建筑教育》2016 年第 25 卷第 1 期"建设 BIM 研究与实践创新基地的探索"。

4.8.3.2 融合 BIM 技术的应用型土木工程专业实践教学平台的优化与应用

基于土木工程专业实践教学的现状分析，山西工程技术学院王芳、张志强认为，应用型本科院校土木工程专业实践教学改革的重要举措之一就是融合 BIM 技术，优化实践教学平台，整合实践教学体系，从而增强学生的实践能力及创新能力。

将 BIM 技术融合于土木工程实践教学的基本思路是：通过 BIM 技术，建立校内 BIM 教学实训室，将案例工程的建筑设计、结构设计、配套安装设计及施工现场布置等信息模型作立体展示，向学生提供直观的项目情境，学生通过可视化的三维立体建筑信息模型对建筑设计过程及施工现场环境产生直接深刻的感性认识，进而在此基础上根据实践教学的各项要求开展实训活动。

融合 BIM 技术的实践教学改革具体内容包括：构建融合 BIM 技术的实践教学课程体系；建设适应学生应用创新能力培养的校内 BIM 实践教学实训平台；加强与建筑企业的合作，建设校企合作的校外 BIM 实践教学平台；在 BIM 实践教学平台上，教师们丰富自身的教学经验，拓宽自身的知识面，使教师的工程应用素质也得以提高；教师和学生在 BIM 实践教学中实现角色转换，教师变"教授"技能为"指导"与"管理"实践过程，学生变受教师被动地"教"为主动地"学"；围绕学生学习质量和教师实践教学工作质量开展评价，形成一系列的实践考评方法。

通过融合 BIM 技术的土木工程实践教学平台的优化及应用，将立体化、可视化的三维建筑模型及"电子工地"作为实践教学的平台和基础，学生通过立体化、可视化的模拟训练，增进参与工程实践、解决实际问题的积极性和主动性，从而促进学生专业创新思维和创新能力的培养，最终实现应用创新型土木工程复合型人才培养的目标。

参见《高等建筑教育》2016 年第 25 卷第 1 期"融合 BIM 技术的应用型土木工程专业实践教学平台的优化与应用"。

4.8.4 高职院校土建类专业基于 BIM 的教学改革

BIM 的大规模应用即将到来，由此带动了对 BIM 应用人才的大量需求，高职院校应该顺应时代要求，及时调整教学改革的思路，加强学生 BIM 素质的教育，使 BIM 成为土建类专业学生必备的专业素质之一。基于 BIM 的高职院校土建类专业的教学改革，可以从以下几个方面着手。

（1）将 BIM 技术纳入职业教育课程体系。在高职土建类专业的人才培养目标描述中，应明确增加建设项目信息化的素养及技能目标；应将 BIM 技术纳入职业教育课程体系中，创建以能力为核心、以过程为重点的教学质量保障体系和学习绩效考核评价体系；要注意教材、教学手段、教学内容和课程标准的更新和配套，使之与人才培养方案相适应。

（2）重视 BIM 实践教育。高职院校开展 BIM 的实践教学应该循序渐进，由单项技能到综合技能的培养。在低年级的理论课程教学中加入单项 BIM 应用技能实训，有针对性地加强一些重要单项技能训练，而到了高年级可开展以项目案例为核心的 BIM 综合技能实训，推动学生系统性地采用 BIM 知识进行毕业综合实践，通过以案例为主线，任务驱动，团队实战对 BIM 价值在教学中的应用进行提炼。有条件的职业院校还可以联合不同院系的不同专业，开展 BIM 一体化实训课程，将 BIM 技术应用于项目案例的全生命周期，培养学生的协同设计能力、施工技术能力、计量计价能力、施工组织设计能力等。

（3）双重引导，多形式提高学生自主学习能力。除了对 BIM 理论和核心软件的教育之外，应提供必要的条件，鼓励学生自主学习 BIM 知识和各类软件。也可通过行业专家讲座、讨论、专题报告、研讨会等各种形式，多途径开展 BIM 教育。

（4）与知名 BIM 技术公司开展校企合作。双方本着优势互补、资源共享、互利共赢、共同发展的原则，围绕校企合作共建 BIM 综合实训室、认证培训中心、师资联盟等，合作开展教师交流培训、人才培养活动。

参见《教育教学论坛》2016 年 7 月总第 28 期"BIM 大背景下高职院校土建类专业教学改革探学及分析"。

5

中国建设教育相关政策、文件汇编与发展大事记

5.1 2016年相关政策、文件汇编

5.1.1 中共中央《关于深化人才发展体制机制改革的意见》

2016年3月，中共中央印发了《关于深化人才发展体制机制改革的意见》，并发出通知，要求各地区各部门结合实际认真贯彻落实。《关于深化人才发展体制机制改革的意见》全文如下：

人才是经济社会发展的第一资源。人才发展体制机制改革是全面深化改革的重要组成部分，是党的建设制度改革的重要内容。协调推进"四个全面"战略布局，贯彻落实创新、协调、绿色、开放、共享的发展理念，实现"两个一百年"奋斗目标，必须深化人才发展体制机制改革，加快建设人才强国，最大限度激发人才创新创造创业活力，把各方面优秀人才集聚到党和国家事业中来。现就深化人才发展体制机制改革提出如下意见。

一、指导思想、基本原则和主要目标

（一）指导思想

高举中国特色社会主义伟大旗帜，全面贯彻党的十八大和十八届三中、四中、五中全会精神，以邓小平理论、"三个代表"重要思想、科学发展观为指导，深入贯彻习近平总书记系列重要讲话精神，坚持聚天下英才而用之，牢固树立科学人才观，深入实施人才优先发展战略，遵循社会主义市场经济规律和人才成长规律，破除束缚人才发展的思想观念和体制机制障碍，解放和增强人才活力，构建科学规范、开放包容、运行高效的人才发展治理体系，形成具有国际竞争力的人才制度优势。

（二）基本原则

——坚持党管人才。充分发挥党的思想政治优势、组织优势和密切联系群众优势，进一步加强和改进党对人才工作的领导，健全党管人才领导体制和工作格局，创新党管人才方式方法，为深化人才发展体制机制改革提供坚强的政治和组织保证。

——服务发展大局。围绕经济社会发展需求，聚焦国家重大战略，科学谋划改革思路和政策措施，促进人才规模、质量和结构与经济社会发展相适应、相协调，实现人才发展与经济建设、政治建设、文化建设、社会建设、生态文明建设深度融合。

——突出市场导向。充分发挥市场在人才资源配置中的决定性作用和更好

发挥政府作用，加快转变政府人才管理职能，保障和落实用人主体自主权，提高人才横向和纵向流动性，健全人才评价、流动、激励机制，最大限度激发和释放人才创新创造创业活力，使人才各尽其能、各展其长、各得其所，让人才价值得到充分尊重和实现。

——体现分类施策。根据不同领域、行业特点，坚持从实际出发，具体问题具体分析，增强改革针对性、精准性。纠正人才管理中存在的行政化、"官本位"倾向，防止简单套用党政领导干部管理办法管理科研教学机构学术领导人员和专业人才。

——扩大人才开放。树立全球视野和战略眼光，充分开发利用国内国际人才资源，主动参与国际人才竞争，完善更加开放、更加灵活的人才培养、吸引和使用机制，不唯地域引进人才，不求所有开发人才，不拘一格用好人才，确保人才引得进、留得住、流得动、用得好。

（三）主要目标

通过深化改革，到2020年，在人才发展体制机制的重要领域和关键环节上取得突破性进展，人才管理体制更加科学高效，人才评价、流动、激励机制更加完善，全社会识才爱才敬才用才氛围更加浓厚，形成与社会主义市场经济体制相适应、人人皆可成才、人人尽展其才的政策法律体系和社会环境。

二、推进人才管理体制改革

（四）转变政府人才管理职能。根据政社分开、政事分开和管办分离要求，强化政府人才宏观管理、政策法规制定、公共服务、监督保障等职能。推动人才管理部门简政放权，消除对用人主体的过度干预，建立政府人才管理服务权力清单和责任清单，清理和规范人才招聘、评价、流动等环节中的行政审批和收费事项。

（五）保障和落实用人主体自主权。充分发挥用人主体在人才培养、吸引和使用中的主导作用，全面落实国有企业、高校、科研院所等企事业单位和社会组织的用人自主权。创新事业单位编制管理方式，对符合条件的公益二类事业单位逐步实行备案制管理。改进事业单位岗位管理模式，建立动态调整机制。探索高层次人才协议工资制等分配办法。

（六）健全市场化、社会化的人才管理服务体系。构建统一、开放的人才市场体系，完善人才供求、价格和竞争机制。深化人才公共服务机构改革。大力发展专业性、行业性人才市场，鼓励发展高端人才猎头等专业化服务机构，放宽人才服务业准入限制。积极培育各类专业社会组织和人才中介服务机构，有序承接政府转移的人才培养、评价、流动、激励等职能。充分运用云计算和大数据等技术，为用人主体和人才提供高效便捷服务。扩大社会组织人才公共服务覆盖面。完善人才诚信体系，建立失信惩戒机制。

（七）加强人才管理法制建设。研究制定促进人才开发及人力资源市场、人才评价、人才安全等方面的法律法规。完善外国人才来华工作、签证、居留和永久居留管理的法律法规。制定人才工作条例。清理不合时宜的人才管理法律法规和政策性文件。

三、改进人才培养支持机制

（八）创新人才教育培养模式。突出经济社会发展需求导向，建立高校学科专业、类型、层次和区域布局动态调整机制。统筹产业发展和人才培养开发规划，加强产业人才需求预测，加快培育重点行业、重要领域、战略性新兴产业人才。注重人才创新意识和创新能力培养，探索建立以创新创业为导向的人才培养机制，完善产学研用结合的协同育人模式。

（九）改进战略科学家和创新型科技人才培养支持方式。更大力度实施国家高层次人才特殊支持计划（国家"万人计划"），完善支持政策，创新支持方式。构建科学、技术、工程专家协同创新机制。建立统一的人才工程项目信息管理平台，推动人才工程项目与各类科研、基地计划相衔接。按照精简、合并、取消、下放要求，深入推进项目评审、人才评价、机构评估改革。

建立基础研究人才培养长期稳定支持机制。加大对新兴产业以及重点领域、企业急需紧缺人才支持力度。支持新型研发机构建设，鼓励人才自主选择科研方向、组建科研团队，开展原创性基础研究和面向需求的应用研发。

（十）完善符合人才创新规律的科研经费管理办法。改革完善科研项目招投标制度，健全竞争性经费和稳定支持经费相协调的投入机制，提高科研项目立项、评审、验收科学化水平。进一步改革科研经费管理制度，探索实行充分体现人才创新价值和特点的经费使用管理办法。下放科研项目部分经费预算调整审批权，推行有利于人才创新的经费审计方式。完善企业研发费用加计扣除政策。探索实行哲学社会科学研究成果后期资助和事后奖励制。

（十一）优化企业家成长环境。遵循企业家成长规律，拓宽培养渠道。建立有利于企业家参与创新决策、凝聚创新人才、整合创新资源的新机制。依法保护企业家财产权和创新收益，进一步营造尊重、关怀、宽容、支持企业家的社会文化环境。合理提高国有企业经营管理人才市场化选聘比例，畅通各类企业人才流动渠道。研究制定在国有企业建立职业经理人制度的指导意见。完善国有企业经营管理人才中长期激励措施。

（十二）建立产教融合、校企合作的技术技能人才培养模式。大力培养支撑中国制造、中国创造的技术技能人才队伍，加快构建现代职业教育体系，深化技术技能人才培养体制改革，加强统筹协调，形成工作合力。创新技术技能人才教育培训模式，促进企业和职业院校成为技术技能人才培养的"双主体"，开展校企联合培养试点。研究制定技术技能人才激励办法，探索建立企业首席技师制度，试行年薪制和股权制、期权制。健全以职业农民为主体的农村实用人才培养机制。弘扬劳动光荣、技能宝贵、创造伟大的时代风尚，不断提高技术技能人才经济待遇和社会地位。

（十三）促进青年优秀人才脱颖而出。破除论资排辈、求全责备等陈旧观念，抓紧培养造就青年英才。建立健全对青年人才普惠性支持措施。加大教育、科技和其他各类人才工程项目对青年人才培养支持力度，在国家重大人才工程项目中设立青年专项。改革博士后制度，发挥高校、科研院所、企业在博士后研究人员招收培养中的主体作用，有条件的博士后科研工作站可独立招收博士后研究人员。拓宽国际视野，吸引国外优秀青年人才来华从事博士后研究。

四、创新人才评价机制

（十四）突出品德、能力和业绩评价。制定分类推进人才评价机制改革的指导意见。坚持德才兼备，注重凭能力、实绩和贡献评价人才，克服唯学历、唯职称、唯论文等倾向。不将论文等作为评价应用型人才的限制性条件。建立符合中小学教师、全科医生等岗位特点的人才评价机制。

（十五）改进人才评价考核方式。发挥政府、市场、专业组织、用人单位等多元评价主体作用，加快建立科学化、社会化、市场化的人才评价制度。基础研究人才以同行学术评价为主，应用研究和技术开发人才突出市场评价，哲学社会科学人才强调社会评价。注重引入国际同行评价。应用型人才评价应根据职业特点突出能力和业绩导向。加强评审专家数据库建设，建立评价责任和信誉制度。适当延长基础研究人才评价考核周期。

（十六）改革职称制度和职业资格制度。深化职称制度改革，提高评审科学化水平。研究制定深化职称制度改革的意见。突出用人主体在职称评审中的主导作用，合理界定和下放职称评审权限，推动高校、科研院所和国有企业自主评审。对职称外语和计算机应用能力考试不作统一要求。探索高层次人才、急需紧缺人才职称直聘办法。畅通非公有制经济组织和社会组织人才申报参加职称评审渠道。清理减少准入类职业资格并严格管理，推进水平类职业资格评价市场化、社会化。放宽急需紧缺人才职业资格准入。

五、健全人才顺畅流动机制

（十七）破除人才流动障碍。打破户籍、地域、身份、学历、人事关系等制约，促进人才资源合理流动、有效配置。建立高层次人才、急需紧缺人才优先落户制度。加快人事档案管理服务信息化建设，完善社会保险关系转移接续办法，为人才跨地区、跨行业、跨体制流动提供便利条件。

（十八）畅通党政机关、企事业单位、社会各方面人才流动渠道。研究制定吸引非公有制经济组织和社会组织优秀人才进入党政机关、国有企事业单位的政策措施，注重人选思想品德、职业素养、从业经验和专业技能综合考核。

（十九）促进人才向艰苦边远地区和基层一线流动。研究制定鼓励和引导人才向艰苦边远地区和基层一线流动的意见，提高艰苦边远地区和基层一线人才保障水平，使他们在政治上受重视、社会上受尊重、经济上得实惠。重大人才工程项目适当向艰苦边远地区倾斜。边远贫困和民族地区县以下单位招录人才，可适当放宽条件、降低门槛。鼓励西部地区、东北地区、边远地区、民族地区、革命老区设立人才开发基金。完善东、中部地区对口支持西部地区人才开发机制。

六、强化人才创新创业激励机制

（二十）加强创新成果知识产权保护。完善知识产权保护制度，加快出台职务发明条例。研究制定商业模式、文化创意等创新成果保护办法。建立创新人才维权援助机制。建立人才引进使用中的知识产权鉴定机制，防控知识产权风险。完善知识产权质押融资等金融服务机制，为人才创新创业提供支持。

（二十一）加大对创新人才激励力度。赋予高校、科研院所科技成果使用、处置和收益管理自主权，除事关国防、国家安全、国家利益、重大社会公共利益外，行政主管部门不再审批或备案。允许科技成果通过协议定价、在技术市场挂牌交易、拍卖等方式转让转化。完善科研人员收入分配政策，依法赋予创新领军人才更大人财物支配权、技术路线决定权，实行以增加知识价值为导向的激励机制。完善市场评价要素贡献并按贡献分配的机制。研究制定国有企事业单位人才股权期权激励政策，对不适宜实行股权期权激励的采取其他激励措施。探索高校、科研院所担任领导职务科技人才获得现金与股权激励管理办法。完善人才奖励制度。

（二十二）鼓励和支持人才创新创业。研究制定高校、科研院所等事业单位科研人员离岗创业的政策措施。高校、科研院所科研人员经所在单位同意，可在科技型企业兼职并按规定获得报酬。允许高校、科研院所设立一定比例的流动岗位，吸引具有创新实践经验的企业家、科技人才兼职。鼓励和引导优秀人才向企业集聚。重视吸收民营企业育才引才用才经验做法。总结推广各类创新创业孵化模式，打造一批低成本、便利化、开放式的众创空间。

七、构建具有国际竞争力的引才用才机制

（二十三）完善海外人才引进方式。实行更积极、更开放、更有效的人才引进政策，更大力度实施海外高层次人才引进计划（国家"千人计划"），敞开大门，不拘一格，柔性汇聚全球人才资源。对国家急需紧缺的特殊人才，开辟专门渠道，实行特殊政策，实现精准引进。支持地方、部门和用人单位设立引才项目，加强动态管理。鼓励社会力量参与人才引进。扩大来华留学规模，优化外国留学生结构，提高政府奖学金资助标准，出台学位研究生毕业后在华工作的相关政策。

（二十四）健全工作和服务平台。对引进人才充分信任、放手使用，支持他们深度参与国家计划项目、开展科研攻关。研究制定外籍科学家领衔国家科技项目办法。完善引才配套政策，解决引进人才任职、社会保障、户籍、子女教育等问题。对外国人才来华签证、居留，放宽条件、简化程序、落实相关待遇。整合人才引进管理服务资源，优化机构与职能配置。

（二十五）扩大人才对外交流。鼓励支持人才更广泛地参加国际学术交流与合作，完善相关管理办法。支持有条件的高校、科研院所、企业在海外建立办学机构、研发机构，吸引使用当地优秀人才。完善国际组织人才培养推送机制。创立国际人才合作组织，促进人才国际交流与合作。研究制定维护国家人才安全的政策措施。

八、建立人才优先发展保障机制

（二十六）促进人才发展与经济社会发展深度融合。坚持人才引领创新发展，将人才发展列为经济社会发展综合评价指标。综合运用区域、产业政策和财政、税收杠杆，加大人才资源开发力度。坚持人才发展与实施重大国家战略、调整产业布局同步谋划、同步推进。研究制定"一带一路"建设、京津冀协同发展、长江经济带建设、"中国制造2025"、自贸区建设以及国家重大项目和重大科技工程等人才支持措施。创新人才工作服务发展政策，鼓励和支持地方开展人才管理改革试验探索。围绕实施国家"十三五"规划，编制地区、行业系统以及重点领域人才发展规划。鼓励各类优秀人才投身国防事业，促进军民深度融合发展，建立军地人才、技术、成果转化对接机制。

（二十七）建立多元投入机制。优化财政支出结构，完善人才发展投入机制，加大人才开发投入力度。实施重大建设工程和项目时，统筹安排人才开发培养经费。调整和规范人才工程项目财政性支出，提高资金使用效益。发挥人才发展专项资金、中小企业发展基金、产业投资基金等政府投入的引导和撬动作用，建立政府、企业、社会多元投入机制。创新人才与资本、技术对接合作模式。研究制定鼓励企业、社会组织加大人才投入的政策措施。发展天使投资和创业投资引导基金，鼓励金融机构创新产品和服务，加大对人才创新创业资金扶持力度。落实有利于人才发展的税收支持政策，完善国家有关鼓励和吸引高层次人才的税收优惠政策。

九、加强对人才工作的领导

（二十八）完善党管人才工作格局。发挥党委（党组）总揽全局、协调各方的领导核心作用，加强党对人才工作统一领导，切实履行管宏观、管政策、管协调、管服务职责。改进党管人才方式方法，完善党委统一领导，组织部门牵头抓总，有关部门各司其职、密切配合，社会力量发挥重要作用的人才工作新格局。进一步明确人才工作领导小组职责任务和工作规则，健全领导机构，配强工作力量，完善宏观指导、科学决策、统筹协调、督促落实机制。理顺党委和政府人才工作职能部门职责，将行业、领域人才队伍建设列入相关职能部门"三定"方案。

（二十九）实行人才工作目标责任考核。建立各级党政领导班子和领导干部人才工作目标责任制，细化考核指标，加大考核力度，将考核结果作为领导班子评优、干部评价的重要依据。将人才工作列为落实党建工作责任制情况述职的重要内容。

（三十）坚持对人才的团结教育引导服务。加强政治引领和政治吸纳，充分发挥党的组织凝聚人才作用。制定加强党委联系专家工作意见，建立党政领导干部直接联系人才机制。加强各类人才教育培训、国情研修，增强认同感和向心力。完善专家决策咨询制度，畅通建言献策渠道，充分发挥新型智库作用。建立健全特殊一线岗位人才医疗保健制度。加强优秀人才和工作典型宣传，营造尊重人才、见贤思齐的社会环境，鼓励创新、宽容失败的工作环境，待遇适当、无后顾之忧的生活环境，公开平等、竞争择优的制度环境。

各级党委和政府要切实增强责任感、使命感，统一思想、加强领导，部门协同、上下联动，推动各项改革任务落实。鼓励支持各地区各部门因地制宜，开展差别化改革探索。加强指导监督，研究解决人才发展体制机制改革中遇到的新情况新问题。有关方面要抓紧制定任务分工方案，明确各项改革的进度安排。各地应当结合实际研究制定实施意见。加强政策解读和舆论引导，形成全社会关心支持人才发展体制机制改革的良好氛围。

5.1.2 国务院下发的相关文件

5.1.2.1 国务院关于鼓励社会力量兴办教育促进民办教育健康发展的若干意见

2016 年 12 月 29 日，国务院下发了《关于鼓励社会力量兴办教育促进民办教育健康发展的若干意见》（国发 [2016]81 号），全文如下：

各省、自治区、直辖市人民政府，国务院各部委、各直属机构：

社会力量兴办教育是指各种社会力量以捐赠、出资、投资、合作等方式举办或者参与举办法律法规允许的各级各类学校和其他教育机构。改革开放以来，作为社会力量兴办教育主要形式的民办教育不断发展壮大，形成了从学前教育到高等教育、从学历教育到非学历教育，层次类型多样、充满生机活力的发展局面，有效增加了教育服务供给，为推动教育现代化、促进经济社会发展做出了积极贡献，已经成为社会主义教育事业的重要组成部分。同时，民办教育也面临许多制约发展的问题和困难。为鼓励社会力量兴办教育，促进民办教育健康发展，现提出如下意见。

一、总体要求

（一）指导思想。全面贯彻落实党的十八大和十八届三中、四中、五中、六中全会精神，深入贯彻习近平总书记系列重要讲话精神，按照"四个全面"战略布局和党中央、国务院决策部署，牢固树立并切实贯彻创新、协调、绿色、开放、共享五大发展理念，全面贯彻党的教育方针，坚持社会主义办学方向，坚持立德树人，培育和践行社会主义核心价值观。以实行分类管理为突破口，创新体制机制，完善扶持政策，加强规范管理，提高办学质量，进一步调动社会力量兴办教育的积极性，促进民办教育持续健康发展，培养德智体美全面发展的社会主义建设者和接班人。

（二）基本原则。

育人为本，德育为先。把立德树人作为根本任务，把理想信念教育摆在首要位置，形成全员、全过程、全方位育人的工作格局，提高学生服务国家服务人民的社会责任感、勇于探索的创新精神和善于解决问题的实践能力。

分类管理，公益导向。实行非营利性和营利性分类管理，实施差别化扶持政策，积极引导社会力量举办非营利性民办学校。坚持教育的公益属性，无论是非营利性民办学校还是营利性民办学校都要始终把社会效益放在首位。

优化环境，综合施策。统筹教育、登记、财政、土地、收费等相关政策，营造有利于民办教育发展的制度环境。

依法管理，规范办学。简政放权、放管结合、优化服务，依法履职，规范办学秩序，全面提高民办教育治理水平。

鼓励改革，上下联动。依靠改革创新推动发展，坚持顶层设计与基层创新相结合，共同破解民办教育改革发展难题和障碍。

二、加强党对民办学校的领导

（三）切实加强民办学校党的建设。全面加强民办学校党的思想建设、组织建设、作风建设、反腐倡廉建设、制度建设，增强政治意识、大局意识、核心意识、看齐意识。完善民办学校党组织设置，理顺民办学校党组织隶属关系，健全各级党组织工作保障机制，选好配强民办学校党组织负责人。民办学校党组织要发挥政治核心作用，强化思想引领，牢牢把握社会主义办学方向，牢牢把握党对民办学校意识形态工作的领导权、话语权，切实维护民办学校和谐稳定。民办高校党组织负责人兼任政府派驻学校的督导专员。实现学校基层党组织全覆盖、党建工作上水平，有效发挥基层党组织的战斗堡垒作用和共产党员的先锋模范作用。积极做好党员发展和教育管理服务工作。坚持党建带群建，加强民办学校共青团组织建设。各地要把民办学校党组织建设、党对民办学校的领导作为民办学校年度检查的重要内容。

（四）加强和改进民办学校思想政治教育工作。把思想政治教育工作纳入学校事业发展规划，把思想政治工作队伍建设纳入学校人才队伍培养规划，全面提升思想政治教育工作水平。切实加强思想政治理论课和思想品德课课程、教材、教师队伍建设，深入推进中国特色社会主义理论体系进教材、进课堂、进头脑，把社会主义核心价值观融入教育教学全过程、教书育人各环节，不断增强广大师生中国特色社会主义道路自信、理论自信、制度自信、文化自信。提高思想政治教育的针对性、实效性和吸引力、感染力，切实加强理想信念、爱国主义、集体主义、中国特色社会主义教育和中华优秀传统文化、革命传统文化、民族团结教育，引导学生树立正确的世界观、人生观、价值观。大力开展社会实践和志愿服务，积极开展心理健康教育。创新网络思想政治教育方式，大力弘扬主旋律、传播正能量，全面提高教书育人、实践育人、科研育人、管理育人、服务育人的水平。

三、创新体制机制

（五）建立分类管理制度。对民办学校（含其他民办教育机构）实行非营利性和营利性分类管理。非营利性民办学校举办者不取得办学收益，办学结余全部用于办学。营利性民办学校举办者可以取得办学收益，办学结余依据国家有关规定进行分配。民办学校依法享有法人财产权。

举办者自主选择举办非营利性民办学校或者营利性民办学校，依法依规办理登记。对现有民办学校按照举办者自愿的原则，通过政策引导，实现分类管理。

（六）建立差别化政策体系。国家积极鼓励和大力支持社会力量举办非营利性民办学校。各级人民政府要完善制度政策，在政府补贴、政府购买服务、基金奖励、捐资激励、土地划拨、税费减免等方面对非营利性民办学校给予扶持。各级人民政府可根据经济社会发展需要和公共服务需求，通过政府购买服务及税收优惠等方式对营利性民办学校给予支持。

（七）放宽办学准入条件。社会力量投入教育，只要是不属于法律法规禁止进入以及不损害第三方利益、社会公共利益、国家安全的领域，政府不得限制。政府制定准入负面清单，列出禁止和限制的办学行为。各地要重新梳理民办学校准入条件和程序，进一步简政放权，吸引更多的社会资源进入教育领域。

（八）拓宽办学筹资渠道。鼓励和吸引社会资金进入教育领域举办学校或者投入项目建设。创新教育投融资机制，多渠道吸引社会资金，扩大办学资金来源。鼓励金融机构在风险可控前提下开发适合民办学校特点的金融产品，探索办理民办学校未来经营收入、知识产权质押贷款业务，提供银行贷款、信托、融资租赁等多样化的金融服务。鼓励社会力量对非营利性民办学校给予捐赠。

（九）探索多元主体合作办学。推广政府和社会资本合作(PPP)模式，鼓励社会资本参与教育基础设施建设和运营管理、提供专业化服务。积极鼓励公办学校与民办学校相互购买管理服务、教学资源、科研成果。探索举办混合所有制职业院校，允许以资本、知识、技术、管理等要素参与办学并享有相应权利。鼓励营利性民办学校建立股权激励机制。

（十）健全学校退出机制。捐资举办的民办学校终止时，清偿后剩余财产统筹用于教育等社会事业。2016年11月7日《全国人民代表大会常务委员会关于修改〈中华人民共和国民办教育促进法〉的决定》公布前设立的民办学校，选择登记为非营利性民办学校的，终止时，民办学校的财产依法清偿后有剩余的，按照国家有关规定给予出资者相应的补偿或者奖励，其余财产继续用于其他非营利性学校办学；选择登记为营利性民办学校的，应当进行财务清算，依法明确财产权属，终止时，民办学校的财产依法清偿后有剩余的，依照《中华人民共和国公司法》有关规定处理。具体办法由省、自治区、直辖市制定。2016年11月7日后设立的民办学校终止时，财产处置按照有关规定和学校章程处理。各地要结合实际，健全民办学校退出机制，依法保护受教育者的合法权益。

四、完善扶持制度

（十一）加大财政投入力度。各级人民政府可按照《中华人民共和国预算法》《中华人民共和国教育法》《中华人民共和国民办教育促进法》等法律法规和制度要求，因地制宜，调整优化教育支出结构，加大对民办教育的扶持力度。财政扶持民办教育发展的资金要纳入预算，并向社会公开，接受审计和社会监督，提高资金使用效益。

（十二）创新财政扶持方式。地方各级人民政府应建立健全政府补贴制度，明确补贴的项目、对象、标准、用途。完善政府购买服务的标准和程序，建立绩效评价制度，制定向民办学校购买就读学位、课程教材、科研成果、职业培训、政策咨询等教育服务的具体政策措施。地方各级人民政府可按照国家关于基金会管理的规定设立民办教育发展基金，支持成立相应的基金会，组织开展各类有利于民办教育事业发展的活动。

（十三）落实同等资助政策。民办学校学生与公办学校学生按规定同等享受助学贷款、奖助学金等国家资助政策。各级人民政府应建立健全民办学校助学贷款业务扶持制度，提高民办学校家庭经济困难学生获得资助的比例。民办学校要建立健全奖助学金评定、发放等管理机制，应从学费收入中提取不少于5%的资金，用于奖励和资助学生。落实鼓励捐资助学的相关优惠政策措施，积极引导和鼓励企事业单位、社会组织和个人面向民办学校设立奖助学金，加大资助力度。

（十四）落实税费优惠等激励政策。民办学校按照国家有关规定享受相关税收优惠政策。对企业办的各类学校、幼儿园自用的房产、土地，免征房产税、城镇土地使用税。对企业支持教育事业的公益性捐赠支出，按照税法有关规定，在年度利润总额12%以内的部分，准予在计算应纳税所得额时扣除；对个人支持教育事业的公益性捐赠支出，按照税收法律法规及政策的相关规定在个人所得税前予以扣除。非营利性民办学校与公办学校享有同等待遇，按照税法规定进行免税资格认定后，免征非营利性收入的企业所得税。捐资建设校舍及开展表彰资助等活动的冠名依法尊重捐赠人意愿。民办学校用电、用水、用气、用热，执行与公办学校相同的价格政策。

（十五）实行差别化用地政策。民办学校建设用地按科教用地管理。非营利性民办学校享受公办学校同等政策，按划拨等方式供应土地。营利性民办学校按国家相应的政策供给土地。只有一个意向用地者的，可按协议方式供地。土地使用权人申请改变全部或者部分土地用途的，政府应当将申请改变用途的土地收回，按时价定价，重新依法供应。

（十六）实行分类收费政策。规范民办学校收费。非营利性民办学校收费，通过市场化改革试点，逐步实行市场调节价，具体政策由省级人民政府根据办学成本以及本地公办教育保障程度、民办学校发展情况等因素确定。营利性民办学校收费实行市场调节价，具体收费标准由民办学校自主确定。政府依法加强对民办学校收费行为的监管。

（十七）保障依法自主办学。扩大民办高等学校和中等职业学校专业设置自主权，鼓励学校根据国家战略需求和区域产业发展需要，依法依规设置和调整学科专业。民办中小学校在完成国家规定课程前提下，可自主开展教育教学活动。支持民办学校参与考试招生制度改革。社会声誉好、教学质量高、就业有保障的民办高等职业学校，可在核定的办学规模内自主确定招生范围和年度招生计划。中等以下层次民办学校按照国家有关规定，在核定的办学规模内，与当地公办学校同期面向社会自主招生。各地不得对民办学校跨区域招生设置障碍。

（十八）保障学校师生权益。完善学校、个人、政府合理分担的民办学校教职工社会保障机制。民办学校应依法为教职工足额缴纳社会保险费和住房公积金。鼓励民办学校按规定为教职工建立补充养老保险,改善教职工退休后的待遇。落实跨统筹地区社会保险关系转移接续政策，完善民办学校教师户籍迁移等方面的服务政策，探索建立民办学校教师人事代理制度和交流制度，促进教师合理流动。民办学校教师在资格认定、职务评聘、培养培训、评优表彰等方面与公办学校教师享有同等权利。非营利性民办学校教师享受当地公办学校同等的人才引进政策。民办学校学生在评奖评优、升学就业、社会优待、医疗保险等方面与同级同类公办学校学生享有同等权利。依法落实民办学校师生对学校办学管理的知情权、参与权，保障师生参与民主管理和民主监督的权利。完善民办学校师生争议处理机制，维护师生的合法权益。

五、加快现代学校制度建设

（十九）完善学校法人治理。民办学校要依法制定章程，按照章程管理学校。健全董事会（理事会）和监事（会）制度，董事会（理事会）和监事（会）成员依据学校章程规定的权限和程序共同参与学校的办学和管理。董事会（理事会）应当优化人员构成，由举办者或者其代表、校长、党组织负责人、教职工代表等共同组成。监事会中应当有党组织领导班子成员。探索实行独立董事（理事）、监事制度。健全党组织参与决策制度，积极推进"双向进入、交叉任职"，学校党组织领导班子成员通过法定程序进入学校决策机构和行政管理机构，党员校长、副校长等行政机构成员可按照党的有关规定进入党组织领导班子。学校党组织要支持学校决策机构和校长依法行使职权，督促其依法治教、规范管理。完善校长选聘机制，依法保障校长行使管理权。民办学校校长应熟悉教育及相关法律法规，具有5年以上教育管理经验和良好办学业绩，个人信用状况良好。学校关键管理岗位实行亲属回避制度。完善教职工代表大会和学生代表大会制度。

（二十）健全资产管理和财务会计制度。民办学校应当明确产权关系，建立健全资产管理制度。民办学校举办者应依法履行出资义务，将出资用于办学的土地、校舍和其他资产足额过户到学校名下。存续期间，民办学校对举办者投入学校的资产、国有资产、受赠的财产以及办学积累享有法人财产权，任何组织和个人不得侵占、挪用、抽逃。进一步规范民办学校会计核算，建立健全第三方审计制度。非营利性和营利性民办学校按照登记的法人属性，根据国家有关规定执行相应的会计制度。民办学校要明晰财务管理，依法设置会计账簿。民办学校应将举办者出资、政府补助、受赠、收费、办学积累等各类资产分类登记入账，定期开展资产清查，并将清查结果向社会公布。各地要探索制定符合民办学校特点的财务管理办法，完善民办学校年度财务、决算报告和预算报告报备制度。

（二十一）规范学校办学行为。民办学校要诚实守信、规范办学。办学条件应符合国家和地方规定的设置标准和有关要求，在校生数要控制在审批机关核定的办学规模内。要按照国家和地方有关规定做好宣传、招生工作，招生简章和广告须经审批机关备案。具有举办学历教育资格的民办学校，应按国家有关规定做好学籍管理工作，对招收的学历教育学生，学习期满成绩合格的颁发毕业证书，未达到学历教育要求的发给结业证书或者其他学业证书；对符合学位授予条件的学生，颁发相应的学位证书。各类民办学校对招收的非学历教育学生，发给结业证书或者培训合格证书。

（二十二）落实安全管理责任。民办学校应遵守国家有关安全法律、法规和规章，重视校园安全工作，确保校园安全技术防范系统建设符合国家和地方有关标准，学校选址和校舍建筑符合国家抗震设防、消防技术等相关标准。建立健全安全管理制度和应急机制，制定和完善突发事件应急预案，定期开展安全检查、巡查，及时发现和消除安全隐患。加强学生和教职员工安全教育培训，定期开展针对上课、课间、午休等不同场景的安全演练，提高师生安全意识和逃生自救能力。建立安全工作组织机构，配备学校内部安全保卫人员，明确安全工作职责。

六、提高教育教学质量

（二十三）明确学校办学定位。积极引导民办学校服务社会需求，更新办学理念，深化教育教学改革，创新办学模式，加强内涵建设，提高办学质量。学前教育阶段鼓励举办普惠性民办幼儿园，坚持科学保教，防止和纠正"小学化"现象。中小学校要执行国家课程方案和课程标准，坚持特色办学优质发展，满足多样化需求。职业院校应明确技术技能人才培养定位，服务区域经济和产业发展，深化产教融合、校企合作，提高技术技能型人才培养水平。鼓励举办应用技术类本科高等学校，培养适应经济结构调整、产业转型升级和新产业、新业态、新商业模式需要的人才。充分发挥民办教育在完善终身教育体系、构建学习型社会中的积极作用。

（二十四）加强教师队伍建设。各级人民政府和民办学校要把教师队伍建设作为提高教育教学质量的重要任务。各地要将民办学校教师队伍建设纳入教师队伍建设整体规划。民办学校要着力加强教师思想政治工作，建立健全教育、宣传、考核、监督与奖惩相结合的师德建设长效机制，全面提升教师师德素养。加强辅导员、班主任队伍建设。加强教学研究活动，重视青年教师培养，加大教师培训力度，不断提高教师的业务能力和水平。学校要在学费收入中安排一定比例资金用于教师培训。要关心教师工作和生活，提高教师工资和福利待遇。吸引各类高层次人才到民办学校任教，做到事业留人、感情留人、待遇留人。

（二十五）引进培育优质教育资源。鼓励支持高水平有特色民办学校培育优质学科、专业、课程、师资、管理，整体提升教育教学质量，着力打造一批具有国际影响力和竞争力的民办教育品牌，着力培养一批有理想、有境界、有情怀、有担当的民办教育家。允许民办高等学校和中等职业学校与世界高水平同类学校在学科、专业、课程建设以及人才培养等方面开展交流。

七、提高管理服务水平

（二十六）强化部门协调机制。各级人民政府要将发展民办教育纳入经济社会发展和教育事业整体规划，加强制度建设、标准制定、政策实施、统筹协调等工作，积极推进民办教育改革发展。国务院建立由教育部牵头，中央编办、国家发展改革委、公安部、民政部、财政部、人力资源社会保障部、国土资源部、住房城乡建设部、人民银行、税务总局、工商总局、银监会、证监会等部门参加的部际联席会议制度，协调解决民办教育发展中的重点难点问题，不断完善制度政策，优化民办教育发展环境。各地也应建立相应的部门协调机制。要将鼓励支持社会力量兴办教育作为考核各级人民政府改进公共服务方式的重要内容。

（二十七）改进政府管理方式。各级人民政府和行政管理部门要积极转变职能，减少事前审批，加强事中事后监管，提高政府管理服务水平。进一步清理涉及民办教育的行政许可事项，向社会公布权力清单、责任清单，严禁法外设权。改进许可方式，简化许可流程，明确工作时限，规范行政许可工作。建立民办教育管理信息系统，推广电子政务和网上办事，逐步实现日常管理事项网上并联办理，及时主动公开行政审批事项，提高服务效率，接受社会监督。

（二十八）健全监督管理机制。加强民办教育管理机构建设，强化民办教育督导，完善民办学校年度报告和年度检查制度。加强对新设立民办学校举办者的资格审查。完善民办学校财务会计制度、内部控制制度、审计监督制度，加强风险防范。推进民办教育信息公开，建立民办学校信息强制公开制度。建立违规失信惩戒机制，将违规办学的学校及其举办者和负责人纳入"黑名单"，规范学校办学行为。健全联合执法机制，加大对违法违规办学行为的查处力度。大力推进管办评分离，建立民办学校第三方质量认证和评估制度。民办学校行政管理部门根据评估结果，对办学质量不合格的民办学校予以警告、限期整改直至取消办学资格。

（二十九）发挥行业组织作用。积极培育民办教育行业组织，支持行业组织在行业自律、交流合作、协同创新、履行社会责任等方面发挥桥梁和纽带作用。依托各类专业机构开展民办学校咨询服务等工作。支持非营利性民办高等学校联盟等行业组织及其他教育中介组织在引导民办学校坚持公益性办学、创新人才培养模式、提升人才培养质量等方面发挥作用。

（三十）切实加强宣传引导。深入推进民办教育综合改革，鼓励地方和学校先行先试，总结推广试点地区和学校的成功做法和先进经验。加大对民办教育的宣传力度，按照国家有关规定奖励和表彰对民办教育改革发展作出突出贡献的集体和个人，树立民办教育良好社会形象，努力营造全社会共同关心、共同支持社会力量兴办教育的良好氛围。

鼓励社会力量兴办教育，促进民办教育健康发展，是一项事关当前、又利长远的重要任务。国务院有关部门要进一步解放思想，凝聚共识，加强领导，周密部署，切实落实鼓励社会力量兴办教育的各项政策措施。地方各级人民政府要根据本意见，因地制宜，积极探索，稳步推进，抓紧制定出台符合地方实际的实施意见和配套措施。

5.1.2.2　国务院办公厅关于加快中西部教育发展的指导意见

2016 年 6 月 15 日，国务院办公厅下发了《关于加快中西部教育发展的指导意见》（国办发 [2016]37 号），相关内容摘录如下：

各省、自治区、直辖市人民政府，国务院各部委、各直属机构：

党中央、国务院历来高度重视中西部地区教育发展。进入新世纪以来，国家通过实施西部地区"两基"攻坚计划、深化农村义务教育经费保障机制改革、营养改善计划、校舍安全工程、农村薄弱学校基本办学条件改善计划、农村教师特岗计划、对口支援、定向招生等重大举措，推动中西部教育迈上了新台阶。但由于自然、历史、社会等多方面原因，中西部经济社会发展相对滞后，教育基础差，保障能力弱，特别是农村、边远、贫困、民族地区优秀教师少、优质资源少，教育质量总体不高，难以满足中西部地区人民群众接受良好教育的需求，难以适应经济社会发展对各类人才的需要。根据国家"十三五"规划纲要，为更好地统筹现有政策、措施和项目，深入实施西部大开发、中部崛起战略，积极服务"一带一路"建设，全面提升中西部教育发展水平，经国务院同意，现提出如下意见。

一、总体要求

（一）指导思想。全面贯彻党的十八大和十八届三中、四中、五中全会精神，深入落实党中央、国务院决策部署，按照"四个全面"战略布局，牢固树立创新、协调、绿色、开放、共享的发展理念，贯彻脱贫攻坚部署，坚持问题导向，把加强最薄弱环节作为优先任务，把调整资源配置作为根本措施，把创新体制机制作为重要保障，以提高教育质量为核心，优化顶层设计，整合工程项目，集中力量攻坚克难，全面提升中西部教育发展水平，培养更多栋梁之材，为促进中西部地区经济社会发展、缩小中西部地区与东部地区差距提供人才支撑。

（二）基本原则。

加强统筹。将中西部教育置于全国教育总体格局中谋划设计，统筹中西部教育与经济社会协调发展，系统谋划加快中西部发展的政策措施，确保各项政策相互配套、相互支撑，形成合力。发挥市场、企业、社会组织作用，吸引更多社会力量参与中西部教育发展。

兜住底线。坚持教育的公益性和普惠性，着力从中西部最困难的地方和最薄弱的环节做起，把提升最贫困地区教育供给能力、提高最困难人群受教育水平作为优先任务，促进基本公共服务均等化，保障每个孩子受教育的权利。

改革创新。以改革促发展，重在盘活存量、用好增量，优化结构、提高效益，建立标准、完善机制，着力简政放权、营造良好办学环境，培养学生社会责任感、创新精神和实践能力，为中西部教育长远发展奠定坚实基础。

（三）总体目标。到2020年，中西部地区各级各类学校办学条件显著改善，教育普及程度明显提高，教育结构趋于合理，教育质量不断提升，教育保障水平进一步提高，人民群众接受良好教育的机会显著增加，支撑中西部经济社会发展的能力切实增强，中西部地区教育水平与东部发达地区差距进一步缩小，教育现代化取得重要进展。

二、重点任务

（二）大力发展职业教育。立足中西部经济社会发展实际，助推经济转型和产业升级，鼓励社会力量参与职业教育发展，改善职业学校办学条件。促进职业教育和普通教育双轨推动、双向推动，合理引导学生进入职业教育。改革人才培养模式，提高学生技术技能水平和就业创业能力，为培养大工匠打下扎实基础，为个人发展、家庭脱贫提供支撑，为承接东部地区产业转移创造条件。

改善中等职业学校办学条件。各地要根据地区产业发展和人才需求，引导优质学校通过兼并、委托管理、合作办学等形式，整合资源，优化中职学校布局。要建立健全分类分专业的中职学校生均经费标准，建立稳定投入机制。完善中职学校办学标准，全面加强中职学校基础能力建设。到2020年，中西部地区所有中职学校办学条件基本达标。

提升高等职业院校基础能力。各地要围绕现代农业、装备制造业、现代服务业、战略性新兴产业、民族传统工艺等领域，遴选具有相对优势的高职院校，支持其提升基础办学条件，扩大优质高职教育资源。加强实训基地建设，改善实训装备水平。

改革人才培养模式。创新机制，拓宽渠道，扩大"双师型"教师规模，提高实践教学水平和技术服务能力。强化实习实训环节，改善实习实训条件，推广现代学徒制和企业新型学徒制，完善学生实习制度，加强职业能力和岗位适应训练，提高学生实践操作能力。深化校企合作、校地合作，积极推行校企联合招生、联合培养，探索集团化办学模式，进一步促进产教融合。贴近地方经济特点和产业需求，立足学校办学基础，加强特色专业建设。全面开展中职学校监测评价，实行人才培养质量年度报告制度。广泛开展技术推广、扶贫开发、新型职业农民培训、劳动力转移培训和社会生活教育等。

（四）提升中西部高等教育发展水平。统筹谋划、分类指导，改革管理方式，加快简政放权、放管结合、优化服务改革，整合工程项目，推动中西部高校合理定位、突出特色，提升办学能力和办学水平，更好地服务中西部经济社会发展。国家继续实施中西部高等教育振兴计划、面向贫困地区定向招生专项计划和支援中西部地区招生协作计划，扩大中西部学生公平接受优质高等教育的机会。

建设一批高水平大学和学科。在资源配置、高水平人才引进等方面加大倾斜力度，支持中西部高校建设一流大学和一流学科。合理确定中央部门所属高校属地招生比例。在没有教育部直属高校的省份，按"一省一校"原则，重点建设14所高校，推动管理体制、办学体制、人才培养模式和保障机制改革。鼓励各地从实际出发，支持有基础、有特色、有优势的学校，合理定位、创新发展，建设高水平大学。发挥中西部地缘优势，为"一带一路"建设培养高级工程技术人才和管理人才。

继续实施中西部高校基础能力建设工程。重点支持学科专业与区域发展需求、地方产业结构高度契合，对地方经济社会发展具有重要支撑作用的综合性大学，以及学科优势特色突出，在专业领域具有较大影响的其他类型本科高校。以"填平补齐"为原则，加强基础教学实验室、专业教学实验室、综合实验训练中心、图书馆等基础办学设施和信息化建设，建设教学实验用房和配置必要设备，提高学校本科教学的实验基础能力。强化实践教学环节，配齐配强实验室人员，加强实验教学团队建设，强化教师和实验室人员培训，大力提高教师教学水平。

多方共建行业特色高校。支持部门、行业协会以合作共建的方式，参与建设一批具有行业特色的中西部高校。丰富共建形式，完善部省、部部（委）、部市等共建模式，深化国有大中型企业、行业协会与地方共建，探索部门、行业、企业、协会与高校共建学科、学院和研发中心。结合行业需求和学校办学特色确定共建项目，重点在学科建设、人才培养、协同创新、研发基地、成果转化、干部交流等方面开展合作。完善共建机制，有关部门、行业、企业、协会在产业信息、科研、实训条件、学生就业等方面加大支持力度，地方政府落实管理主体职责，在学校建设规划、经费投入、人才引进等方面给予大力支持。扩大共建数量，优先在国防、农业、能源、矿产、交通、海洋、环保、医药、通信、建筑、金融、信息服务等领域开展共建，2020年将共建学校数量扩大至100所。

多种形式开展高校对口支援。鼓励高水平大学尤其是东部高校扩大对口支援范围，提高中部省属高校受援比例。深化团队式支援，鼓励多所高校联合支援一所或几所中西部高校。支援高校要制订相应计划，通过多种方式帮助受援高校培养、培训在职教师，着力提升受援高校教师的教学科研水平。支援高校可向相关部门申请定向培养博士、硕士研究生单列招生指标，用于受援高校现有师资队伍的培养。国家公派出国留学继续采取倾斜政策，使中西部高校教师有更多的出国进修学习培训机会。鼓励支援高校与受援高校有计划、有重点地开展联合培养研究生和本科生工作，建设相应学科专业学位点科研基地。支援高校积极参与受援高校的科研合作，努力提供人力、物力和技术支持，不断提升受援高校服务经济社会发展的能力和水平。积极鼓励支援高校与受援高校联合申报各层次科研项目，合作开展研究。形成阶梯式支援格局，第一阶梯由100所左右高水平大学支援中西部75所地方高校，第二阶梯由75所受援高校和部省共建高校支援中西部100所左右地方本科高校。

提升新建本科院校办学水平。加快2000年以来中西部新建本科院校建设，引导一批新建本科院校转型发展，突出"地方性、应用型"，培养大批当地适用人才。优化专业结构，减少社会需求少、就业状况差的专业，增加行业、产业、企业急需的紧缺专业。深化教学改革，优化课程设置，强化实践教学环节。逐步提高生均财政拨款标准，提高运行保障能力。落实基本建设规划，生均教学行政用房、生均教学仪器设备、生均图书等应符合规定标准。落实生师比、高学历教师占比要求，提升教师队伍整体水平。全面开展新建本科院校评估，对办学特色鲜明、紧贴地方需要的，在招生计划、专业设置等方面给予倾斜，对评估整改不达标的，减少招生规模、严控新设专业。到2020年，中西部所有新建本科院校达到基本办学标准，管理更加规范，质量普遍提升。

三、组织实施

（一）加强组织领导。各地、各有关部门及承担对口支援任务的地区和单位，要分别将落实本指导意见列入本地区经济社会发展规划和本部门（单位）工作计划，制定配套政策、措施和实施方案，做好与国家"十三五"规划的衔接，做好与教育改革发展其他工作的衔接，确保政策连续性，把各项任务落到实处。

（二）抓好统筹协调。各地要整合相关政策措施，优化资源配置，对目标接近、资金投入方向类同、资金管理方式相近的项目予以整合，控制同一领域的专项数量。根据不同阶段教育属性及经费投入机制，通过发展民办教育、社会捐资助学、政府和社会资本合作等多种方式筹措教育经费。

（三）开展督导监测。要密切跟踪工作进展，督促各项措施落地见效。要按照政策要求、实施范围、资金使用、时间节点、阶段目标等要素，研究建立评价指标体系，依法开展专项督导，公开督导报告。

（四）营造良好氛围。要广泛宣传党中央、国务院关于中西部教育发展的各项政策措施，大力宣传中西部教育发展取得的重大成就，及时宣传实施本指导意见的好做法好经验，让人民群众见到实效，形成合理预期，凝聚社会共识，营造加快中西部教育发展的良好环境。

5.1.3 教育部等部委下发的相关文件

5.1.3.1 高等职业院校适应社会需求能力评估暂行办法

2016年3月14日，国务院教育督导委员会办公室以国教督办[2016]3号文印发了《高等职业院校适应社会需求能力评估暂行办法》。《高等职业院校适应社会需求能力评估暂行办法》全文如下：

第一章 总 则

第一条 为贯彻落实《国务院关于加快发展现代职业教育的决定》，推动高等职业院校坚持"以立德树人为根本，以服务发展为宗旨，以促进就业为导向"，深化办学机制和教育教学改革，全面提高高等职业院校适应社会需求能力和水平，依据《教育督导条例》，制定本办法。

第二条 评估目的

全面了解高等职业院校办学情况，引导高等职业院校充分发挥办学主体作用，加强内涵建设，促进产教融合、校企合作，激发学校办学活力，提高高等职业院校人才培养能力，更好地服务地方经济社会发展，适应行业发展需要。

第三条 评估原则

（一）统一标准。国务院教育督导委员会办公室制定评估指标和标准，并按照统一要求开展评估。

（二）统一程序。国务院教育督导委员会办公室统一部署，按照"学校填报数据、省级实施、国家总体评估"的程序开展。

（三）客观公正。以学校实际情况为依据，依托现代信息技术和相关数据进行评估。评估程序透明，评估结果公开，接受社会监督。

（四）注重实效。强化结果运用，为办学提供指导和帮助，为决策提供依据和建议。

第四条 评估范围

按国家规定设置标准和审批程序批准成立，并在教育行政部门备案的实施高等职业教育的学校，包括独立设置的职业（技术）学院和高等专科学校。

第二章 内容与工具

第五条 评估内容包括办学基础能力、"双师"队伍建设、专业人才培养、学生发展和社会服务能力等五个方面。

办学基础能力：主要考察学校年生均财政拨款水平，教学仪器设备配置，校舍及信息化教学条件。

"双师"队伍建设：主要考察学校教师结构与"双师型"教师配备。

专业人才培养：主要考察学校的专业人才培养模式，课程体系，校内外实践教学及校企合作情况。

学生发展：主要考察学校毕业生获得职业资格证书情况和就业情况。

社会服务能力：主要考察学校专业设置，向企事业单位提供技术服务和满足政府购买服务情况。

第六条　评估工具包括数据表、调查问卷和数据信息管理分析平台。

数据表包括《高等职业院校基本情况表》、《高等职业院校师生情况表》和《高等职业院校专业情况表》，由学校填写。

调查问卷包括《校长问卷》、《教师问卷》和《学生问卷》，分别由学校校长和一定比例的师生填写。

数据信息管理分析平台将以在线方式进行数据信息收集、校验、汇总和分析。

第三章　组织实施

第七条　学校按照评估内容和指标进行自评，完成自评报告，并以函件形式报送省级教育行政部门。

学校在规定时间登录指定网址，按照系统操作说明和提示步骤，完成相关数据表格的填写，并组织在线填写调查问卷。

第八条　省级教育行政部门对学校数据填报进行指导和过程监督。督促学校按规定时间上网填报相关数据信息，保证所填数据真实可靠。

各省登录数据信息管理分析平台获取学校填报的数据信息，结合学校自评报告，分析撰写完成省级评估报告，并以函件形式报送国务院教育督导委员会办公室。

第九条　国务院教育督导委员会办公室委托第三方机构基于院校相关数据信息和省级评估报告，建立数据模型，运用测量工具进行分析评估，形成国家评估报告。

第十条　学校填报的数据是客观评估高等职业院校适应社会需求能力的基础，学校应认真、准确填写。国务院教育督导委员会办公室将核查填报数据的质量情况，如发现编造虚假信息和瞒报等现象，一经查实，将予以通报。

第四章　结果运用

第十一条　高等职业院校要在学校门户网站公布自评报告。向社会展示学校办学基本情况和专业发展优势，以及改进计划和发展方向。

第十二条　向社会发布国家评估报告和省级评估报告，接受社会监督。引导社会转变观念，关心支持职业教育发展。

第十三条　省级教育行政部门依据评估结果提出整改意见，有针对性地指导和督促学校改进工作，并将整改情况报国务院教育督导委员会办公室。

第十四条　各地依据评估结果，优化高等职业院校专业布局，提高学校服务当地经济建设和社会发展的能力。

第十五条　各级教育行政部门要将评估结果及时报告本级人民政府，提高政府重视程度，采取有力措施，及时解决高等职业院校办学过程中的主要困难和问题。

第十六条　教育或行业主管部门应将评估结果作为对学校主要负责人考核和奖惩的重要依据。

第五章　附　则

第十七条 本办法自发布之日起施行。

附件：高等职业院校适应社会需求能力评估指标及说明

一、高等职业院校适应社会需求能力评估指标

1. 年生均财政拨款水平

2. 生均教学仪器设备值

3. 生均教学及辅助、行政办公用房面积

4. 信息化教学条件

5. 生均校内实践教学工位数

6. 生师比

7. "双师型"教师比例

8. 课程开设结构

9. 年生均校外实训基地实习时间

10. 企业订单学生所占比例

11. 年支付企业兼职教师课酬

12. 企业提供的校内实践教学设备值

13. 专业点学生分布

14. 专业与当地产业匹配度

15. 招生计划完成质量

16. 毕业生职业资格证书获取率

17. 直接就业率

18. 毕业生就业去向

19. 政府购买服务到款额

20. 技术服务到款额

二、指标说明

1. 年生均财政拨款水平：指学校通过各种财政渠道获得的经费收入，包括

财政预算内、预算外、专项、经常性补贴等，按全日制学历教育在校生人数折算的平均水平。

2. 生均教学仪器设备值：指学校教学仪器设备总资产值与在校生总数之比。教学仪器设备资产值是指学校固定资产中用于教学、实验、实习、科研等仪器设备的资产值。

3. 生均教学及辅助、行政办公用房面积：指学校教学及辅助用房和行政办公用房总面积与全日制学历教育在校生总数之比。

4. 信息化教学条件：指高职院校保障教学的信息技术条件情况，包括每百名学生拥有教学用终端（计算机）数、接入互联网出口带宽、无线覆盖、一卡通、校园网主干、信息化教学水平和资源情况等。

5. 生均校内实践教学工位数：指学校校内实践（实习、实训）场所进行实践教学的工位数，即实践教学过程最基本的"做中学"单元数，按全日制学历教育在校生人数折算的平均水平。

6. 生师比：指学校每位专任教师平均所教的学生数。

7. "双师型"教师比例：指学校"双师型"专任教师数占专任教师总数的百分比。"双师型"专任教师是指具有教师资格，又具备下列条件之一的校内专任教师：（1）具有本专业中级（或以上）技术职称及职业资格（含持有行业特许的资格证书及具有专业资格或专业技能考评员资格者），并在近五年主持（或主要参与）过校内实践教学设施建设或提升技术水平的设计安装工作，使用效果好，在省内同类院校中居先进水平；（2）近五年中有两年以上（可累计计算）在企业第一线本专业实际工作经历，能全面指导学生专业实践实训活动；（3）近五年主持（或主要参与）过应用技术研究，成果已被企业使用，效益良好。

8. 课程开设结构：指学校"纯理论课"（A类）、"实践＋理论课"（B类）和"纯实践课"（C类）三种课程的课时比例情况。

9. 年生均校外实训基地实习时间：指上学年在校学生参加校外实训（实习、实践）基地（指校企签订合作协议的基地）实习时间，按全日制学历教育在校生人数折算的平均水平。

10. 企业订单学生所占比例：指学校接受企业订单（指用人单位与学校签订合同约定相关就业和服务年限的订单）学生人数占学生总数的比例。

11. 年支付企业兼职教师课酬：指学校每年度用于支付企业兼职教师报酬的总金额。

12. 企业提供的校内实践教学设备值：指企业为学校提供的实践教学设备（设备在学校，产权属企业，学校有使用权）的总资产值。

13. 专业点学生分布：指各专业点在校生分布状况。

14. 专业与当地产业匹配度：指学校学生数最多的几个专业与区域产业的对接程度。"当地"的界定：公办学校，省级财政投入经费的以省域为"当地"，地级财政投入经费以地级市域为"当地"，以此类推；民办学校，以学校所在地级市（或直辖市等）为"当地"，如有异地校区则分别统计。

15. 招生计划完成质量：指学校学生主动报考意愿情况以及招生计划完成情况，包括统招计划报考上线率与第一志愿上线比例、自主招生计划报考率与完成率等。

16. 毕业生职业资格证书获取率：指学校当年已获取所学专业国家资格认定体系内职业资格证书的毕业生数占毕业生总数的百分比。仅统计国家统考类或人社部统考类证书。

17. 直接就业率：指学校当年已直接就业（含创业）的毕业生人数占毕业生总数的百分比。

18. 毕业生就业去向：指学校当年已直接就业的毕业生就业状况，主要分为两类：一是就业单位去向，包括留在当地就业的比例、到中小微企业基层服务的比例、到国家骨干企业就业的比例；二是专业相关度，即从事的工作与所学专业相关的毕业生所占比例。

19. 政府购买服务到款额：指学校承接政府购买服务项目的实际到账总收入，包括扶贫专项、社会人员培训、社区服务、技术交易及其他各类政府购买的服务费用。

20. 技术服务到款额：指除政府购买服务项目以外，学校科研技术服务的实际到账总收入，包括纵向科研、横向技术服务、培训服务、技术交易等经费。

5.1.3.2　农民工学历与能力提升行动计划——"求学圆梦行动"实施方案

2016年3月15日，教育部、中华全国总工会以教职成函[2016]2号文印发了《农民工学历与能力提升行动计划——"求学圆梦行动"实施方案》。《农民工学历与能力提升行动计划——"求学圆梦行动"实施方案》全文如下：

为深入贯彻党的十八大和十八届三中、四中、五中全会精神，认真落实《国家中长期教育改革和发展规划纲要(2010-2020年)》《国务院关于加快发展现代职业教育的决定》《国务院关于进一步做好为农民工服务工作的意见》，提升农民工学历层次、技术技能及文化素质，畅通其发展上升通道，更好服务"中国制造2025""脱贫攻坚""大众创业、万众创新""一带一路"等重大发展战略，教育部、中华全国总工会决定联合实施农民工学历与能力提升行动计划——"求学圆梦行动"。

一、基本原则

（一）统筹协调，分工负责。各级教育行政部门和总工会要加强统筹，密切配合，建立任务明确、分工负责、政策共筹、资源共享、运转协调的工作机制。

（二）整合资源，加大投入。建立教育系统、工会系统联动工作机制，整合政府部门、工会系统、高等院校、行业协会、企事业单位和其他社会资源，共同加大对农民工继续教育工作的投入。

（三）突出重点，分类实施。以农民工相对集中的省份为重点，以提升农民工学历层次和岗位胜任能力为核心，根据不同地区、不同行业、不同层次农民工的实际需求，分类组织实施。

（四）大力宣传，广泛发动。加大宣传，充分调动社会各方面积极性。综合运用各类激励政策措施，吸引广大农民工积极参加学历与能力提升行动计划。

二、总体目标

通过建立学历与非学历教育并重、产教融合、校企合作、工学结合的农民工继续教育新模式，实施"求学圆梦行动"，提升农民工学历层次和技术技能水平，帮助农民工实现体面劳动和幸福生活，有效服务经济社会发展和产业结构转型升级。

到2020年，在有学历提升需求且符合入学条件的农民工中，资助150万名农民工接受学历继续教育，使每一位农民工都能得到相应的技术技能培训，能够通过学习免费开放课程提升自身素质与从业能力。

三、主要任务

（一）提升学历教育层次，提高专业技能

立足岗位技能和职业发展需要，为有意愿、有能力接受学历教育的农民工，提供相应的学历继续教育。面向具有普通高中或中等职业学校文凭或相当知识水平的农民工，提供专科层次或高起本学历继续教育；面向具有专科或以上学历，且有进一步提升学历层次需求的农民工，提供本科层次的学历继续教育。推进学习成果累计机制建设，激励农民工终身学习，不断提升专业技能和学历层次。每年在全国范围资助30万农民工接受学历继续教育。

（二）提升岗位胜任能力，促进产业转型

紧密对接经济社会发展和产业结构调整升级对人才的多样化需求，面向农民工开展技术技能培训，支撑和助推产业转型。重点面向在建筑、制造、能源、物流、餐饮、物业、家政、养老等行业签订固定劳动合同的农民工开展岗位技能培训；面向需节能减排、产能落后、产能过剩的企业工作的农民工，开展转岗培训、技能提升培训或技能储备培训，提高其就业稳定性及职业迁移能力；面向在外向型企业工作的农民工开展国际投资、商贸合作、国家战略等培训，适应中国企业走出去的战略需求等。

（三）提升创新创业能力，助力万众创新

有针对性地开展创新创业培训，提高农民工创新创业意识和能力，推动"大众创业、万众创新"。主要面向具备较高职业技能和发展潜力，具有较强职业发展需求和自主创新意愿的农民工（尤其是企业拔尖技术人才），开展立足岗位的创新培训；面向有创业意愿的农民工开展以创业意识教育、创业项目指导和企业经营管理为主的创业培训；面向有返乡创业意愿的农民工开展针对性技术培训。

（四）提升综合素质，融入城市生活

面向农民工开展包括社会主义核心价值观、职业生涯规划、基本权益保护、心理健康、安全生产、城市生活常识、疾病防治等的通识性素养培训，帮助农民工更好融入城市生活，推动以人为本的新型城镇化建设。对少数民族农民工开展汉语普通话培训，提高农民工的基本素质和社会责任感、主人翁意识，增强维权意识和自我保护能力，提升幸福生活指数。

（五）开放优质网络资源，助推终身学习

充分利用现有资源及资源服务平台，搭建面向农民工开放优质网络学习资源的公共服务平台，建立线上线下相结合，非学历与学历教育并重，工作学习一体化的农民工继续教育新模式。充分发挥国家数字化学习资源中心、开放大学、职业院校、成人高校、工会院校及培训机构、大学与企业联盟、在线教育联盟作用，在现有网络资源基础上，通过推荐、遴选、整合等方式，建立网络课程、视频公开课、微课等多种类型的网络资源开放目录，并面向社会公布，扩大优质教育资源覆盖面，助推农民工随时学习、终身学习。

四、主要措施

（一）建立择优录取和企业推荐相结合的公开遴选机制

各省（区、市）要针对本地产业发展规划和经费来源情况，公开遴选参与院校（含普通高校、开放大学、独立设置的成人高校），确定学历继续教育招生专业和计划、非学历培训项目与规模。普通高校、开放大学、成人高校在现有政策框架内，采用全国成人统一考试招生、网络教育自主招生等方式择优录取。各地工会和企业要做好生源发动、推荐组织等工作，并尽可能为农民工提供便捷的学习条件。

（二）开发与岗位紧密对接的专业课程

参与院校要建立与企业联合开发专业课程和数字化资源的机制，不断优化专业和课程设置，努力实现学历教育和培训课程紧密对接行业需求、岗位要求、职业标准和生产过程。增加实践性课程比例，提高课程的实用性和针对性，支持与专业课程配套的虚拟仿真实训系统、实时双向交互式远程教学系统等的开发与应用。工会要积极推动参与院校与企业对接。

（三）推行校企合作培养模式和基于信息化的混合式教学模式

参与院校要深化产教融合、校企合作，根据农民工成长规律和工作岗位的实际需要，与企业共同研制工学结合人才培养方案，建立校企双导师制和弹性学制，真正实现校企一体化育人。鼓励在农民工集中的代表性行业和大中型企业建设"农民工继续教育学习与实训中心"。要充分利用现代信息技术，探索建立网络教学与面授教学、自主学习与协作学习、个性化学习与师徒传承学习、理论学习与实践实训学习等相结合的混合式教学模式。鼓励参与院校开发适应农民工需求的在线教育资源，探索基于手机的移动教学与支持服务模式，方便农民工随时随地开展个性化学习。

（四）建立多元化的农民工继续教育质量保障体系

参与院校要建立面向过程的内部培养培训质量保证体系，建立基于大数据分析的质量监控、跟踪、反馈和对外发布等机制。教育行政部门要完善教学质量监管制度和公示制度，建立农民工和用人单位参与教学质量评价的机制，开展满意度测评工作。

（五）建设行动计划的信息服务平台

教育部和中华全国总工会建立"求学圆梦行动"的信息服务平台，动态发布国家及各省相关政策信息，及时发布"求学圆梦行动"实施情况和服务农民工资源开放信息等。鼓励省级教育行政部门（含兵团）与总工会通过委托和联合建设等方式，建立服务本省农民工的"求学圆梦行动"信息服务平台和移动客户端，提供丰富的开放资源与支持服务，对纳入行动计划的项目实施业务管理和质量监控等。

五、组织保障

（一）加强组织领导，明确责任分工

省级教育行政部门（含兵团）、总工会要共同研制方案，明确职责分工，建立协作机制。参与院校要创新人才培养模式，确保学历教育和非学历培训质量。企业要把农民工纳入职工教育培训计划，合理安排其学习时间，提供必要的学习条件，鼓励企业将农民工参加继续教育情况与个人薪酬、岗位晋升相结合。各级工会要努力维护农民工学习权益。

（二）整合社会资源，创新投入机制

各地要建立健全政府、工会、用人单位和学习者共同分担成本、多渠道筹措经费的投入机制，减轻农民工学习的经济负担。地方工会要加大对行动计划的投入；企业要按规定足额提取职工教育培训经费，安排相当比例用于农民工继续教育培训。鼓励参与高校对农民工接受学历继续教育和非学历培训进行学费优惠。积极争取社会资源通过多种途径参与、支持农民工学历与能力提升计划。

（三）强化监督管理，实施激励考核

各省（区、市）要建立绩效评估制度，对计划实施、任务完成、资金使用等情况进行评估，并建立统计和分析报告制度，每年定期对各项任务措施落实情况进行通报，并向社会公开。各省级教育行政部门、总工会要建立计划实施的激励考核机制，纳入年度业绩考核。

（四）推广典型经验，扩大舆论宣传

各地教育行政部门、工会，参与计划的院校、企事业单位及其他机构组织要注重总结提炼，强化典型示范，突出导向作用，大力宣传各地好的经验做法和学有所成、学有所为的农民工学员先进典型。要充分利用教育和工会系统的宣传通道及其他各类新闻传播途径，通过电视、广播、网络、新媒体等群众喜闻乐见的形式，努力营造全社会关心农民工继续教育的良好氛围。

5.1.3.3　职业学校学生实习管理规定

2016年4月18日，教育部等五部门以教职成[2016]3号文印发了《职业学校学生实习管理规定》。《职业学校学生实习管理规定》全文如下：

第一章　总　　则

第一条　为规范和加强职业学校学生实习工作，维护学生、学校和实习单位的合法权益，提高技术技能人才培养质量，增强学生社会责任感、创新精神和实践能力，更好服务产业转型升级需要，依据《中华人民共和国教育法》《中华人民共和国职业教育法》《中华人民共和国劳动法》《中华人民共和国安全生产法》《中华人民共和国未成年人保护法》《中华人民共和国职业病防治法》及相关法律法规、规章，制定本规定。

第二条　本规定所指职业学校学生实习，是指实施全日制学历教育的中等职业学校和高等职业学校学生（以下简称职业学校）按照专业培养目标要求和人才培养方案安排，由职业学校安排或者经职业学校批准自行到企（事）业等单位（以下简称实习单位）进行专业技能培养的实践性教育教学活动，包括认识实习、跟岗实习和顶岗实习等形式。

认识实习是指学生由职业学校组织到实习单位参观、观摩和体验，形成对实习单位和相关岗位的初步认识的活动。

跟岗实习是指不具有独立操作能力、不能完全适应实习岗位要求的学生，由职业学校组织到实习单位的相应岗位，在专业人员指导下部分参与实际辅助工作的活动。

顶岗实习是指初步具备实践岗位独立工作能力的学生，到相应实习岗位，相对独立参与实际工作的活动。

第三条　职业学校学生实习是实现职业教育培养目标，增强学生综合能力的基本环节，是教育教学的核心部分，应当科学组织、依法实施，遵循学生成长规律和职业能力形成规律，保护学生合法权益；应当坚持理论与实践相结合，强化校企协同育人，将职业精神养成教育贯穿学生实习全过程，促进职业技能与职业精神高度融合，服务学生全面发展，提高技术技能人才培养质量和就业创业能力。

第四条　地方各级人民政府相关部门应高度重视职业学校学生实习工作，切实承担责任，结合本地实际制定具体措施鼓励企（事）业等单位接收职业学校学生实习。

第二章　实习组织

第五条　教育行政部门负责统筹指导职业学校学生实习工作；职业学校主管部门负责职业学校实习的监督管理。职业学校应将学生跟岗实习、顶岗实习情况报主管部门备案。

第六条　职业学校应当选择合法经营、管理规范、实习设备完备、符合安全生产法律法规要求的实习单位安排学生实习。在确定实习单位前，职业学校应进行实地考察评估并形成书面报告，考察内容应包括：单位资质、诚信状况、管理水平、实习岗位性质和内容、工作时间、工作环境、生活环境以及健康保障、安全防护等方面。

第七条　职业学校应当会同实习单位共同组织实施学生实习。

实习开始前，职业学校应当根据专业人才培养方案，与实习单位共同制订实习计划，明确实习目标、实习任务、必要的实习准备、考核标准等；并开展培训，使学生了解各实习阶段的学习目标、任务和考核标准。

职业学校和实习单位应当分别选派经验丰富、业务素质好、责任心强、安全防范意识高的实习指导教师和专门人员全程指导、共同管理学生实习。

实习岗位应符合专业培养目标要求，与学生所学专业对口或相近。

第八条　学生经本人申请，职业学校同意，可以自行选择顶岗实习单位。对自行选择顶岗实习单位的学生，实习单位应安排专门人员指导学生实习，学生所在职业学校要安排实习指导教师跟踪了解实习情况。

认识实习、跟岗实习由职业学校安排，学生不得自行选择。

第九条　实习单位应当合理确定顶岗实习学生占在岗人数的比例，顶岗实习学生的人数不超过实习单位在岗职工总数的10%，在具体岗位顶岗实习的学生人数不高于同类岗位在岗职工总人数的20%。

任何单位或部门不得干预职业学校正常安排和实施实习计划，不得强制职业学校安排学生到指定单位实习。

第十条　学生在实习单位的实习时间根据专业人才培养方案确定，顶岗实习一般为6个月。支持鼓励职业学校和实习单位合作探索工学交替、多学期、分段式等多种形式的实践性教学改革。

第三章 实习管理

第十一条 职业学校应当会同实习单位制定学生实习工作具体管理办法和安全管理规定、实习学生安全及突发事件应急预案等制度性文件。

职业学校应对实习工作和学生实习过程进行监管。鼓励有条件的职业学校充分运用现代信息技术，构建实习信息化管理平台，与实习单位共同加强实习过程管理。

第十二条 学生参加跟岗实习、顶岗实习前，职业学校、实习单位、学生三方应签订实习协议。协议文本由当事方各执一份。

未按规定签订实习协议的，不得安排学生实习。

认识实习按照一般校外活动有关规定进行管理。

第十三条 实习协议应明确各方的责任、权利和义务，协议约定的内容不得违反相关法律法规。

实习协议应包括但不限于以下内容：

（一）各方基本信息；

（二）实习的时间、地点、内容、要求与条件保障；

（三）实习期间的食宿和休假安排；

（四）实习期间劳动保护和劳动安全、卫生、职业病危害防护条件；

（五）责任保险与伤亡事故处理办法，对不属于保险赔付范围或者超出保险赔付额度部分的约定责任；

（六）实习考核方式；

（七）违约责任；

（八）其他事项。

顶岗实习的实习协议内容还应当包括实习报酬及支付方式。

第十四条 未满18周岁的学生参加跟岗实习、顶岗实习，应取得学生监护人签字的知情同意书。

学生自行选择实习单位的顶岗实习，学生应在实习前将实习协议提交所在职业学校，未满18周岁学生还需要提交监护人签字的知情同意书。

第十五条 职业学校和实习单位要依法保障实习学生的基本权利，并不得有下列情形：

（一）安排、接收一年级在校学生顶岗实习；

（二）安排未满16周岁的学生跟岗实习、顶岗实习；

（三）安排未成年学生从事《未成年工特殊保护规定》中禁忌从事的劳动；

（四）安排实习的女学生从事《女职工劳动保护特别规定》中禁忌从事的劳动；

（五）安排学生到酒吧、夜总会、歌厅、洗浴中心等营业性娱乐场所实习；

（六）通过中介机构或有偿代理组织、安排和管理学生实习工作。

第十六条　除相关专业和实习岗位有特殊要求，并报上级主管部门备案的实习安排外，学生跟岗和顶岗实习期间，实习单位应遵守国家关于工作时间和休息休假的规定，并不得有以下情形：

（一）安排学生从事高空、井下、放射性、有毒、易燃易爆，以及其他具有较高安全风险的实习；

（二）安排学生在法定节假日实习；

（三）安排学生加班和夜班。

第十七条　接收学生顶岗实习的实习单位，应参考本单位相同岗位的报酬标准和顶岗实习学生的工作量、工作强度、工作时间等因素，合理确定顶岗实习报酬，原则上不低于本单位相同岗位试用期工资标准的80%，并按照实习协议约定，以货币形式及时、足额支付给学生。

第十八条　实习单位因接收学生实习所实际发生的与取得收入有关的、合理的支出，按现行税收法律规定在计算应纳税所得额时扣除。

第十九条　职业学校和实习单位不得向学生收取实习押金、顶岗实习报酬提成、管理费或者其他形式的实习费用，不得扣押学生的居民身份证，不得要求学生提供担保或者以其他名义收取学生财物。

第二十条　实习学生应遵守职业学校的实习要求和实习单位的规章制度、实习纪律及实习协议，爱护实习单位设施设备，完成规定的实习任务，撰写实习日志，并在实习结束时提交实习报告。

第二十一条　职业学校要和实习单位相配合，建立学生实习信息通报制度，在学生实习全过程中，加强安全生产、职业道德、职业精神等方面的教育。

第二十二条　职业学校安排的实习指导教师和实习单位指定的专人应负责学生实习期间的业务指导和日常巡视工作，定期检查并向职业学校和实习单位报告学生实习情况，及时处理实习中出现的有关问题，并做好记录。

第二十三条　职业学校组织学生到外地实习，应当安排学生统一住宿；具备条件的实习单位应为实习学生提供统一住宿。职业学校和实习单位要建立实习学生住宿制度和请销假制度。学生申请在统一安排的宿舍以外住宿的，须经学生监护人签字同意，由职业学校备案后方可办理。

第二十四条　鼓励职业学校依法组织学生赴国（境）外实习。安排学生赴国（境）外实习的，应当根据需要通过国家驻外有关机构了解实习环境、实习单位和实习内容等情况，必要时可派人实地考察。要选派指导教师全程参与，做好实习期间的管理和相关服务工作。

第二十五条 鼓励各地职业学校主管部门建立学生实习综合服务平台，协调相关职能部门、行业企业、有关社会组织，为学生实习提供信息服务。

第二十六条 对违反本规定组织学生实习的职业学校，由职业学校主管部门责令改正。拒不改正的，对直接负责的主管人员和其他直接责任人依照有关规定给予处分。因工作失误造成重大事故的，应依法依规对相关责任人追究责任。

对违反本规定中相关条款和违反实习协议的实习单位，职业学校可根据情况调整实习安排，并根据实习协议要求实习单位承担相关责任。

第二十七条 对违反本规定安排、介绍或者接收未满16周岁学生跟岗实习、顶岗实习的，由人力资源社会保障行政部门依照《禁止使用童工规定》进行查处；构成犯罪的，依法追究刑事责任。

第四章 实习考核

第二十八条 职业学校要建立以育人为目标的实习考核评价制度，学生跟岗实习和顶岗实习，职业学校要会同实习单位根据学生实习岗位职责要求制订具体考核方式和标准，实施考核工作。

第二十九条 跟岗实习和顶岗实习的考核结果应当记入实习学生学业成绩，考核结果分优秀、良好、合格和不合格四个等次，考核合格以上等次的学生获得学分，并纳入学籍档案。实习考核不合格者，不予毕业。

第三十条 职业学校应当会同实习单位对违反规章制度、实习纪律以及实习协议的学生，进行批评教育。学生违规情节严重的，经双方研究后，由职业学校给予纪律处分；给实习单位造成财产损失的，应当依法予以赔偿。

第三十一条 职业学校应组织做好学生实习情况的立卷归档工作。实习材料包括：(1) 实习协议；(2) 实习计划；(3) 学生实习报告；(4) 学生实习考核结果；(5) 实习日志；(6) 实习检查记录等；(7) 实习总结。

第五章 安全职责

第三十二条 职业学校和实习单位要确立安全第一的原则，严格执行国家及地方安全生产和职业卫生有关规定。职业学校主管部门应会同相关部门加强实习安全监督检查。

第三十三条 实习单位应当健全本单位生产安全责任制，执行相关安全生产标准，健全安全生产规章制度和操作规程，制定生产安全事故应急救援预案，配备必要的安全保障器材和劳动防护用品，加强对实习学生的安全生产教育培训和管理，保障学生实习期间的人身安全和健康。

第三十四条 实习单位应当会同职业学校对实习学生进行安全防护知识、岗位操作规程教育和培训并进行考核。未经教育培训和未通过考核的学生不得参加实习。

第三十五条 推动建立学生实习强制保险制度。职业学校和实习单位应根据国家有关规定，为实习学生投保实习责任保险。责任保险范围应覆盖实习活动的全过程，包括学生实习期间遭受意外事故及由于被保险人疏忽或过失导致的学生人身伤亡，被保险人依法应承担的责任，以及相关法律费用等。

学生实习责任保险的经费可从职业学校学费中列支；免除学费的可从免学费补助资金中列支，不得向学生另行收取或从学生实习报酬中抵扣。职业学校与实习单位达成协议由实习单位支付投保经费的，实习单位支付的学生实习责任保险费可从实习单位成本（费用）中列支。

第三十六条 学生在实习期间受到人身伤害，属于实习责任保险赔付范围的，由承保保险公司按保险合同赔付标准进行赔付。不属于保险赔付范围或者超出保险赔付额度的部分，由实习单位、职业学校及学生按照实习协议约定承担责任。职业学校和实习单位应当妥善做好救治和善后工作。

第六章 附 则

第三十七条 各省、自治区、直辖市教育行政部门应会同人力资源社会保障等相关部门依据本规定，结合本地区实际制定实施细则或相应的管理制度。

第三十八条 非全日制职业教育、高中后中等职业教育学生实习参照本规定执行。

第三十九条 本规定自发布之日起施行,《中等职业学校学生实习管理办法》（教职成 [2007]4 号）同时废止。

5.1.3.4 职业学校教师企业实践规定

2016 年 5 月 11 日，教育部等七部门以教师 [2016]3 号文印发了《职业学校教师企业实践规定》。《职业学校教师企业实践规定》全文如下：

第一章 总 则

第一条 为建设高水平职业教育教师队伍，根据《中华人民共和国职业教育法》《中华人民共和国教师法》《国家中长期教育改革和发展规划纲要（2010—2020 年)》《国务院关于加快发展现代职业教育的决定》，制定本规定。

第二条 组织教师企业实践，是加强职业学校"双师型"教师队伍建设，实行工学结合、校企合作人才培养模式，提高职业教育质量的重要举措。企业依法应当接纳职业学校教师进行实践。地方各级人民政府及有关部门、行业组织、职业学校和企业要高度重视，采取切实有效措施，完善相关支持政策，有效推进教师企业实践工作。

第三条 定期到企业实践，是促进职业学校教师专业发展、提升教师实践教学能力的重要形式和有效举措。职业学校应当保障教师定期参加企业实践的权利。各级教育行政部门和职业学校要制定具体办法，不断完善教师定期到企业实践制度。

第二章　内容和形式

第四条　职业学校专业课教师（含实习指导教师）要根据专业特点每5年必须累计不少于6个月到企业或生产服务一线实践，没有企业工作经历的新任教师应先实践再上岗。公共基础课教师也应定期到企业进行考察、调研和学习。

第五条　教师企业实践的主要内容，包括了解企业的生产组织方式、工艺流程、产业发展趋势等基本情况，熟悉企业相关岗位职责、操作规范、技能要求、用人标准、管理制度、企业文化等，学习所教专业在生产实践中应用的新知识、新技术、新工艺、新材料、新设备、新标准等。

第六条　教师企业实践的形式，包括到企业考察观摩、接受企业组织的技能培训、在企业的生产和管理岗位兼职或任职、参与企业产品研发和技术创新等。鼓励探索教师企业实践的多种实现形式。

第七条　教师企业实践要有针对性和实效性。职业学校要会同企业结合教师专业水平制订企业实践方案，根据教师教学实践和教研科研需要，确定教师企业实践的重点内容，解决教学和科研中的实际问题。要将组织教师企业实践与学生实习有机结合、有效对接，安排教师有计划、有针对性地进行企业实践，同时协助企业管理、指导学生实习。企业实践结束后，要及时总结，把企业实践收获转化为教学资源，推动教育教学改革与产业转型升级衔接配套。

第三章　组织与管理

第八条　各地要将教师企业实践工作列为职业教育工作部门联席会议的重要内容，组织教育、发展改革、工业和信息化、财政、人力资源社会保障等相关部门定期研究，将教师企业实践纳入教师培训规划，加强与行业主管部门和行业组织的沟通与协调，建立健全教师企业实践的激励机制和保障体系，统筹管理和组织实施教师企业实践工作。

第九条　省级教育行政部门负责制订本省（区、市）教师企业实践工作总体规划和管理办法，依托现有资源建立信息化管理平台，制定教师企业实践基地遴选条件及淘汰机制，确定教师企业实践时间折算为教师培训学时（学分）的具体标准，对各地（市）教师企业实践工作进行指导、监督和评估，会同人力资源社会保障、财政、发展改革等相关部门研究制定支持教师企业实践的政策措施。

第十条　地（市）级教育行政部门负责制订本地区教师企业实践实施细则和鼓励支持政策，建立区域内行业组织、企业与职业学校的沟通、磋商、联动机制，管理和组织实施教师企业实践工作。

第十一条 各行业主管部门和行业组织应积极引导支持行业内企业开展教师企业实践活动，配合教育行政部门、人力资源社会保障行政部门落实教师企业实践基地，对行业内企业承担教师企业实践任务进行协调、指导与监督。

第十二条 企业应根据自身实际情况发挥接收教师企业实践的主体作用，积极承担教师企业实践任务。承担教师企业实践任务的企业，将其列入企业人力资源部门工作职责，完善教师企业实践工作管理制度和保障机制，并与教育、人力资源社会保障部门联合制定教师企业实践计划，按照"对口"原则提供技术性岗位（工种），解决教师企业实践必需的办公、生活条件，明确管理责任人和指导人员（师傅），实施过程管理和绩效评估。

第十三条 职业学校要做好本校教师企业实践规划、实施计划、组织管理、考核评价等工作。除组织教师参加教育行政部门统一安排的教师企业实践外，职业学校还应自主组织教师定期到企业实践。

第十四条 教师参加企业实践，要充分发挥自身优势，积极承担企业职工教育与培训、产品研发、技术改造与推广等工作，严格遵守相关法律法规及企业生产、管理、安全、保密、知识产权及专利保护等各方面规定，必要时双方应签订相关协议。

第四章 保障措施

第十五条 建立政府、学校、企业和社会力量各方多渠道筹措经费机制，推动职业学校教师企业实践工作。鼓励引导社会各方通过设立专项基金、捐资赞助等方式支持教师企业实践。

第十六条 教师企业实践所需的设施、设备、工具和劳保用品等，由接收企业按在岗职工岗位标准配置。企业因接收教师实践所实际发生的有关合理支出，按现行税收法律规定在计算应纳税所得额时扣除。

第十七条 鼓励支持具有行业代表性的规模以上企业在接收教师企业实践方面发挥示范作用。

第十八条 国家和省级教育行政部门应会同行业主管部门依托现有资源，遴选一批共享开放的示范性教师企业实践基地，引导职业学校整合校内外企业资源建设具备生产能力的校级教师企业实践基地，逐步建立和完善教师企业实践体系。

第十九条 经学校批准到企业实践的教师，实践期间享受学校在岗人员同等的工资福利待遇，培训费、差旅费及相关费用按各地有关规定支付。教师参加企业实践应根据实际需要办理意外伤害保险。

第五章 考核与奖惩

第二十条 各地要将教师企业实践工作情况纳入对办学主管部门和职业学

校的督导考核内容，对于工作成绩突出的基层部门、学校按照国家有关规定给予表彰，并予以鼓励宣传。

第二十一条　省级教育行政部门应会同有关行政部门和行业组织定期对所辖企业的教师企业实践工作进行监督、指导、考核，对工作成绩突出的企业、个人按照国家有关规定予以表彰奖励。采取有效措施，鼓励支持有条件的企业常设一批教师企业实践岗位。

第二十二条　地方各级教育行政部门要会同人力资源社会保障行政部门建立教师企业实践考核和成绩登记制度，把教师企业实践学时（学分）纳入教师考核内容。引导支持有条件的企业对参加实践的教师进行职业技能鉴定，取得相应职业资格证书。

第二十三条　职业学校要会同企业对教师企业实践情况进行考核，对取得突出成绩、重大成果的教师给予表彰奖励。

第二十四条　教师无正当理由拒不参加企业实践或参加企业实践期间违反有关纪律规定的，所在学校应督促其改正，并视情节给予批评教育；有违法行为的，按照有关规定处理。

第六章　附　则

第二十五条　本规定所称职业学校教师指中等职业学校和高等职业学校教师。技工院校教师企业实践有关工作由各级人力资源社会保障行政部门负责。

第二十六条　本规定所称企业指在各级工商行政管理部门登记注册的各类企业。教师到机关、事业单位、社会团体和组织、境外企业等其他单位或机构实践，参照本规定执行。

第二十七条　本规定由教育部等部门根据职责分工，对本部门职责范围内事项负责解释。

第二十八条　本规定自公布之日起施行。

5.1.4　住房城乡建设部下发的相关文件

5.1.4.1　关于调整住房城乡建设行业技能人员职业培训合格证职业、工种代码的通知

2016年3月，住房城乡建设部人事司下发了《关于调整住房城乡建设行业技能人员职业培训合格证职业、工种代码的通知》（建人劳函[2016]18号），全文如下：

各省、自治区住房城乡建设厅，直辖市建委，新疆生产建设兵团建设局，国务院国资委管理的有关建筑业企业：

根据企业资质就位需求，结合各地培训工作实际，我们对《住房城乡建设

部办公厅关于建筑工人职业培训合格证有关事项的通知》（建办人 [2015]34 号）中职业、工种代码进行了调整，现将有关情况说明如下：

1. 建设行业职业工种代码表中所列工种名称以职业分类大典为基础，涵盖了职业技能标准和企业资质中所列工种名称，为各地开展技能培训提供依据。

2. 建设行业职业工种代码表中所列工种名称括号外与括号内的工种为相同或相近的职业工种，原则上括号外包含括号内工种的技能要求。在证书发放过程中，各地可结合实际情况进行合理归并与分类，使用相应名称。

3. 根据相关职业、工种开展职业技能培训情况，纳入培训合格证书的职业工种代码将适时进行调整。

附件：建设行业职业工种代码表

5.1.4.2 高等学校建筑类专业城市设计教学文件

2016 年 1 月，全国高等学校建筑学学科专业指导委员会、全国高等学校城乡规划学科专业指导委员会、全国高等学校风景园林学科专业指导委员会编制的《高等学校建筑类专业城市设计教学文件》公布，该教学文件主要包括 4 大部分：

(1) 高等学校建筑类专业硕士研究生（城市设计方向）教学要求。具体内容包括：概述（城市设计的概念、专业发展状况、学科在国家建设中的地位和作用、主干学科和相关学科、特点）、适用学科范围（学科代码、适用的学科专业）、培养目标（培养目标、学校制订相应专业培养目标要求）、培养规格（学制、授予学位、总学时或学分建议、人才培养基本要求、学位论文基本要求）、师资队伍等。

(2) 关于加强建筑学（本科）专业城市设计教学的意见。具体内容包括：加强城市设计教学的意义、城市设计课程设置与学时、城市设计课程教学内容(知识讲授部分、设计能力部分)、城市设计创新训练教学、附录：本科"城市设计及知识"课程教学示例等。

(3) 关于加强城乡规划（本科）专业城市设计教学的意见。具体内容包括：提高对城乡规划专业中的城市设计教学的认识、城市设计课程设置与学时、城市设计课程的教学内容、城市设计的专业实践教学、城市设计的创新训练教学等。

(4) 关于加强风景园林（本科）专业城市设计教学的意见。具体内容包括：提高在风景园林(本科)专业中对城市设计教学的认识、城市设计课程设置与学时、城市设计课程教学内容、城市设计专业实践、加强与相关学科合作教学等。

5.1.4.3 高等学校工程管理类专业评估认证文件（适用于工程管理和工程造价专业）

2016 年 6 月，住房城乡建设部高等教育工程管理专业评估委员会编制的《高等学校工程管理类专业评估认证文件（2016 年版 总第 3 版)》公布，该评估认证文件主要内容如下：

（1）住房城乡建设部高等教育工程管理专业评估委员会章程。包括总则、组织机构、职能与权限、工作制度和附则五章。

（2）高等学校工程管理类专业评估认证标准。评估认证指标体系包括学生发展、专业目标、教学过程、师资队伍、教学资源、质量评价6个一级指标。其中，学生发展包括学生来源（含吸引生源的措施、考生对专业的了解2个观察点）、成才环境（含活动平台、选择权、学分互认3个观察点）、学生指导和过程跟踪4个二级指标；专业目标包括专业定位、培养目标、知识要求（含人文社会科学知识、自然科学知识、工具性知识、专业知识、相关领域知识5个观察点）、能力要求（含基础能力、专业能力2个观察点）、素质要求（含人文素质、科学素质、专业素质3个观察点）5个二级指标；教学过程包括教学计划（含科学性、合理性、完整性、时效性4个观察点）、课程实施（含教材选用、课程安排、课程内容、教学方法、教学技术、考核方式6个观察点）、实践环节（含安排、指导、质量3个观察点）、毕业设计（论文）（含选题、指导、管理、质量4个观察点）、创新训练（含培养、提倡和鼓励2个观察点）、教学管理（含管理制度、教学档案、过程控制3个观察点）6个二级指标；师资队伍包括教师结构（含教师数量、整体结构、教师承担教学情况3个观察点）、教师能力及发展（含教师背景、教师能力、教学和教改、科研活动、青年教师发展5个观察点）、管理人员（含教学管理人员、学生管理人员2个观察点）3个二级指标；教学资源包括信息资源（含图书资料、规范标准2个观察点）、教学设施（含教室、实验室、实习基地3个观察点）、教学经费3个二级指标；质量评价包括内部评价（含毕业资格审核、培养目标达成度评价、毕业生去向、师生满意度4个观察点）、社会评价（含社会评价机制、毕业生满意度、社会声誉3个观察点）、持续改进（含毕业生跟踪反馈、社会变化响应、问题改进3个观察点）3个二级指标。

（3）高等学校工程管理类专业评估认证程序与方法。包括申请与审核、自评、考查、鉴定、鉴定状态的保持、申诉与复议、评估程序框图及进程表等内容。

（4）高等学校工程管理类专业评估认证学校工作指南。包括申请与审核、自评、考查、鉴定状态的保持等方面的程序安排和要求。

（5）高等学校工程管理类专业评估认证专家工作指南。该指南是指导专业评估专家工作、并规范专家活动行为的重要文件，同时也供被评估学校进行评估工作准备、自评和配合现场视察工作时参考。包括评估申请审核、自评报告审阅、考查、鉴定等方面的程序安排和要求。

5.1.4.4　高等学校给排水科学与工程专业评估认证文件

2016年9月，住房城乡建设部高等教育给排水科学与工程专业评估委员会编制的《高等学校工程管理类专业评估认证文件（2016 年 试行版）》公布，该评估认证文件主要内容如下：

(1) 住房城乡建设部高等教育给排水科学与工程专业评估委员会章程。包括总则、组织机构、职能与权限、工作制度和附则五章。

(2) 高等学校给排水科学与工程专业评估认证标准。给排水科学与工程专业评估认证标准由全国工程教育专业认证通用标准和本专业补充标准两部分组成。通用标准包括学生、培养目标、毕业要求、持续改进、课程体系、师资队伍、支持条件等 7 个方面的标准要求；专业补充标准包括课程体系、师资队伍、支持条件等 3 个方面的标准要求。

(3) 高等学校给排水科学与工程专业评估认证程序与方法。包括申请和受理、自评和自评报告提交、自评报告审阅、现场考查、审议与做出评估认证结论、评估认证状态保持、申诉与复议、评估认证程序框图及进程表等内容。

(4) 高等学校给排水科学与工程专业评估认证现场考察专家组工作指南。现场考查是工程教育认证的重要环节，为提高现场考查工作质量和效率，特编制该指南，主要用于给排水科学与工程专业评估认证现场考查专家组的工作，也可供接受评估认证的专业配合考查时参考。包括目的与步骤、现场考查专家组、考查准备、现场考查、考查结论、意见反馈、考查报告等方面的程序安排和要求。

(5) 高等学校给排水科学与工程专业评估认证学校工作指南。包括申请、自评、现场考查、评估认证结论申诉、评估认证状态保持等方面的程序安排和要求。

5.2　2016 年中国建设教育发展大事记

5.2.1　住房城乡建设领域教育大事记

5.2.1.1　高等教育

【住房城乡建设部、安徽省人民政府签署共建安徽建筑大学协议】2016 年 3 月 2 日，住房城乡建设部、安徽省人民政府在北京签署共建安徽建筑大学协议。根据协议，住房城乡建设部将在完善学校战略发展规划和学科建设规划，支持学校发挥特色优势特别是在城乡规划、建筑节能、徽派建筑传承保护、文化遗址规划与保护、历史文化名城与名镇规划、水资源保护与污水治理、城镇基础设施安全等领域加强指导和帮助。安徽省将把学校作为全省高等教育发展的支持重点，在体制机制创新、学科专业布局、科研水平提升、经费投入保障等方面给予支持。

【住房城乡建设部、山东省人民政府签署共建山东建筑大学协议】2016年4月18日，住房城乡建设部、山东省人民政府在济南签署共建山东建筑大学协议。根据协议，住房城乡建设部将在指导制定学科建设规划，支持学校开展城乡规划、数字化城市管理、新型结构体系、工程防灾减灾、建筑新能源新材料、水环境治理、工程管理现代化等领域的科学研究和成果转化等方面给予帮助。支持学校加强历史文化名城、风景名胜区、宜居城市、传统村落与民居、建筑遗产等的保护和研究。山东省将把学校作为山东省高等教育特色名校建设的重点，优化资源配置，加大政策、资源投入等方面的支持力度。

【住房城乡建设部、吉林省人民政府签署共建吉林建筑大学协议】2016年8月12日，住房城乡建设部、吉林省人民政府在北京签署共建吉林建筑大学协议。根据协议，住房城乡建设部将在学校完善发展规划、加强学科专业建设、提高重点领域科研水平、加大高水平人才队伍建设、校企合作等方面给予支持和帮助。吉林省将把学校纳入吉林国民经济和社会发展总体规划，加强学校办学经费保障力度，支持学校研究生教育，支持引进高端人才，发挥学校在省内建设领域智库作用。

【成立新一届住房城乡建设部高等教育土木工程、建筑环境与能源应用工程专业评估委员会】2016年1月，住房城乡建设部印发了《住房城乡建设部关于印发第六届高等教育土木工程专业评估委员会、第四届建筑环境与能源应用工程专业评估委员会组成人员名单的通知》（建人[2016]25号），组建了新一届住房城乡建设部高等教育土木工程专业、建筑环境与能源应用工程专业评估委员会，任期四年。高等教育土木工程专业评估委员会33人，主任委员由同济大学陈以一担任；副主任委员4人，分别由中国建筑设计研究院任庆英、苏州科技大学何若全、西南交通大学易思蓉、中国电子工程设计院娄宇担任；委员27人，名单如下：湖南大学方志、北京清华同衡规划设计研究院王昌兴、华南理工大学王湛、中国建筑科学研究院王翠坤、北京市市政工程设计研究总院包琦玮、西安建筑科技大学史庆轩、清华大学石永久、重庆大学刘汉龙、中冶建筑研究总院刘毅、安徽省建筑设计研究院朱兆晴、北京建筑设计研究院朱忠义、中国中建设计集团邢民、中国建筑工程总公司宋中南、北京建筑大学张爱林、上海隧道工程股份有限公司周文波、中交第三公路工程有限公司周钢、浙江大学罗尧治、山东建筑大学范存礼、哈尔滨工业大学范峰、长安大学胡力群、中水淮河规划设计研究院有限公司唐涛、中铁大桥勘测设计院徐恭义、沈阳建筑大学贾连光、东南大学童小东、天津大学韩庆华、中交投资有限公司黎儒国、北京交通大学魏庆朝；秘书长由住房城乡建设部人事司人员担任。高等教育建筑环境与能源应用工程专业评估委员会25人，主任委员由中国建筑设计研究院潘云钢担任；副主任委员3人，分别由清华大学朱颖心、同济大学张旭、中国建筑科学研究院徐伟担任；委员20人，名单如下：山东建筑大学刁乃仁、山东省建筑设计研究院于晓明、天津市建筑设计院伍小亭、哈尔滨工业大学刘京、中国建筑西南设计研究院戎向阳、上海建筑设计研究院何焰、解放军后勤工程学院建筑设计研究院吴祥生、天津大学张欢、中国五洲工程设计集团有限公司张小慧、中国制冷学会李先庭、西安建筑科技大学李安桂、北京城建设计发展集团股份有限公司李国庆、北京建筑大学李德英、湖南大学杨昌智、重庆大学肖益民、青岛理工大学胡松涛、北京市建筑设计研究院徐宏庆、南京工业大学龚延风、大连理工大学端木琳、重庆市设计院谭平；秘书长由住房城乡建设部人事司人员担任。

【修订给排水科学与工程专业评估文件】为做好高等学校给排水科学与工程专业教育评估工作，高等学校给排水科学与工程专业评估委员会按照工程教育专业认证的要求，组织修订了新版专业评估文件，包括专业评估认证标准、程序与方法、现场考查专家组工作指南、学校工作指南等，并于2016年6月发布实施。

【2015～2016年度高等学校建筑学专业教育评估工作】2016年，全国高等学校建筑学专业教育评估委员会对深圳大学、中南大学、武汉大学、山东建筑大学、河北工程大学、苏州科技大学、西北工业大学、广州大学、北方工业大学、华侨大学、中国矿业大学、安徽建筑大学、长沙理工大学、兰州理工大学、河南大学、河北建筑工程学院16所学校的建筑学专业教育进行了评估。评估委员会全体委员对各学校的自评报告进行了审阅，于5月派遣视察小组进校实地视察。之后，经评估委员会全体会议讨论和投票表决，做出了评估结论并报送国务院学位委员会。2016年高校建筑学专业评估结论如表5-1所示。

2016年高校建筑学专业评估结论   表5-1

序号	学校	授予学位	本科合格有效期	硕士合格有效期	备注
1	深圳大学	学士 硕士	7年 (2016.5～2023.5)	4年 (2016.5～2020.5)	本科复评 硕士复评
2	华侨大学	学士 硕士	4年 (2016.5～2020.5)	4年 (2016.5～2020.5)	本科复评 硕士复评
3	山东建筑大学	硕士	2012.5～2019.5	4年 (2016.5～2020.5)	硕士复评
4	广州大学	学士 硕士	4年 (2016.5～2020.5)	4年 (2016.5～2020.5)	本科复评 硕士初评

序号	学校	授予学位	本科合格有效期	硕士合格有效期	备注
5	河北工程大学	学士	有条件 4 年 （2016.5～2020.5）	—	本科复评
6	安徽建筑大学	硕士	2015.5～2019.5	4 年 （2016.5～2020.5）	硕士初评
7	中南大学	学士 硕士	4 年 （2016.5～2020.5）	4 年 （2016.5～2020.5）	本科复评 硕士复评
8	武汉大学	学士 硕士	4 年 （2016.5～2020.5）	4 年 （2016.5～2020.5）	本科复评 硕士复评
9	北方工业大学	学士 硕士	4 年 （2016.5～2020.5）	4 年 （2016.5～2020.5）	本科复评 硕士复评
10	中国矿业大学	学士 硕士	4 年 （2016.5～2020.5）	4 年 （2016.5～2020.5）	本科复评 硕士初评
11	苏州科技大学	学士	4 年 （2016.5～2020.5）	—	本科复评
12	西北工业大学	学士	4 年 （2016.5～2020.5）	—	本科复评
13	长沙理工大学	学士	有条件 4 年 （2016.5～2020.5）	—	本科初评
14	兰州理工大学	学士	4 年 （2016.5～2020.5）	—	本科初评
15	河南大学	学士	4 年 （2016.5～2020.5）	—	本科初评
16	河北建筑工程学院	学士	4 年 （2016.5～2020.5）	—	本科初评

　　截至 2016 年 5 月，全国共有 60 所高校建筑学专业通过专业教育评估，获建筑学专业学位（包括建筑学学士和建筑学硕士）授予权，其中具有建筑学学士学位授予权的有 59 个专业点，具有建筑学硕士学位授予权的有 38 个专业点。详见表 5-2。

建筑学专业评估通过学校和有效期情况统计表　　　　　　　　表 5-2

序号	学校	本科合格有效期	硕士合格有效期	首次通过评估时间
1	清华大学	2011.5～2018.5	2011.5～2018.5	1992.5
2	同济大学	2011.5～2018.5	2011.5～2018.5	1992.5
3	东南大学	2011.5～2018.5	2011.5～2018.5	1992.5
4	天津大学	2011.5～2018.5	2011.5～2018.5	1992.5

续表

序号	学　校	本科合格有效期	硕士合格有效期	首次通过评估时间
5	重庆大学	2013.5 ~ 2020.5	2013.5 ~ 2020.5	1994.5
6	哈尔滨工业大学	2013.5 ~ 2020.5	2013.5 ~ 2020.5	1994.5
7	西安建筑科技大学	2013.5 ~ 2020.5	2013.5 ~ 2020.5	1994.5
8	华南理工大学	2013.5 ~ 2020.5	2013.5 ~ 2020.5	1994.5
9	浙江大学	2011.5 ~ 2018.5	2011.5 ~ 2018.5	1996.5
10	湖南大学	2015.5 ~ 2022.5	2015.5 ~ 2022.5	1996.5
11	合肥工业大学	2015.5 ~ 2022.5	2015.5 ~ 2022.5	1996.5
12	北京建筑大学	2012.5 ~ 2019.5	2012.5 ~ 2019.5	1996.5
13	深圳大学	2016.5 ~ 2023.5	2016.5 ~ 2020.5	本科 1996.5 硕士 2012.5
14	华侨大学	2016.5 ~ 2020.5	2016.5 ~ 2020.5	1996.5
15	北京工业大学	2014.5 ~ 2018.5	2014.5 ~ 2018.5	本科 1998.5 硕士 2010.5
16	西南交通大学	2014.5 ~ 2021.5	2014.5 ~ 2021.5	本科 1998.5 硕士 2004.5
17	华中科技大学	2014.5 ~ 2021.5	2014.5 ~ 2021.5	1999.5
18	沈阳建筑大学	2011.5 ~ 2018.5	2011.5 ~ 2018.5	1999.5
19	郑州大学	2015.5 ~ 2019.5	2015.5 ~ 2019.5	本科 1999.5 硕士 2011.5
20	大连理工大学	2015.5 ~ 2022.5	2015.5 ~ 2022.5	2000.5
21	山东建筑大学	2012.5 ~ 2019.5	2016.5 ~ 2020.5	本科 2000.5 硕士 2012.5
22	昆明理工大学	2013.5 ~ 2017.5	2013.5 ~ 2017.5	本科 2001.5 硕士 2009.5
23	南京工业大学	2014.5 ~ 2018.5	2014.5 ~ 2018.5	本科 2002.5 硕士 2014.5
24	吉林建筑大学	2014.5 ~ 2018.5	2014.5 ~ 2018.5	本科 2002.5 硕士 2014.5
25	武汉理工大学	2015.5 ~ 2019.5	2015.5 ~ 2019.5	本科 2003.5 硕士 2011.5
26	厦门大学	2015.5 ~ 2019.5	2015.5 ~ 2019.5	本科 2003.5 硕士 2007.5
27	广州大学	2016.5 ~ 2020.5	2016.5 ~ 2020.5	本科 2004.5 硕士 2016.5

序号	学　校	本科合格有效期	硕士合格有效期	首次通过评估时间
28	河北工程大学	2016.5 ~ 2020.5（有条件）	—	2004.5
29	上海交通大学	2014.5 ~ 2018.5	—	2006.6
30	青岛理工大学	2014.5 ~ 2018.5	2014.5 ~ 2018.5	本科 2006.6 硕士 2014.5
31	安徽建筑大学	2015.5 ~ 2019.5	2016.5 ~ 2020.5	本科 2007.5 硕士 2016.5
32	西安交通大学	2015.5 ~ 2019.5	2015.5 ~ 2019.5	本科 2007.5 硕士 2011.5
33	南京大学	—	2011.5 ~ 2018.5	2007.5
34	中南大学	2016.5 ~ 2020.5	2016.5 ~ 2020.5	本科 2008.5 硕士 2012.5
35	武汉大学	2016.5 ~ 2020.5	2016.5 ~ 2020.5	2008.5
36	北方工业大学	2016.5 ~ 2020.5	2016.5 ~ 2020.5	本科 2008.5 硕士 2014.5
37	中国矿业大学	2016.5 ~ 2020.5	2016.5 ~ 2020.5	本科 2008.5 硕士 2016.5
38	苏州科技大学	2016.5 ~ 2020.5		2008.5
39	内蒙古工业大学	2013.5 ~ 2017.5	2013.5 ~ 2017.5	本科 2009.5 硕士 2013.5
40	河北工业大学	2013.5 ~ 2017.5	—	2009.5
41	中央美术学院	2013.5 ~ 2017.5	—	2009.5
42	福州大学	2014.5 ~ 2018.5	—	2010.5
43	北京交通大学	2014.5 ~ 2018.5	2014.5 ~ 2018.5	本科 2010.5 硕士 2014.5
44	太原理工大学	2014.5 ~ 2018.5（有条件）	—	2010.5
45	浙江工业大学	2014.5 ~ 2018.5	—	2010.5
46	烟台大学	2015.5 ~ 2019.5	—	2011.5
47	天津城建大学	2015.5 ~ 2019.5	2015.5 ~ 2019.5	本科 2011.5 硕士 2015.5
48	西北工业大学	2016.5 ~ 2020.5	—	2012.5
49	南昌大学	2013.5 ~ 2017.5	—	2013.5
50	广东工业大学	2014.5 ~ 2018.5	—	2014.5
51	四川大学	2014.5 ~ 2018.5	—	2014.5

续表

序号	学 校	本科合格有效期	硕士合格有效期	首次通过评估时间
52	内蒙古科技大学	2014.5 ~ 2018.5	—	2014.5
53	长安大学	2014.5 ~ 2018.5	—	2014.5
54	新疆大学	2015.5 ~ 2019.5	—	2015.5
55	福建工程学院	2015.5 ~ 2019.5	—	2015.5
56	河南工业大学	2015.5 ~ 2019.5（有条件）	—	2015.5
57	长沙理工大学	2016.5 ~ 2020.5（有条件）	—	2016.5
58	兰州理工大学	2016.5 ~ 2020.5	—	2016.5
59	河南大学	2016.5 ~ 2020.5	—	2016.5
60	河北建筑工程学院	2016.5 ~ 2020.5	—	2016.5

注：截至2016年5月，按首次通过评估时间排序。

【2015 ~ 2016年度高等学校城乡规划专业教育评估工作】2016年，住房城乡建设部高等教育城乡规划专业评估委员会对清华大学、湖南大学、东南大学、同济大学、重庆大学、哈尔滨工业大学、天津大学、浙江大学、昆明理工大学、西南交通大学、福建工程学院、安徽建筑大学、江西师范大学、西南民族大学14所学校的城乡规划专业进行了评估。评估委员会全体委员对各校的自评报告进行了审阅，于5月派遣视察小组进校实地视察。经评估委员会全体会议讨论并投票表决，做出了评估结论，如表5-3所示。

2016年高校的城乡规划专业评估结论　　　　表5-3

序号	学校	学位授予	本科合格有效期	硕士合格有效期	备注
1	清华大学	硕士	—	6年（2016.5 ~ 2022.5）	硕士复评
2	东南大学	学士硕士	6年（2016.5 ~ 2022.5）	6年（2016.5 ~ 2022.5）	本科复评硕士复评
3	同济大学	学士硕士	6年（2016.5 ~ 2022.5）	6年（2016.5 ~ 2022.5）	本科复评硕士复评
4	重庆大学	学士硕士	6年（2016.5 ~ 2022.5）	6年（2016.5 ~ 2022.5）	本科复评硕士复评
5	哈尔滨工业大学	学士硕士	6年（2016.5 ~ 2022.5）	6年（2016.5 ~ 2022.5）	本科复评硕士复评
6	天津大学	学士硕士	6年（2016.5 ~ 2022.5）	6年（2016.5 ~ 2022.5）	本科复评硕士复评

续表

序号	学校	学位授予	本科合格有效期	硕士合格有效期	备注
7	西南交通大学	学士 硕士	6年（2016.5～2022.5）	6年（2016.5～2022.5）	本科复评 硕士复评
8	浙江大学	学士 硕士	6年（2016.5～2022.5）	6年（2016.5～2022.5）	本科复评 硕士复评
9	湖南大学	硕士	2012.5～2018.5	6年（2016.5～2022.5）	硕士复评
10	安徽建筑大学	学士 硕士	6年（2016.5～2022.5）	4年（2016.5～2020.5）	本科复评 硕士初评
11	昆明理工大学	学士 硕士	4年（2016.5～2020.5）	4年（2016.5～2020.5）	本科复评 硕士复评
12	福建工程学院	学士	4年（2016.5～2020.5）	—	本科复评
13	江西师范大学	学士	4年（2016.5～2020.5）	—	本科初评
14	西南民族大学	学士	4年（2016.5～2020.5）	—	本科初评

截至2016年5月，全国共有44所高校的城乡规划专业通过专业评估，其中本科专业点43个，硕士研究生专业点26个。详见表5-4。

城乡规划专业评估通过学校和有效期情况统计表 表5-4

序号	学校	本科合格有效期	硕士合格有效期	首次通过评估时间
1	清华大学	—	2016.5～2022.5	1998.6
2	东南大学	2016.5～2022.5	2016.5～2022.5	1998.6
3	同济大学	2016.5～2022.5	2016.5～2022.5	1998.6
4	重庆大学	2016.5～2022.5	2016.5～2022.5	1998.6
5	哈尔滨工业大学	2016.5～2022.5	2016.5～2022.5	1998.6
6	天津大学	2016.5～2022.5	2016.5～2022.5（2006年6月～2010年5月硕士研究生教育不在有效期内）	2000.6
7	西安建筑科技大学	2012.5～2018.5	2012.5～2018.5	2000.6
8	华中科技大学	2012.5～2018.5	2012.5～2018.5	本科2000.6 硕士2006.6
9	南京大学	2014.5～2020.5（2006年6月～2008年5月本科教育不在有效期内）	2014.5～2020.5	2002.7
10	华南理工大学	2014.5～2020.5	2014.5～2020.5	2002.6
11	山东建筑大学	2014.5～2020.5	2014.5～2020.5	本科2004.6 硕士2012.5

续表

序号	学　校	本科合格有效期	硕士合格有效期	首次通过评估时间
12	西南交通大学	2016.5 ~ 2022.5	2016.5 ~ 2022.5	本科 2006.6 硕士 2014.5
13	浙江大学	2016.5 ~ 2022.5	2016.5 ~ 2022.5	本科 2006.6 硕士 2012.5
14	武汉大学	2012.5 ~ 2018.5	2012.5 ~ 2018.5	2008.5
15	湖南大学	2012.5 ~ 2018.5	2016.5 ~ 2022.5	本科 2008.5 硕士 2012.5
16	苏州科技大学	2012.5 ~ 2018.5	2014.5 ~ 2018.5	本科 2008.5 硕士 2014.5
17	沈阳建筑大学	2012.5 ~ 2018.5	2012.5 ~ 2018.5	本科 2008.5 硕士 2012.5
18	安徽建筑大学	2016.5 ~ 2022.5	2016.5 ~ 2020.5	本科 2008.5 硕士 2016.5
19	昆明理工大学	2016.5 ~ 2020.5	2016.5 ~ 2020.5	本科 2008.5 硕士 2012.5
20	中山大学	2013.5 ~ 2017.5	—	2009.5
21	南京工业大学	2013.5 ~ 2017.5	2013.5 ~ 2017.5	本科 2009.5 硕士 2013.5
22	中南大学	2013.5 ~ 2017.5	2013.5 ~ 2017.5	本科 2009.5 硕士 2013.5
23	深圳大学	2013.5 ~ 2017.5	2013.5 ~ 2017.5	本科 2009.5 硕士 2013.5
24	西北大学	2013.5 ~ 2017.5	2013.5 ~ 2017.5	2009.5
25	大连理工大学	2014.5 ~ 2020.5	2014.5 ~ 2018.5	本科 2010.5 硕士 2014.5
26	浙江工业大学	2014.5 ~ 2018.5	—	2010.5
27	北京建筑大学	2015.5 ~ 2019.5	2013.5 ~ 2017.5	本科 2011.5 硕士 2013.5
28	广州大学	2015.5 ~ 2019.5	—	2011.5
29	北京大学	2015.5 ~ 2021.5	—	2011.5
30	福建工程学院	2016.5 ~ 2020.5	—	2012.5
31	福州大学	2013.5 ~ 2017.5	—	2013.5
32	湖南城市学院	2013.5 ~ 2017.5	—	2013.5
33	北京工业大学	2014.5 ~ 2018.5	2014.5 ~ 2018.5	2014.5
34	华侨大学	2014.5 ~ 2018.5	—	2014.5

序号	学　校	本科合格有效期	硕士合格有效期	首次通过评估时间
35	云南大学	2014.5 ~ 2018.5	—	2014.5
36	吉林建筑大学	2014.5 ~ 2018.5	—	2014.5
37	青岛理工大学	2015.5 ~ 2019.5	—	2015.5
38	天津城建大学	2015.5 ~ 2019.5	—	2015.5
39	四川大学	2015.5 ~ 2019.5	—	2015.5
40	广东工业大学	2015.5 ~ 2019.5	—	2015.5
41	长安大学	2015.5 ~ 2019.5	—	2015.5
42	郑州大学	2015.5 ~ 2019.5	—	2015.5
43	江西师范大学	2016.5 ~ 2020.5	—	2016.5
44	西南民族大学	2016.5 ~ 2020.5	—	2016.5

注：截至 2016 年 5 月，按首次通过评估时间排序。

【2015 ~ 2016 年度高等学校土木工程专业教育评估工作】2016 年，住房城乡建设部高等教育土木工程专业评估委员会对三峡大学、北京建筑大学、内蒙古科技大学、长安大学、广西大学、山东大学、太原理工大学、山东科技大学、北京科技大学、扬州大学、厦门理工学院、江苏大学 12 所学校的土木工程专业进行了评估。评估委员会全体委员对各校的自评报告进行了审阅，于 5 月派遣视察小组进校实地视察。经评估委员会全体会议讨论并投票表决，做出了评估结论，如表 5-5 所示。

2016 年高校的土木工程专业评估结论　　　　　　　　表 5-5

序号	学校	合格有效期	首次通过评估时间
1	三峡大学	6 年（2016.5 ~ 2022.5） （2004 年 6 月 ~ 2006 年 6 月不在有效期内）	1999.6
2	北京建筑大学	6 年（2016.5 ~ 2022.5）	2006.6
3	内蒙古科技大学	6 年（2016.5 ~ 2022.5）	2006.6
4	长安大学	6 年（2016.5 ~ 2022.5）	2006.6
5	广西大学	6 年（2016.5 ~ 2022.5）	2006.6
6	山东大学	6 年（2016.5 ~ 2022.5）	2011.5
7	太原理工大学	6 年（2016.5 ~ 2022.5）	2011.5
8	山东科技大学	3 年（2016.5 ~ 2019.5）	2016.5
9	北京科技大学	3 年（2016.5 ~ 2019.5）	2016.5
10	扬州大学	3 年（2016.5 ~ 2019.5）	2016.5

续表

序号	学校	合格有效期	首次通过评估时间
11	厦门理工学院	3 年（2016.5 ～ 2019.5）	2016.5
12	江苏大学	3 年（2016.5 ～ 2019.5）	2016.5

截至2015年5月，全国共有89所高校的土木工程专业通过评估。详见表5-6。

高校土木工程专业评估通过学校和有效期情况统计表 表5-6

序号	学校	本科合格有效期	首次通过评估时间	序号	学校	本科合格有效期	首次通过评估时间
1	清华大学	2013.5 ～ 2021.5	1995.6	16	西南交通大学	2015.5 ～ 2021.5	1997.6
2	天津大学	2013.5 ～ 2021.5	1995.6	17	中南大学	2014.5 ～ 2020.5（2002 年 6 月～2004 年 6 月不在有效期内）	1997.6
3	东南大学	2013.5 ～ 2021.5	1995.6	18	华侨大学	2012.5 ～ 2017.5	1997.6
4	同济大学	2013.5 ～ 2021.5	1995.6	19	北京交通大学	2009.5 ～ 2017.5	1999.6
5	浙江大学	2013.5 ～ 2021.5	1995.6	20	大连理工大学	2009.5 ～ 2017.5	1999.6
6	华南理工大学	2010.5 ～ 2018.5	1995.6	21	上海交通大学	2009.5 ～ 2017.5	1999.6
7	重庆大学	2013.5 ～ 2021.5	1995.6	22	河海大学	2009.5 ～ 2017.5	1999.6
8	哈尔滨工业大学	2013.5 ～ 2021.5	1995.6	23	武汉大学	2009.5 ～ 2017.5	1999.6
9	湖南大学	2013.5 ～ 2021.5	1995.6	24	兰州理工大学	2014.5 ～ 2020.5	1999.6
10	西安建筑科技大学	2013.5 ～ 2021.5	1995.6	25	三峡大学	2016.5 ～ 2022.5（2004 年 6 月～2006 年 6 月不在有效期内）	1999.6
11	沈阳建筑大学	2012.5 ～ 2020.5	1997.6	26	南京工业大学	2011.5 ～ 2019.5	2001.6
12	郑州大学	2012.5 ～ 2017.5	1997.6	27	石家庄铁道大学	2012.5 ～ 2017.5（2006 年 6 月～2007 年 5 月不在有效期内）	2001.6
13	合肥工业大学	2012.5 ～ 2020.5	1997.6	28	北京工业大学	2012.5 ～ 2017.5	2002.6
14	武汉理工大学	2012.5 ～ 2017.5	1997.6	29	兰州交通大学	2012.5 ～ 2020.5	2002.6
15	华中科技大学	2013.5 ～ 2021.5（2002 年 6 月～2003 年 6 月不在有效期内）	1997.6	30	山东建筑大学	2013.5 ～ 2018.5	2003.6

续表

序号	学校	本科合格有效期	首次通过评估时间	序号	学校	本科合格有效期	首次通过评估时间
31	河北工业大学	2014.5 ~ 2020.5（2008 年 5 月~ 2009 年 5 月不在有效期内）	2003.6	61	盐城工学院	2012.5 ~ 2017.5	2012.5
32	福州大学	2013.5 ~ 2018.5	2003.6	62	桂林理工大学	2012.5 ~ 2017.5	2012.5
33	广州大学	2015.5 ~ 2021.5	2005.6	63	燕山大学	2012.5 ~ 2017.5	2012.5
34	中国矿业大学	2015.5 ~ 2021.5	2005.6	64	暨南大学	2012.5 ~ 2017.5	2012.5
35	苏州科技大学	2015.5 ~ 2021.5	2005.6	65	浙江科技学院	2012.5 ~ 2017.5	2012.5
36	北京建筑大学	2016.5 ~ 2022.5	2006.6	66	湖北工业大学	2013.5 ~ 2018.5	2013.5
37	内蒙古科技大学	2016.5 ~ 2022.5		67	宁波大学	2013.5 ~ 2018.5	2013.5
38	长安大学	2016.5 ~ 2022.5		68	长春工程学院	2013.5 ~ 2018.5	2013.5
39	广西大学	2016.5 ~ 2022.5		69	南京林业大学	2013.5 ~ 2018.5	2013.5
40	昆明理工大学	2012.5 ~ 2017.5		70	新疆大学	2014.5 ~ 2017.5	2014.5
41	西安交通大学	2012.5 ~ 2017.5	2007.5	71	长江大学	2014.5 ~ 2017.5	2014.5
42	华北水利水电大学	2012.5 ~ 2017.5	2007.5	72	烟台大学	2014.5 ~ 2017.5	2014.5
43	四川大学	2012.5 ~ 2017.5	2007.5	73	汕头大学	2014.5 ~ 2017.5	2014.5
44	安徽建筑大学	2012.5 ~ 2017.5	2007.5	74	厦门大学	2014.5 ~ 2017.5	2014.5
45	浙江工业大学	2013.5 ~ 2018.5	2008.5	75	成都理工大学	2014.5 ~ 2017.5	2014.5
46	解放军理工大学	2013.5 ~ 2018.5	2008.5	76	中南林业科技大学	2014.5 ~ 2017.5	2014.5
47	西安理工大学	2013.5 ~ 2018.5	2008.5	77	福建工程学院	2014.5 ~ 2017.5	2014.5
48	长沙理工大学	2014.5 ~ 2020.5	2009.5	78	南京航空航天大学	2015.5 ~ 2018.5	2015.5
49	天津城建大学	2014.5 ~ 2020.5	2009.5	79	广东工业大学	2015.5 ~ 2018.5	2015.5
50	河北建筑工程学院	2014.5 ~ 2020.5	2009.5	80	河南工业大学	2015.5 ~ 2018.5	2015.5
51	青岛理工大学	2014.5 ~ 2020.5	2009.5	81	黑龙江工程学院	2015.5 ~ 2018.5	2015.5
52	南昌大学	2015.5 ~ 2021.5	2010.5	82	南京理工大学	2015.5 ~ 2018.5	2015.5
53	重庆交通大学	2015.5 ~ 2021.5	2010.5	83	宁波工程学院	2015.5 ~ 2018.5	2015.5
54	西安科技大学	2015.5 ~ 2021.5	2010.5	84	华东交通大学	2015.5 ~ 2018.5	2015.5
55	东北林业大学	2015.5 ~ 2021.5	2010.5	85	山东科技大学	2016.5 ~ 2019.5	2016.5
56	山东大学	2016.5 ~ 2022.5	2011.5	86	北京科技大学	2016.5 ~ 2019.5	2016.5
57	太原理工大学	2016.5 ~ 2022.5	2011.5	87	扬州大学	2016.5 ~ 2019.5	2016.5
58	内蒙古工业大学	2012.5 ~ 2017.5	2012.5	88	厦门理工学院	2016.5 ~ 2019.5	2016.5
59	西南科技大学	2012.5 ~ 2017.5	2012.5	89	江苏大学	2016.5 ~ 2019.5	2016.5
60	安徽理工大学	2012.5 ~ 2017.5	2012.5	—	—	—	—

注：截至 2016 年 5 月，按首次通过评估时间排序。

【2015～2016年度高等学校建筑环境与能源应用工程专业教育评估工作】
2016年，住房城乡建设部高等教育建筑环境与能源应用工程专业评估委员会对华中科技大学、中原工学院、广州大学、北京工业大学、西安交通大学、兰州交通大学、天津城建大学、武汉科技大学、河北工业大学9所学校的建筑环境与能源应用工程专业进行了评估。评估委员会全体委员对学校的自评报告进行了审阅，于5月份派遣视察小组进校实地视察。经评估委员会全体会议讨论并投票表决，做出了评估结论，如表5-7所示。

2016年高校的建筑环境与能源应用工程专业评估结论　　　表5-7

序号	学校	合格有效期	首次通过评估时间
1	华中科技大学	5年（2016.5～2021.5）（2010年5月～2011年5月不在有效期内）	2005.6
2	中原工学院	5年（2016.5～2021.5）	2006.6
3	广州大学	5年（2016.5～2021.5）	2006.6
4	北京工业大学	5年（2016.5～2021.5）	2006.6
5	西安交通大学	5年（2016.5～2021.5）	2011.5
6	兰州交通大学	5年（2016.5～2021.5）	2011.5
7	天津城建大学	5年（2016.5～2021.5）	2011.5
8	武汉科技大学	5年（2016.5～2021.5）	2016.5
9	河北工业大学	5年（2016.5～2021.5）	2016.5

截至2016年5月，全国共有35所高校的建筑环境与能源应用工程专业通过评估。详见表5-8。

高校建筑环境与能源应用工程评估通过学校和有效期情况统计表　　　表5-8

序号	学校	本科合格有效期	首次通过评估时间	序号	学校	本科合格有效期	首次通过评估时间
1	清华大学	2012.5～2017.5	2002.5	7	东华大学	2013.5～2018.5	2003.5
2	同济大学	2012.5～2017.5	2002.5	8	湖南大学	2013.5～2018.5	2003.5
3	天津大学	2012.5～2017.5	2002.5	9	西安建筑科技大学	2014.5 -2019.5	2004.5
4	哈尔滨工业大学	2012.5～2017.5	2002.5	10	山东建筑大学	2015.5～2020.5	2005.6
5	重庆大学	2012.5～2017.5	2002.5	11	北京建筑大学	2015.5～2020.5	2005.6
6	解放军理工大学	2013.5～2018.5	2003.5	12	华中科技大学	2016.5～2021.5（2010年5月～2011年5月不在有效期内）	2005.6

续表

序号	学校	本科合格有效期	首次通过评估时间	序号	学校	本科合格有效期	首次通过评估时间
13	中原工学院	2016.5 ~ 2021.5	2006.6	25	西安交通大学	2016.5 ~ 2021.5	2011.5
14	广州大学	2016.5 ~ 2021.5	2006.6	26	兰州交通大学	2016.5 ~ 2021.5	2011.5
15	北京工业大学	2016.5 ~ 2021.5	2006.6	27	天津城建大学	2016.5 ~ 2021.5	2011.5
16	沈阳建筑大学	2012.5 ~ 2017.5	2007.6	28	大连理工大学	2012.5 ~ 2017.5	2012.5
17	南京工业大学	2012.5 ~ 2017.5	2007.6	29	上海理工大学	2012.5 ~ 2017.5	2012.5
18	长安大学	2013.5 ~ 2018.5	2008.5	30	西南交通大学	2013.5 ~ 2018.5	2013.5
19	吉林建筑大学	2014.5 ~ 2019.5	2009.5	31	中国矿业大学	2014.5 -2019.5	2014.5
20	青岛理工大学	2014.5 ~ 2019.5	2009.5	32	西南科技大学	2015.5 ~ 2020.5	2015.5
21	河北建筑工程学院	2014.5 ~ 2019.5	2009.5	33	河南城建学院	2015.5 ~ 2020.5	2015.5
22	中南大学	2014.5 ~ 2019.5	2009.5	34	武汉科技大学	2016.5 ~ 2021.5	2016.5
23	安徽建筑大学	2014.5 ~ 2019.5	2009.5	35	河北工业大学	2016.5 ~ 2021.5	2016.5
24	南京理工大学	2015.5 ~ 2020.5	2010.5	—	—	—	—

注：截至 2016 年 5 月，按首次通过评估时间排序。

【2015 ~ 2016 年度高等学校给排水科学与工程专业教育评估工作】2016 年，住房城乡建设部高等教育给排水科学与工程专业评估委员会对河海大学、华中科技大学、湖南大学、昆明理工大学、河南城建学院、盐城工学院、华侨大学 7 所学校的给排水科学与工程专业进行了评估。评估委员会全体委员对各校的自评报告进行了审阅，于 5 月派遣视察小组进校实地视察。经评估委员会全体会议讨论并投票表决，做出了评估结论，如表 5-9 所示。

<table>
<tr><td colspan="4">2016 年高校的给排水科学与工程专业评估结论　　　　　　表 5-9</td></tr>
<tr><th>序号</th><th>学校</th><th>合格有效期</th><th>首次通过评估时间</th></tr>
<tr><td>1</td><td>河海大学</td><td>5 年（2016.5 ~ 2021.5）</td><td>2006.6</td></tr>
<tr><td>2</td><td>华中科技大学</td><td>5 年（2016.5 ~ 2021.5）</td><td>2006.6</td></tr>
<tr><td>3</td><td>湖南大学</td><td>5 年（2016.5 ~ 2021.5）</td><td>2006.6</td></tr>
<tr><td>4</td><td>昆明理工大学</td><td>5 年（2016.5 ~ 2021.5）</td><td>2011.5</td></tr>
<tr><td>5</td><td>河南城建学院</td><td>5 年（2016.5 ~ 2021.5）</td><td>2016.5</td></tr>
<tr><td>6</td><td>盐城工学院</td><td>5 年（2016.5 ~ 2021.5）</td><td>2016.5</td></tr>
<tr><td>7</td><td>华侨大学</td><td>5 年（2016.5 ~ 2021.5）</td><td>2016.5</td></tr>
</table>

截至 2016 年 5 月，全国共有 36 所高校的给排水科学与工程专业通过评估。详见表 5-10。

高校给排水科学与工程专业评估通过学校和有效期情况统计表　　表 5-10

序号	学校	本科合格有效期	首次通过评估时间	序号	学校	本科合格有效期	首次通过评估时间
1	清华大学	2014.5 ～ 2019.5	2004.5	19	山东建筑大学	2013.5 ～ 2018.5	2008.5
2	同济大学	2014.5 ～ 2019.5	2004.5	20	武汉大学	2014.5 ～ 2019.5	2009.5
3	重庆大学	2014.5 ～ 2019.5	2004.5	21	苏州科技大学	2014.5 ～ 2019.5	2009.5
4	哈尔滨工业大学	2014.5 ～ 2019.5	2004.5	22	吉林建筑大学	2014.5 ～ 2019.5	2009.5
5	西安建筑科技大学	2015.5 ～ 2020.5	2005.6	23	四川大学	2014.5 ～ 2019.5	2009.5
6	北京建筑大学	2015.5 ～ 2020.5	2005.6	24	青岛理工大学	2014.5 ～ 2019.5	2009.5
7	河海大学	2016.5 ～ 2021.5	2006.6	25	天津城建大学	2014.5 ～ 2019.5	2009.5
8	华中科技大学	2016.5 ～ 2021.5	2006.6	26	华东交通大学	2015.5 ～ 2020.5	2010.5
9	湖南大学	2016.5 ～ 2021.5	2006.6	27	浙江工业大学	2015.5 ～ 2020.5	2010.5
10	南京工业大学	2012.5 ～ 2017.5	2007.5	28	昆明理工大学	2016.5 ～ 2021.5	2011.5
11	兰州交通大学	2012.5 ～ 2017.5	2007.5	29	济南大学	2012.5 ～ 2017.5	2012.5
12	广州大学	2012.5 ～ 2017.5	2007.5	30	太原理工大学	2013.5 ～ 2018.5	2013.5
13	安徽建筑大学	2012.5 ～ 2017.5	2007.5	31	合肥工业大学	2013.5 ～ 2018.5	2013.5
14	沈阳建筑大学	2012.5 ～ 2017.5	2007.5	32	南华大学	2014.5 ～ 2019.5	2014.5
15	长安大学	2013.5 ～ 2018.5	2008.5	33	河北建筑工程学院	2015.5 ～ 2020.5	2015.5
16	桂林理工大学	2013.5 ～ 2018.5	2008.5	34	河南城建学院	2016.5 ～ 2021.5	2016.5
17	武汉理工大学	2013.5 ～ 2018.5	2008.5	35	盐城工学院	2016.5 ～ 2021.5	2016.5
18	扬州大学	2013.5 ～ 2018.5	2008.5	36	华侨大学	2016.5 ～ 2021.5	2016.5

注：截至 2016 年 5 月，按首次通过评估时间排序。

【2015 ～ 2016 年度高等学校工程管理专业教育评估工作】2016 年，住房城乡建设部高等教育工程管理专业评估委员会对天津大学、南京工业大学、中南大学、湖南大学、中国矿业大学、西南交通大学、兰州理工大学、重庆科技学院、扬州大学、河南城建学院、福建工程学院、南京林业大学 12 所学校的工程管理专业进行了评估。评估委员会全体委员对各校的自评报告进行了审阅，于 5 月派遣视察小组进校实地视察。经评估委员会全体会议讨论并投票表决，做出了评估结论，如表 5-11 所示。

2016 年高校的工程管理专业评估结论　　表 5-11

序号	学校	合格有效期	首次通过评估时间
1	天津大学	6 年（2016.5 ～ 2022.5）	2001.6
2	南京工业大学	6 年（2016.5 ～ 2022.5）	2001.6

续表

序号	学校	合格有效期	首次通过评估时间
3	中南大学	6 年（2016.5 ~ 2022.5）	2006.6
4	湖南大学	6 年（2016.5 ~ 2022.5）	2006.6
5	中国矿业大学	6 年（2016.5 ~ 2022.5）	2011.5
6	西南交通大学	6 年（2016.5 ~ 2022.5）	2011.5
7	兰州理工大学	4 年（2016.5 ~ 2020.5）	2016.5
8	重庆科技学院	4 年（2016.5 ~ 2020.5）	2016.5
9	扬州大学	4 年（2016.5 ~ 2020.5）	2016.5
10	河南城建学院	4 年（2016.5 ~ 2020.5）	2016.5
11	福建工程学院	4 年（2016.5 ~ 2020.5）	2016.5
12	南京林业大学	4 年（2016.5 ~ 2020.5）	2016.5

　　截至 2016 年 5 月，全国共有 43 所高校的工程管理专业通过评估。详见表 5-12。

高校工程管理专业评估通过学校和有效期情况统计表　　　　表 5-12

序号	学校	本科合格有效期	首次通过评估时间	序号	学校	本科合格有效期	首次通过评估时间
1	重庆大学	2014.5 ~ 2019.5	1999.11	16	中南大学	2016.5 ~ 2022.5	2006.6
2	哈尔滨工业大学	2014.5 ~ 2019.5	1999.11	17	湖南大学	2016.5 ~ 2022.5	2006.6
3	西安建筑科技大学	2014.5 ~ 2019.5	1999.11	18	沈阳建筑大学	2012.5 ~ 2017.5	2007.6
4	清华大学	2014.5 ~ 2019.5	1999.11	19	北京建筑大学	2013.5 ~ 2018.5	2008.5
5	同济大学	2014.5 ~ 2019.5	1999.11	20	山东建筑大学	2013.5 ~ 2018.5	2008.5
6	东南大学	2014.5 ~ 2019.5	1999.11	21	安徽建筑大学	2013.5 ~ 2018.5	2008.5
7	天津大学	2016.5 ~ 2022.5	2001.6	22	武汉理工大学	2014.5 ~ 2019.5	2009.5
8	南京工业大学	2016.5 ~ 2022.5	2001.6	23	北京交通大学	2014.5 ~ 2019.5	2009.5
9	广州大学	2013.5 ~ 2018.5	2003.6	24	郑州航空工业管理学院	2014.5 ~ 2019.5	2009.5
10	东北财经大学	2013.5 ~ 2018.5	2003.6	25	天津城建大学	2014.5 ~ 2019.5	2009.5
11	华中科技大学	2015.5 ~ 2020.5	2005.6	26	吉林建筑大学	2014.5 ~ 2019.5	2009.5
12	河海大学	2015.5 ~ 2020.5	2005.6	27	兰州交通大学	2015.5 ~ 2020.5	2010.5
13	华侨大学	2015.5 ~ 2020.5	2005.6	28	河北建筑工程学院	2015.5 ~ 2020.5	2010.5
14	深圳大学	2015.5 ~ 2020.5	2005.6	29	中国矿业大学	2016.5 ~ 2022.5	2011.5
15	苏州科技大学	2015.5 ~ 2020.5	2005.6	30	西南交通大学	2016.5 ~ 2022.5	2011.5

续表

序号	学校	本科合格有效期	首次通过评估时间	序号	学校	本科合格有效期	首次通过评估时间
31	华北水利水电大学	2012.5～2017.5	2012.5	38	兰州理工大学	2016.5～2020.5	2016.5
32	三峡大学	2012.5～2017.5	2012.5	39	重庆科技学院	2016.5～2020.5	2016.5
33	长沙理工大学	2012.5～2017.5	2012.5	40	扬州大学	2016.5～2020.5	2016.5
34	大连理工大学	2014.5～2019.5	2014.5	41	河南城建学院	2016.5～2020.5	2016.5
35	西南科技大学	2014.5～2019.5	2014.5	42	福建工程学院	2016.5～2020.5	2016.5
36	解放军理工大学	2015.5～2020.5	2015.5	43	南京林业大学	2016.5～2020.5	2016.5
37	广东工业大学	2015.5～2020.5	2015.5	—	—	—	—

注：截至 2016 年 5 月，按首次通过评估时间排序。

5.2.1.2 干部教育培训及人才工作

【举办贯彻中央城市工作会议精神系列培训班】学习贯彻落实中央城市工作会议和相关中央文件精神是 2016 年住房城乡建设系统的一项重要工作，也是住房城乡建设部 2016 年培训的首要任务。为贯彻落实中央城市工作会议精神及《中共中央 国务院关于进一步加强城市规划建设管理工作的若干意见》(中发[2016]6号)，住房城乡建设部分两个层面举办了系列宣贯培训班：一是配合中组部，举办 7 期地方党政领导干部培训班。其中省部级干部专题研讨班 1 期（套办厅局长班 1 期），中央政治局常委、国务院副总理张高丽同志出席座谈会并发表重要讲话。市长专题研修班 4 期，地方党政领导干部境外培训班 2 期，共培训省部级干部 62 人（同期培训厅局长 79 人），地级市党委政府负责人 232 人，县区市负责人 39 人。二是举办 10 期住房城乡建设系统领导干部培训班。其中，2 期省区市住建部门厅（局）长班和 5 期地级市住建部门局长班，培训厅局级干部125 人，地级市住建局长 868 人，3 期县级住建部门领导干部培训班，培训县级住建局长 1292 人，合计全年培训系统领导干部近 2300 人。

【印发培训计划并开展领导干部及专业技术人才培训】2016 年 3 月，住房城乡建设部印发了《住房城乡建设部办公厅关于印发 2016 年部机关及直属单位培训计划的通知》（建办人[2016]13 号）。据统计 2016 年，部机关、直属单位和部管社会团体共组织培训 328 项，664 个班次，培训住房城乡建设系统领导干部和专业技术人员 123729 人次。举办支援新疆培训班、支援西藏青海培训班各 1 期，培训相关地区领导干部和管理人员 170 名，住房城乡建设部补贴经费 31 万元。举办 1 期支援大别山片区住房城乡建设系统干部培训班，培训大别山片区 36 个县（市）系统管理人员 150 人，住房城乡建设部补贴经费33.75 万元。

【全国市长研修学院（部干部学院）获批国家级专业技术人员继续教育基地】2016 年 7 月，全国市长研修学院（部干部学院）获批第六批国家级专业技术人员继续教育基地。国家级专业技术人员继续教育基地由人力资源社会保障部认定，是国家培养培训高层次、急需紧缺和骨干专业技术人才的服务平台。住房城乡建设部为基地的管理单位，负责基地的使用和管理，制定实施具有本行业特点的基地管理政策措施。全国市长研修学院（部干部学院）是基地的建设单位，负责建立健全基地管理机构，配备专门人员，制定本基地运行管理办法，承担本基地运行管理的具体工作。

【举办全国专业技术人才知识更新工程高级研修班】根据人力资源社会保障部全国专业技术人才知识更新工程高级研修项目计划，2016 年住房城乡建设部在北京举办"村镇基础设施建设与农村垃圾污水治理"高级研修班，培训各地相关领域高层次专业技术人员 70 名，经费由人力资源社会保障部全额资助。

【住房城乡建设部选派 6 名博士服务团成员到西部地区服务锻炼】根据中央组织部、共青团中央关于第 17 批博士服务团成员选派工作安排，住房城乡建设部选派了 6 名博士服务团成员赴内蒙古、湖南、广西、云南、四川等地服务锻炼。

【住房城乡建设部选拔推荐 5 名人选为享受政府特殊津贴人员】根据人力资源社会保障部关于开展 2016 年享受政府特殊津贴人员选拔工作安排，住房城乡建设部在直属单位、部管社团范围内开展特殊津贴人员选拔工作，推荐 5 人为2016 年享受政府特殊津贴人员候选人。

【成立住房城乡建设部人才工作领导小组】为深入贯彻落实中共中央《关于深化人才发展体制机制改革的意见》（中发 [2016]9 号），进一步加强对人才工作的领导，完善党管人才工作机制，住房城乡建设部党组成立了住房城乡建设部人才工作领导小组。部党组书记、部长陈政高担任组长，分管副部长易军和党组成员、办公厅主任常青担任副组长，各司局一把手为小组成员。领导小组办公室设在人事司，由人事司司长兼任办公室主任。领导小组确定了主要职责和工作规则。为做好中发 [2016]9 号文件的落实和中办印发的贯彻落实《意见》主要任务分工方案，住房城乡建设部人事司研究提出了住房城乡建设部人才工作改革思路和工作方案。

【制定并发布市政公用设施运行管理人员职业标准】2016 年 7 月，住房城乡建设部发布了行业标准《市政公用设施运行管理人员职业标准》CJJ/T249—2016，自 2016 年 12 月 1 日起实施。本标准在住房城乡建设部人事司、城建司指导下，由中国建设教育协会等单位主编。本标准适用于城镇供水、城镇排水与污水处理、城镇供热、城镇供燃气、城镇垃圾卫生填埋、城镇垃圾焚烧等行业制定人才队伍规划及岗位设置、职业培训、能力培养、职业评价等。

【发布土建类学科专业"十三五"规划教材】为提高土建类高等教育、职业教育教学质量和人才培养质量，2016 年 12 月，住房城乡建设部印发关于《高等教育职业教育土建类学科专业"十三五"规划教材选题的通知》（建人函[2016]293 号），确定了《中国建筑史》等 455 项选题作为土建类学科专业"十三五"规划教材，其中高等教育规划教材选题 226 项，高等职业教育规划教材选题 175 项，中等职业教育规划教材选题 54 项。

5.2.1.3 职业资格管理工作

【住房城乡建设领域职业资格考试情况】2016 年，全国共有 124 万人次报名参加住房城乡建设领域职业资格全国统一考试（不含二级），当年共有 13.4 万人次通过考试并取得职业资格证书。详见表 5-13。

2016 年住房城乡建设领域职业资格全国统一考试情况统计表　　表 5-13

序号	专业	2016 年参加考试人数	2016 年取得资格人数
1	一级建造师	959567	78105
2	一级注册结构工程师	17228	3149
3	二级注册结构工程师	6005	1497
4	注册土木工程师（岩土）	10784	2091
5	注册公用设备工程师	18043	2808
6	注册电气工程师	12953	1828
7	注册化工工程师	2809	802
8	注册土木工程师（水利水电工程）	2021	544
9	注册土木工程师（港口与航道工程）	602	189
10	注册环保工程师	3072	565
11	造价工程师	129800	19014
12	房地产估价师	13590	2347
13	房地产经纪人	73052	45218
	合计	1249526	158157

【住房城乡建设领域职业资格及注册情况】截至 2016 年底，住房城乡建设领域取得各类职业资格人员共 146 万（不含二级），注册人数 121 万。详见表 5-14。

住房城乡建设领域职业资格人员专业分布及注册情况统计表　　表 5-14

行业	类别	专业	取得资格人数	注册人数	备注
勘察设计	（一）注册建筑师（一级）		33607	32902	
	（二）勘察设计注册工程师	1. 土木工程 — 岩土工程	19250	16525	
		1. 土木工程 — 水利水电工程	9293	—	未注册
		1. 土木工程 — 港口与航道工程	1971	—	未注册
		1. 土木工程 — 道路工程	2411	—	未注册
		2. 结构工程（一级）	50833	46183	
		3. 公用设备工程	32356	26619	
		4. 电气工程	26856	20791	
		5. 化工工程	8148	5865	
		6. 环保工程	6478	—	未注册
		7. 机械工程	3458	—	未注册
		8. 冶金工程	1502	—	未注册
		9. 采矿/矿物工程	1461	—	未注册
		10. 石油/天然气工程	438	—	未注册
建筑业	（三）建造师（一级）		673297	590746	
	（四）监理工程师		269656	178910	
	（五）造价工程师		187262	156659	
房地产业	（六）房地产估价师		56031	51177	
	（七）房地产经纪人		99250	31233	
	（八）物业管理师		63647	23149	
城市规划	（九）注册城市规划师		23191	18532	
总　计			1570396	1199291	

注：截至 2016 年 12 月 31 日。

5.2.1.4　劳动与职业教育

【指导推进行业从业人员培训工作】住房城乡建设部人事司下发了《关于印发 2016 年全国建设职业技能培训工作任务的通知》。2016 年计划培训 200 万人，实际培训 274.9 万余人。为不断完善住建行业职业技能培训制度，提升培训质量，住房城乡建设部人事司筹备建立了住房城乡建设行业从业人员（技能人员）培训管理信息系统，目前系统已建设完成，准备开始试运行。信息系统正式运行后可实时查询各省的技能人员、培训机构参加和组织培训情况，推动培训工作跨省域互联互认。为满足行业各职业工种培训需求，统一培训标准，提升培训质量，颁布了建筑工程施工、建筑工程安装、建筑装饰装修、园林、城镇供水等五个行业共40个工种的职业技能标准。围绕党中央、国务院大力发展装配式建筑的决策部署，住房城乡建设部人事司先后赴长沙、上海、武汉等地装配式建筑车间、工地开展调研，了解装配式建筑的发展趋势，人才需求等情况，同时，委托中国建设教育协会，开展了装配式建筑技能人才需求研究，为培养行业急需人才打下基础。

【做好高技能人才选拔培养工作】根据人力资源社会保障部工作部署，住房城乡建设部向人力资源社会保障部推荐了第十三届中华技能大奖候选人1人、全国技术能手候选人3人。最终，黄文毕、王建辉荣获了全国技术能手荣誉称号。协调中国建筑业协会承办第44届世界技能大赛砌筑、瓷砖贴面、抹灰与石膏板、管道与制暖四个赛项的全国选拔赛。对于全国选拔赛各项目具有职工身份的优秀获奖选手，按照相关规定授予"全国技术能手"荣誉称号；入选的集训选手，在现有职业资格等级基础上晋升一级职业资格。指导中国建筑金属结构协会、中国建设劳动学会、中国建设教育协会分别举办起重信号工、钢筋工等7个工种的国家二类竞赛和行业竞赛。为从业人员提供了展示技能、体现个人价值的舞台。

【加强行业中等职业教育指导工作】指导住房城乡建设部第六届中等职业教育教学指导委员会，做好专业人才培养方案，并对编制的专业教学标准做好宣贯。委托中国建设教育协会开展"建筑业现代学徒制"课题研究，围绕学生职业岗位技能培养，开展建筑类现代学徒制研讨，并形成了课题报告。组织行业教育专家开展《中等职业学校专业目录》修订工作。与教育部共同组织举办了2016年全国职业院校技能大赛中职组建设职业技能比赛，包括建筑CAD和工程测量2个赛项。来自全国37个省市的404名选手参赛。由行指委与中国建设教育协会共同举办2016年中等职业学校建设职业技能竞赛，包括工程算量、BIM建模、楼宇智能化三个赛项，91所院校261人参赛。通过竞赛的宣传、交流，发挥以赛促教、以赛促练积极作用，推动中职院校教育教学改革，提升职业院校学生技能水平。

【继续做好建筑业农民工工作】为深入贯彻党中央、国务院关于做好农民工工作的方针政策，进一步加强部农民工工作的组织领导，住房城乡建设部成立了以易军副部长为组长，相关司局负责人参加的部农民工工作领导小组。住房城乡建设部人事司协调住房保障司共同开展了农民工住房问题专项调研，对江苏、吉林两省的农民工住房问题进行了实地调研，对8省区进行了书面调研，形成了《农民工住房问题调研报告》。完成了国务院农民工办关于农民工技能提升计划 130 万人的任务。推荐的广西住房城乡建设厅人事处荣获了国务院农民工工作先进集体荣誉称号。继续深入推进建筑工地农民工业余学校建设。据统计，截至 2016 年底，全国各地累计创建农民工业余学校 30 余万所，培训农民工 4322 万余人次。

5.2.2　中国建设教育协会大事记

5.2.2.1　协会总体工作

【协会常务理事及理事会议】2016 年 3 月 26 ～ 27 日，在北京召开了五届二次理事会暨五届四次常务理事会议。常务理事、理事及代表 110 人参加了会议。在 26 日的常务理事会上，朱光秘书长作了《中国建设教育协会 2015 年工作总结及 2016 年工作要点》的报告，各专业委员会交流了 2015 年工作情况和 2016 年工作计划；对《中国建设教育协会"十三五"发展规划》（征求意见稿）进行讨论并提出修改意见。在 27 日的理事大会上，刘杰理事长做了主旨报告。常务理事会、理事会讨论通过了专业委员会、地方建设教育协会的人事任免工作。

【民政部评估工作】2017 年 3 月 8 日，民政部对协会 2016 年工作评估顺利完成。评估组对协会的工作给予充分肯定，认为协会内部治理起点高，规章制度比较健全，人员素质高，办事机构齐全，工作规范。尤其 2014 年换届以来，工作业绩突出，特色工作影响力大，BIM 起到了行业的引领作用，培训工作出色，年度发展报告翔实。同时对协会今后工作也提出了整改建议，如财务管理问题、会费管理问题，以及倡导会员服务社会问题等。

5.2.2.2　协会专业委员会工作

【普通高等教育委员会】自 2016 年换届以后，一是完成了《中国建设教育》（高教版特刊）论文遴选工作；二是举办了中国建设教育协会普通高等教育委员会五届四次全体会员单位会议；三是举办了第十二届全国建筑类高校书记、校（院）长论坛；四是举办了第三届中国高等建筑教育高峰论坛；五是举办了首届国际学校暑期培训班；六是完成了中国建设教育发展年度报告（2016 年）普通高等建设教育发展状况分析和相关案例的撰写任务；七是高标准完成了普通高等教育委员会秘书处的日常工作。

【高等职业与成人教育委员会】一是召开了全委会、专业委员会 2016 年主任工作会议和专业委员会第五次常委扩大会议；二是举办了第八届高职书记、校（院）长论坛；三是各内设机构按照地域及分工积极开展活动；四是为会员单位提供丰富多样的主题活动，积极搭建会员单位交流沟通的平台；五是加强制度建设和组织建设。

【中等职业教育专业委员会】一是积极组织论文、课件评优，课题申报、评审等工作,积极向《中国建设教育》杂志提供中职委获奖论文;二是坚持例会制度,坚持每两年一次的全体会,一年一次的常委会;三是加强自身建设,提升服务水平。

【继续教育委员会】一是举办了两次大型会议,分别是 2016 年 5 月在陕西延安召开的"建设行业从业人员继续教育工作研讨会以及常委扩大会议"以及 8 月在内蒙古鄂尔多斯召开的继续教育委员会年会;二是积极推进住房城乡建设部课题《建筑产业现代化背景下施工现场专业人员能力提升研究》的各项工作;三是建立了继续教育委员会网站,开发了网络学习平台,录制了视频课程,实现优质教育资源的共享;四是着手开展"住房城乡建设领域热点专题培训";五是协助大协会组织开展了《中国建设教育发展年度报告》2015 和 2016 年度版的编写工作。

【技工教育委员会】在强化内涵建设、课堂对接岗位、提升办学层次、开展技能大赛等方面都做出了很大成绩。此外,组织开展论文和课件评选活动,并将优秀论文全部刊登在《建设技校报》上。

【建筑机械职业教育专业委员会】拓展培训新业务,探索行业服务新模式,形成"服务建筑业、服务工业化、促就业助转型"的服务新思路。一是继续加强制度建设与风险防控;二是教材编制研究与服务体系建设;三是持续推进教具装备研发与实训示范基地建设;四是响应标准化改革,参与各类各级别标准研究任务;五是加强组织建设;六是表彰先进教职工和模范机构;七是加强平台基地、协作网络、服务体系建设。

【建筑企业人力资源教育工作委员会】一是调整了专业委员会的领导班子;二是参与了中国建设教育协会《中国建设教育发展报告》2015 和 2016 年度版的编写工作;三是积极开展建筑企业人力资源管理方面的调研和培训工作,推广《建筑企业人力资源管理实务》和《建筑企业人力资源管理实务操作手册》两本书。

【院校德育工作专委会】一是在湖南湘潭举办了《全国建设院校宣传思想工作(教师)培训班》;二是召开了院校工作经验交流会,听取了《红色文化与理想信念教育》和《当前我国意识形态领域的斗争态势及其对策》的专题讲座。三是由秘书长带队在北京建筑大学等建设类院校进行了思想政治工作调研并参加了建设院校学工部长论坛。

【教育技术专业委员会】于 2016 年 10 月进行了换届工作。换届之后秘书处一是发展会员,做好会员服务工作;二是成立教育技术专业委员会专家顾问团,围绕专委会下一步技术工作担任技术权威评审专家;三是承办首届全国建设类院校施工技术应用技能大赛。

【培训机构工作委员会】努力开拓培训领域，开发了建设领域内细分行业中从业人员相对不多、但行业发展势头良好，有较强市场需求的培训项目，有效地填补了行业空白，成为相关人员的上岗凭证和地方行政主管部门对相关企业资质审查的重要依据。

【房地产人力资源教育工作委员会和城市交通职工教育专业委员会】一直坚持落实协会秘书处的各项要求，房地产委员会在培训形势不利、效益下滑情况下，仍努力办了数期房屋鉴定培训班。

5.2.2.3 协会科研工作

【编写"十三五"发展规划】《中国建设教育协会"十三五"发展规划》顺利出台，于 2016 年 5 月份完成下发工作。

【编写"中国建设教育发展年度报告"】《中国建设教育发展年度报告（2015）》正式出版，得到了业界同仁的广泛好评。开展了《发展报告》2016 年度版的编写工作。共有 27 个省、市、自治区和生产建设兵团参加了"建筑业从业人员职业培训情况调查"，比 2015 年增加了 7 个地区。此外，本书增加了中国建设教育年度热点问题研讨章节。

【科研课题立项与结题管理】2016 年 6 月，协会向各专业委员会、各地方建设教育协会下发了《关于开展教育教学科研课题进展情况检查工作的通知》（建教协 [2016]36 号），表扬了部分立项、结题工作做得较好的单位。

【承担住房城乡建设部人事司研究课题】承担"住房城乡建设部装配式建筑技能人才需求与建筑业现代学徒制"课题研究，受到住房城乡建设部领导的高度重视，并登上《中国建设报》头版。"建筑业现代学徒制"课题于 2016 年 8 月 29 日召开结题会议，完成课题验收工作并及时报备住房城乡建设部人事司。

【学分银行业务】与国家开放大学合作的学分银行项目，2016 年 6 月份已经申请成功，挂牌成立，开始受理学分银行业务。在协会期刊、协会微博、协会微信公众号等公众媒体上发表文章，扩大学分银行的宣传力度。在全国建筑类高等学校优秀学生夏令营时，为学员们培训学分银行概念和理论，当场受理学员的开户申请 83 份。

5.2.2.4 协会主题活动

【书记、校（院）长论坛】2016 年 7 月 22 ～ 24 日，第八届全国建设类高职院校书记、院长论坛在江苏省徐州市举行。本届论坛的主题是"内涵建设、改革创新"，来自高职院校、出版单位、科技公司以及建筑企业的 50 个会员单位的 100 位代表参加了本届论坛。协会及专业委员会相关领导出席了论坛，会上刘杰理事长发表了重要讲话。本届论坛共设三个模块。第一模块内容紧扣论坛主题，由专家团队向与会代表全面展示了极限学习的核心内涵。第二模块是院校交流。6所高校和企业的教授、专家紧密结合专业定位、院校内涵建设、深化课程改革实践、创新创业人才培养、校企合作推进科研工作、新技术与创新创业人才培养等话题进行了主题报告。第三个模块行业专家做了《创新创业，高职专业内涵建设的深化》的专题报告。

10月22日，第十二届全国建筑类高校书记、校（院）长论坛在西安建筑科技大学召开。本届论坛的主题是"五大发展理念下建筑类高校教育改革与创新"，来自全国21所建筑类高校的书记、校（院）长等70余位代表参加了本次论坛。住房城乡建设部人事司专业人才与培训处处长何志方亲临论坛并做了"行业向我们提出了什么"的主题报告。朱光秘书长做了重要讲话。12位高校代表分别围绕主题和分题做了主题报告，并进行交流发言。

【成立"全国建筑信息化教育论坛"】2016年10月29日，成立了"全国建筑信息化教育论坛"。来自全国各地的高校、企业代表近500人出席大会。第一批已有417所单位、600余人申请加入全国建筑信息化教育论坛。其中，院校单位占比77%，企业单位占比23%。涉及全国范围内的29个省市。

【地方建设教育协会联席会议】2016年7月，第十四次地方建设教育协会联席会议在鄂尔多斯市举办。会上各地方协会就本省的社团组织改革、机构改革进行了交流。河南省建设教育协会副会长崔恩杰介绍了协会的工作情况和经验。

【各种赛事】2016年3月举办BIM应用技能网络比赛，7月进行评比颁奖，在无锡闭幕。近300所院校的600个团队参与。本次大赛全程现场直播，并设置场内外投票互动环节，累计参与人数10000余人。

2016年5月1～4日，全国职业院校技能大赛中职组建设职业技能比赛在天津成功举办。本届比赛共设建筑装饰技能和建筑设备安装与调控（给排水）两个比赛项目。

2016年6月，第七届全国中、高等院校学生"斯维尔杯"建筑信息模型（BIM）应用技能大赛在山东建筑大学和四川大学两个赛区联网同步举办。本届比赛报名院校432所，最终有373支团队共计1800多名参赛学子现场进行决赛。大赛规模、参赛队伍数量屡创新高，已成为建筑软件行业中当之无愧的品牌赛事之一。

2016年8月5～14日，协会与江苏省建设教育协会共同主办第七届全国高等院校建设类专业优秀学生夏令营活动，共有90余所院校的近100名学生参加，历时10天。在团队建设环节营员们依次参观了中山陵、南京市规划建设展览馆、南京博物院、南京大屠杀纪念馆。在团队活动环节营员们进行建筑模型制作。从文化之旅开始，夏令营从南京移至常州，营员们参观绿色建筑博览园。行至苏州，参观了苏州博物馆、拙政园。期间穿插组织了多次主题丰富、类型多样的座谈和讲座。

2016 年 10 月 21-23 日，全国中、高等院校 BIM 应用比赛——第八届 BIM 算量大赛暨第六届 BIM 施工管理沙盘及软件应用大赛在吉林建筑大学和河南工业大学同时举办，有全国 400 余所院校的 568 支代表队、2500 余名师生参赛，创下了 5 万参与人次的新高。此项活动成为建设教育领域的标志性赛事。

2016 年 11 月，在北京举办了中国技能大赛——"松大杯"全国中央空调系统职业技能竞赛决赛。此次竞赛考核了参赛选手中央空调系统设备的系统设计、安装、接线、检测、调试、运行与维护等综合实践技能以及职业素养和安全意识。决赛之前，分别在石家庄、太原、广州、重庆组织四场预选赛。

2016 年 12 月，首届全国中等职业学校建设职业技能竞赛进行决赛，分设工程算量、楼宇智能化工程技术、BIM 建模 3 个赛项。来自全国 22 个省近 60 所中职学校 208 名代表参赛。竞赛的 3 个赛项都是代表住房城乡建设行业未来发展方向、市场急需的职业岗位。

5.2.2.5 协会培训工作

【职业培训项目】2016 年与 2015 年同期比较，现场专业技术人员培训量人数上涨 10% 左右，继续教育人数上涨 10%，监理工程师培训人数减少 10% 左右。

【短期培训项目】2016 年成功办成 177 期培训班，成功率约为 80%。协会培训部开发行业急需课题，部分受到行业的欢迎，如：PPP 项目操作实务、棚户区改造模式、海绵城市和地下综合管廊等项目。2016 年新设立了 6 个新的职业培训项目，"建筑消防电气检测技术"、"被动房设计师／咨询师"、"土壤修复工程"、"湖泊水资源修复工程"和"城市垃圾处理设施运营"。每个培训项目都有完备的教学资料，包括：项目调研报告，教学大纲，课时分配，试题，自编教材等。围绕"建筑装配化、建筑工业化"岗位新需求，继续加强施工机械化系列教材编研，持续推进教具装备研发与实训示范基地建设，参与各类各级别标准研究。

【加强横向交流沟通、拓展国际合作项目】与勘察设计协会、市政协会、金属结构协会等部属协会建立了新的合作关系。与德国汉斯·赛德尔基金会亚洲处、德国汉斯·赛德尔基金会等进行联系，共同商讨制定了下一步合作框架内容，为下一步开展中德职业教育合作项目定下了良好的基调。

【拓展工作新领域】与大兴奥宇集团、新华出版集团、中国教育科学研究院等多家发起单位共同成立"中国教育文化产业园"。协会主要参与"职业教育园区"部分，为协会培训中心提供实际培训研发基地，建立行业第一家集课程研发、理论培训和操作技能训练等方面的教育基地。参与由中国广播电视投资有限公司主导的贵州广电云试点项目，协会主要提供村镇建设涉及的村庄发展规划、民宅设计施工、基础设施建设等多方面职业教育服务。

【开展 BIM 应用技能师资培训工作】2016 年分别与广联达、鲁班、斯维尔、建研院、互联立方、鸿业科技等 BIM 软件技术公司合作，共同开展系列 BIM 应用技能师资培训，在全国无锡、昆明、成都、重庆、大连、济南、成都、驻马店、西安、北京、南宁、广州等地举办 10 余场师资培训，累计培训师资 2000 余人。

5.2.2.6　协会刊物编辑工作

2016 年全年《中国建设教育》编辑部共收稿件 271 篇，其中约稿 77 篇。搜集 34 篇，撰写 6 篇。已完成 6 期刊物和 6 期简报的编辑出版发行工作。编审刊登稿件 156 篇，印刷发行 7561 本。增设栏目 2 个，专刊 1 期。实现全年订阅 4638 本，主动有偿发行 750 本。

在工作方法上，一是将高校和高职书记、校长论坛、协会和专业委员会评优论文以及专业委员会年度论文征文等纳入刊物稿源，大大提高稿源质量。二是围绕热点问题，开设新栏目。如开设"BIM 探讨与应用"栏目。三是加大宣传、征订的力度。四是加强对基础工作的管理，面向会员单位下发重新登记通讯员的通知。从优化审稿流程，提高工作效率、优化发行渠道，节约开支、追求质量、尊重作者，真诚待人，努力树立编辑部良好形象等方面做了一些改进工作。